胶州湾主要污染物及其生态过程丛书

胶州湾镉的分布及迁移过程

杨东方　苗振清　陈　豫　著

科学出版社
北　京

内 容 简 介

本书从时空变化来研究镉（Cd）在胶州湾水域的分布迁移过程。在空间尺度上，通过每年含量数据分析，从含量的大小、水平分布、垂直分布、区域分布、结构分布角度，揭示Cd的空间迁移规律。在时间尺度上，通过五年的数据探讨，揭示其迁移过程和变化趋势。书中还通过比较分析同类物质在水体中的分布迁移过程研究，提出物质含量均匀性理论、环境动态理论、水平损失量理论、水域垂直迁移理论和水域迁移趋势理论等。这些过程、规律和理论不仅为研究Cd在水体中的迁移提供了理论依据，也为其他物质在水体中的分布和迁移研究提供了启迪。

本书适合海洋地质学、物理海洋学、环境学、化学、生物地球化学、海湾生态学和河口生态学的有关科学工作者参考，适合高等院校相关专业师生作为参考资料。

图书在版编目（CIP）数据

胶州湾镉的分布及迁移过程/杨东方，苗振清，陈豫著. —北京：科学出版社, 2018.5

（胶洲湾主要污染物及其生态过程丛书）

ISBN 978-7-03-055056-9

Ⅰ. ①胶… Ⅱ. ①杨… ②苗… ③陈… Ⅲ. ①黄海–海湾–镉–重有色金属–污染–研究 Ⅳ. ①X55

中国版本图书馆CIP数据核字(2017)第266817号

责任编辑：马 俊 / 责任校对：郑金红

责任印制：张 伟 / 封面设计：刘新新

科学出版社 出版

北京东黄城根北街16号

邮政编码: 100717

http://www.sciencep.com

北京京华虎彩印刷有限公司 印刷

科学出版社发行 各地新华书店经销

*

2018年5月第 一 版 开本：B5 (720×1000)

2018年5月第一次印刷 印张：13 1/2

字数：272 000

定价：108.00 元

(如有印装质量问题，我社负责调换)

人类不要既危害了地球上的其他生命，反过来又危害到自身的生命。人类要适应赖以生存的地球，要顺应大自然的规律，才能够健康可持续地生活。

杨东方

摘自《胶州湾水域六六六的分布及迁移过程》

海洋出版社，2011

作 者 简 介

杨东方　1984 年毕业于延安大学数学系（学士）；1989 年毕业于大连理工大学应用数学研究所（硕士），研究方向：Lenard 方程唯 n 极限环的充分条件、微分方程在经济管理生物方面的应用。

1999 年毕业于中国科学院青岛海洋研究所（博士），研究方向：营养盐硅、光和水温对浮游植物生长的影响，专业为海洋生物学和生态学；同年在青岛海洋大学，化学化工学院和环境科学与工程研究院做博士后研究工作，研究方向：胶州湾浮游植物的生长过程的定量化初步研究。2001 年出站后到上海水产大学工作，主要从事海洋生态学、生物学和数学等学科教学以及海洋生态学和生物地球化学领域的研究。2001 年被国家海洋局北海分局监测中心聘为教授级高级工程师，2002 年被青岛海洋局一所聘为研究员。

2004 年 6 月被核心期刊《海洋科学》聘为编委。2005 年 7 月被核心期刊《海岸工程》聘为编委。2006 年 2 月被核心期刊《山地学报》聘为编委。2006 年 11 月被温州医学院聘为教授。2007 年 11 月被中国科学院生态环境研究中心聘为研究员。2008 年 4 月被浙江海洋学院聘为教授。2009 年 8 月被中国地理学会聘为环境变化专业委员会委员。2009 年 11 月，《中国期刊高被引指数》总结了 2008 年度学科高被引作者：海洋学(总被引频次/被引文章数) 杨东方(12/5)(www.ebiotrade.com)。2010 年，山东卫视对《胶州湾浮游植物的生态变化过程与地球生态系统的补充机制》和《海湾生态学》给予了书评（新书天天荐，齐鲁网视频中心)。2010 年获得浙江省高等学校科研成果奖三等奖（第 1 名），成果名“浮游植物的生态与地球生态系统的机制”。2011 年 12 月，被核心期刊《林业世界》聘为编委。2011 年 12 月，被新成立的浙江海洋学院生物地球化学研究所聘为该所所长。2012 年 11 月，被国家海洋局闽东海洋环境监测中心站聘为项目办主任。2013 年 3 月，被陕西理工学院聘为汉江学者。2013 年 11 月，被贵州民族大学聘为教授。2014 年 10 月，被中国海洋学会聘为军事海洋学专业委员会委员。2015 年 11 月，被陕西国际商贸学院聘为教授。2016 年 8 月，被西京学院聘为教授。曾参加了国际 GLOBEC（全球海洋生态系统研究）研究计划中由十八个国家和地区联合进行的南海考察（海上历时三个月），以及国际 LOICZ（沿岸带陆海相互作用研究）研究计划中在黄海东海的考察及国际 JGOFS（全球海洋通量联合研究）研究计划中在黄海东海的考察。多次参加了青岛胶州湾，烟台近海的海上调查及获取数据工作。参加了胶州湾等水域的生态系统动态过程和持续发展等课题的研究。

发表第一作者的论文266篇，第一作者的专著和编著67部，授权第一作者的专利 17 项；其他名次论文 48 篇。截至 2017 年 1 月 27 日，第一作者的论文 58 篇，一共被引用次数：950 次。目前，正在进行西南喀斯特地区、胶州湾、浮山湾和长江口及浙江近岸水域的生态、环境、经济、生物地球化学过程的研究。

作者发表的本书主要相关文章

[1]杨东方, 陈豫, 王虹, 等. 胶州湾水体镉的迁移过程和本底值结构. 海岸工程, 2010, 29(4): 73-82.

[2]杨东方, 陈豫, 常彦祥, 等. 胶州湾水体镉的分布及来源. 海岸工程, 2013, 32(3): 68-78.

[3]Yang Dongfang, Zhu Sixi, Wang Fengyou, et al. The distribution and content of Cadmium in Jiaozhou Bay. Applied Mechanics and Materials, 2014, 644-650: 5325-5328.

[4]Yang Dongfang, Wang Fengyou, Wu Youfu, et al. The structure of environmental background value of Cadmium in Jiaozhou Bay waters. Applied Mechanics and Materials, 2014, 644-650: 5329-5312.

[5]Yang Dongfang, Chen Shengtao, Li Baolei, et al. Research on the vertical distribution of Cadmium in Jiaozhou Bay waters. Proceedings of the 2015 international symposium on computers and informatics, 2015: 2667-2674.

[6]Yang Dongfang, Zhu Sixi, Yang Xiuqin, et al. Pollution level and Sources of Cd in Jiaozhou Bay. Materials Engineering and Information Technology Apllication, 2015: 558-561.

[7]Yang Dongfang, Zhu Sixi, Wang Fengyou, et al. Distribution and aggregation process of Cd in Jiaozhou Bay. Advances in Computer Science Research, 2015, 2352: 194-197.

[8]Yang Dongfang, Wang Fengyou, Sun Zhaohui, et al. Research on vertical distribution and settling process of Cd in Jiaozhou bay. Advances in Engineering Research, 2015, 40: 776-781.

[9]Yang Dongfang, Yang Danfeng, Zhu Sixi, et al. Spatial-temporal variations of Cd in Jiaozhou Bay. Advances in Engineering Research, 2016, Part B: 403-407.

[10]Yang Dongfang, Yang Xiuqin, Wang Ming, et al. The slight impacts of marine current to Cd contents in bottom waters in Jiaozhou Bay. Advances in Engineering Research, 2016, Part B: 412-415.

[11]Yang Dongfang, Wang Fengyou, Zhu Sixi, et al. Homogeneity of Cd contents in Jiaozhou Bay waters. Advances in Engineering Research, 2016, 65: 298-302.

[12]Yang Dongfang, Qu Xiancheng, Chen Yu, et al. Sedimentation mechanism of Cd in Jiaozhou Bay waters. Advances in Engineering Research, 2016, Part D: 993-997.

[13]Yang Dongfang, Yang Danfeng, Zhu Sixi, et al. Sedimentation process and

vertical distribution of Cd in Jiaozhou Bay. Advances in Engineering Research, 2016, Part D: 998-1002.

[14]Yang Dongfang, Zhu Sixi, Wang Zhikang, et al. Spatial-temporal changes of Cd in Jiaozhou Bay. Computer Life, 2016, 4(5): 446-450.

[15]Yang Dongfang, Wang Fengyou, Zhu Sixi, et al. The influence of marine current to Cd in Jiaozhou Bay. World Scientific Research Journal, 2016, 2(1): 38-42.

前　言

随着工农业的发展，在许多领域重金属镉（Cd）得到广泛应用。含 Cd 类产品或工艺众多，包括杀虫剂、电池、农药、半导体材料、电焊、聚氯乙烯（PVC）、电视机、计算机、照相材料、光电材料、杀菌剂、颜料、涂层等。Cd 产品已遍及工业、农业、国防、交通运输和人们日常生活的各个领域。因此，在日常生活中处处都离不开 Cd 产品。

镉是具有延展性的、质地柔软的、带蓝色光泽的银白金属元素，具有电离势较高、不易氧化的特点，金属 Cd 主要从硫化物的锌矿石中提取，工业主要用于制造抗腐蚀、耐磨、易熔的特殊合金材料，以及电镀材料及塑料生产的过程等。人类在生产和冶炼含 Cd 产品的过程中，向大气、陆地和大海大量排放 Cd，使得空气、土壤、地表、河流等地方都有 Cd 残留，而且经过地表水和地下水将 Cd 的残留汇集到河流中，最后迁移到海洋水体中。

镉在地壳中的含量比锌少得多，常常少量存于锌矿中。由于金属 Cd 比锌更易挥发，因此在用高温冶炼锌时，它比锌更早逸出，避开了人们的觉察。大气排放 Cd 包含火山爆发、风力扬尘、森林火灾、植物排放等自然过程。大气沉降输送 Cd 到陆地地表和海洋表面，到了地面的 Cd 再经过地表水被带到海洋水体中。在自然界，海底火山喷发将地壳深处的重金属及其化合物带出地壳，经过海洋水流的作用，重金属及其化合物被注入海洋。随着海上交通发展，海上的船舰数量在不断增加，在船舰上，有大量的涂层、电镀和颜料，这些物质中又含有大量的 Cd，当船舰在海上行驶和停靠码头时，就会给水域带来 Cd。

镉经过陆地迁移过程、大气迁移过程和海洋迁移过程，进入海洋，绝大部分经过重力沉降、生物沉降、化学作用等，迅速由水相转入固相，最终转入沉积物。从 5 月开始，海洋生物大量繁殖，数量迅速增加，到 8 月，形成高峰，且由于浮游生物的繁殖活动，悬浮颗粒物表面形成胶体，此时的吸附力最强，吸附了大量的 Cd，大量的 Cd 随着悬浮颗粒物迅速沉降到海底。这样，在春季、夏季和秋季，Cd 输入到海洋，颗粒物质和生物体将 Cd 从表层带到底层。因此，由于外海海流的输送、河流的输送、近岸岛尖端的输送、大气沉降的输送、地表径流的输送和船舶码头的输送，造成了 Cd 进入海洋水体，在水体效应的作用下，进入海底沉积物中。

世界各个国家，尤其是发达国家的发展，大都经过了工农业的迅猛发展和城市化的不断扩展。在此过程中，造成了 Cd 在工业废水和生活污水中存在，也在人类经常使用的产品中存在。由于 Cd 及其化合物属于有毒物质，给人类和其他动物带来了许多疾病，甚至导致了死亡。

镉主要通过呼吸道和消化道进入人体，导致人类免疫、生殖、神经等系统受到损害。Cd 在人体中富集和积蓄，潜伏期可长达 10～30 年。Cd 主要累积在肝、肾、胰腺、甲状腺和骨骼中，并不会自然消失，经过数年甚至数十年慢性积累后，人体将会出现显著的 Cd 中毒症状，如产生贫血、高血压、神经痛、骨质松软、肾炎和分泌失调等病症，影响人的正常活动。

镉在我们日常生活中是不可缺失的重要化合物，由于长期大量使用，长期残留于环境中，不易降解，在生物体内累积，通过食物链传递构成对人类和生态系统潜在的危害。因此，研究水体中 Cd 的迁移规律，对了解 Cd 对环境造成持久性的污染有着非常重要的意义。本书揭示了 Cd 在水体中的迁移规律、迁移过程和变化趋势以及形成的理论等，为 Cd 等各种物质的研究提供了理论基础，也为消除 Cd 等各种物质在环境中的残留及治理 Cd 等各种物质的环境污染提供科学理论依据。

本书在西京学院学术著作出版基金、贵州民族大学博士点建设文库、“贵州喀斯特湿地资源及特征研究”（TZJF-2011 年-44 号）项目、“喀斯特湿地生态监测研究重点实验室”（黔教合 KY 字[2012] 003 号）项目、贵州民族大学引进人才科研项目（[2014]02）、土地利用和气候变化对乌江径流的影响研究（黔教合 KY 字[2014] 266 号）、威宁草海浮游植物功能群与环境因子关系（黔科合 LH 字[2014] 7376 号）、“铬胁迫下人工湿地植物多样性对生态系统功能的影响机制研究”（国家自然科学基金项目 31560107）以及国家海洋局北海环境监测中心主任科研基金——长江口、胶州湾、浮山湾及其附近海域的生态变化过程（05EMC16）的共同资助下完成。

杨东方

2017 年 5 月 8 日

目　录

第1章　胶州湾水域镉的来源变化过程

1.1　背　　景

1.1.1　胶州湾自然环境

胶州湾位于山东半岛南部，其地理位置为东经 120°04′～120°23′，北纬 35°58′～36°18′，以团岛与薛家岛连线为界，与黄海相通，面积约为 446km^2，平均水深约 7m，是一个典型的半封闭型海湾。胶州湾入海的河流有十几条，其中径流量和含沙量较大的为大沽河和洋河，青岛市区的海泊河、李村河和娄山河等河流，这些河流均属季节性河流，河水水文特征有明显的季节性变化[1~9]。

1.1.2　数据来源与方法

本研究所使用的 1979 年 5 月、8 月和 11 月胶州湾水体 Cd 的调查资料由国家海洋局北海监测中心提供。5 月、8 月和 11 月，在胶州湾水域设 8 个站位取水样：H34、H35、H36、H37、H38、H39、H40、H41（图 1-1）。分别于 1979 年 5 月、

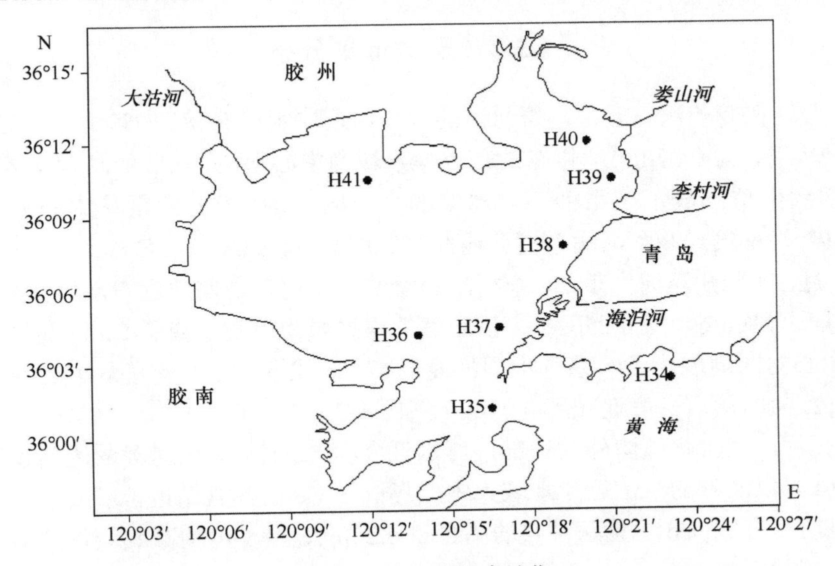

图 1-1　胶州湾调查站位

8月和11月三次进行取样，根据水深取水样（>10m 时取表层和底层，<10m 时只取表层）进行调查。按照国家标准方法进行胶州湾水体 Cd 的调查，该方法被收录在国家的《海洋监测规范》中（1991 年）[10]。

1.2 水 平 分 布

1.2.1 含 量 大 小

5月、8月和11月，Cd 在胶州湾水体中的含量范围为 0.01～0.85μg/L，符合国家一类海水的水质标准(1.00μg/L)。5月，胶州湾水域 Cd 含量范围为 0.04～0.07μg/L，符合国家一类海水的水质标准。8 月，表层水体中 Cd 的含量明显增加，胶州湾水域 Cd 含量范围为 0.01～0.85μg/L，符合国家一类海水的水质标准。11 月，水体中 Cd 的含量明显下降，胶州湾水域 Cd 含量范围为 0.02～0.25μg/L，远远低于国家一类海水的水质标准。因此，5 月、8 月和 11 月，Cd 在胶州湾水体中的含量范围为 0.01～0.85μg/L，符合国家一类海水的水质标准。这表明在 Cd 含量方面，5 月、8 月和 11 月，在胶州湾的整个水域，水质没有受到任何 Cd 的污染（表 1-1）。

表 1-1　5 月、8 月和 11 月的胶州湾表层水质

项目	5月	8月	11月
海水中 Cd 含量/（μg/L）	0.04～0.07	0.01～0. 85	0.02～0.25
国家海水水质标准	一类海水	一类海水	一类海水

1.2.2 表层水平分布

5 月，在胶州湾东北部，李村河的入海口近岸水域 H38、H39 站位，Cd 的含量达到较高，为 0.07μg/L，以东北部近岸水域为中心形成了 Cd 的高含量区，从湾的北部到南部形成了一系列不同梯度的半个同心圆。Cd 含量从中心的高含量 0.07μg/L 沿梯度递减到湾南部湾口内侧水域的 0.04μg/L（图 1-2）。

8 月，在胶州湾湾内东部，李村河和海泊河入海口之间的近岸水域 H38 站位，Cd 含量达到很高，为 0.85μg/L，以东部近岸水域为中心形成了 Cd 的高含量区，并从中心向四周展示了一系列不同梯度的半个同心圆。Cd 含量从中心的高含量 0.85μg/L 向四周沿梯度递减到 0.01μg/L（图 1-3）。

11 月，在胶州湾湾外的东部近岸水域 H34 站位，Cd 的含量达到较高，为 0.25μg/L，以湾外的东部近岸水域为中心形成了 Cd 的高含量区，形成了一系列不同梯度的平行线。Cd 含量从中心的高含量 0.25μg/L 沿梯度递减到胶州湾湾内东部近岸水域的 0.02μg/L（图 1-4）。

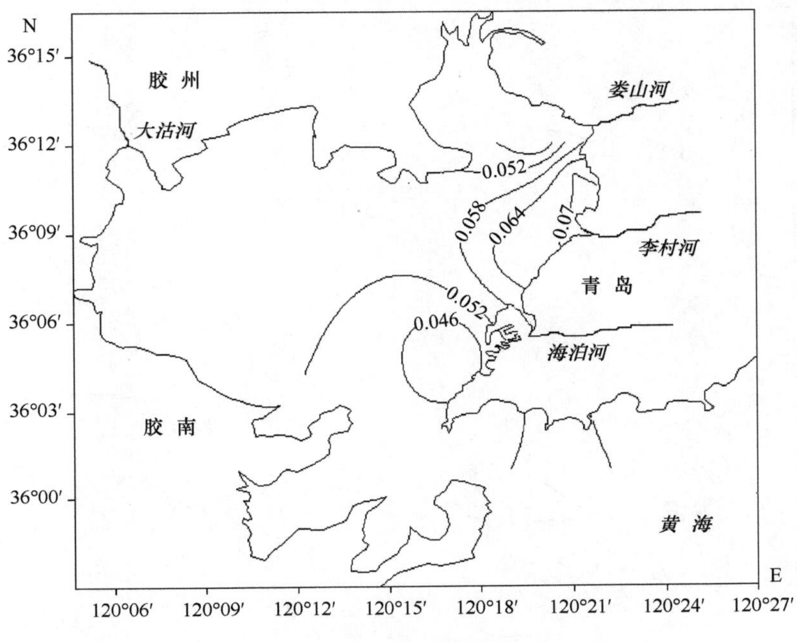

图 1-2　1979 年 5 月表层镉含量（μg/L）

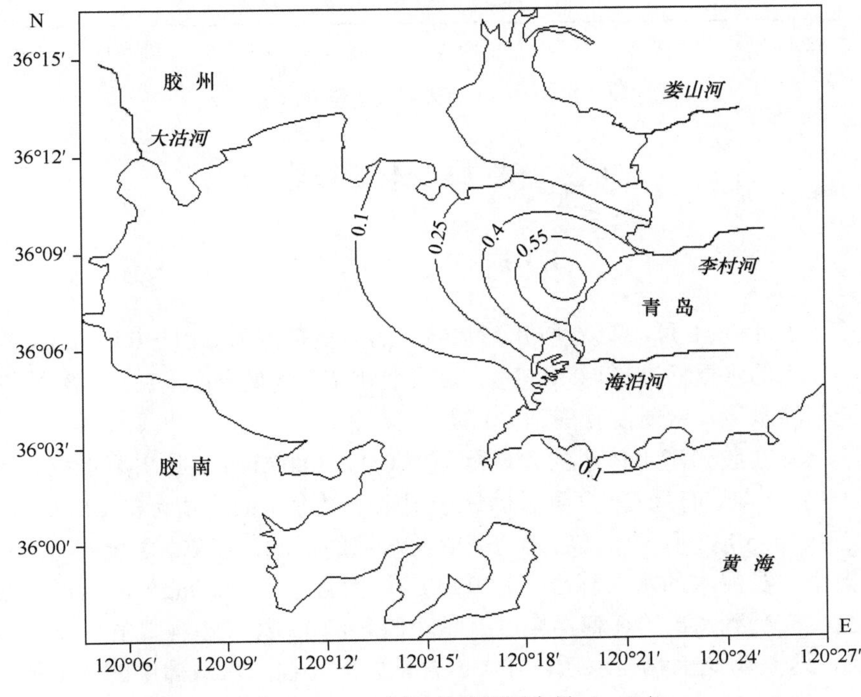

图 1-3　1979 年 8 月表层镉含量（μg/L）

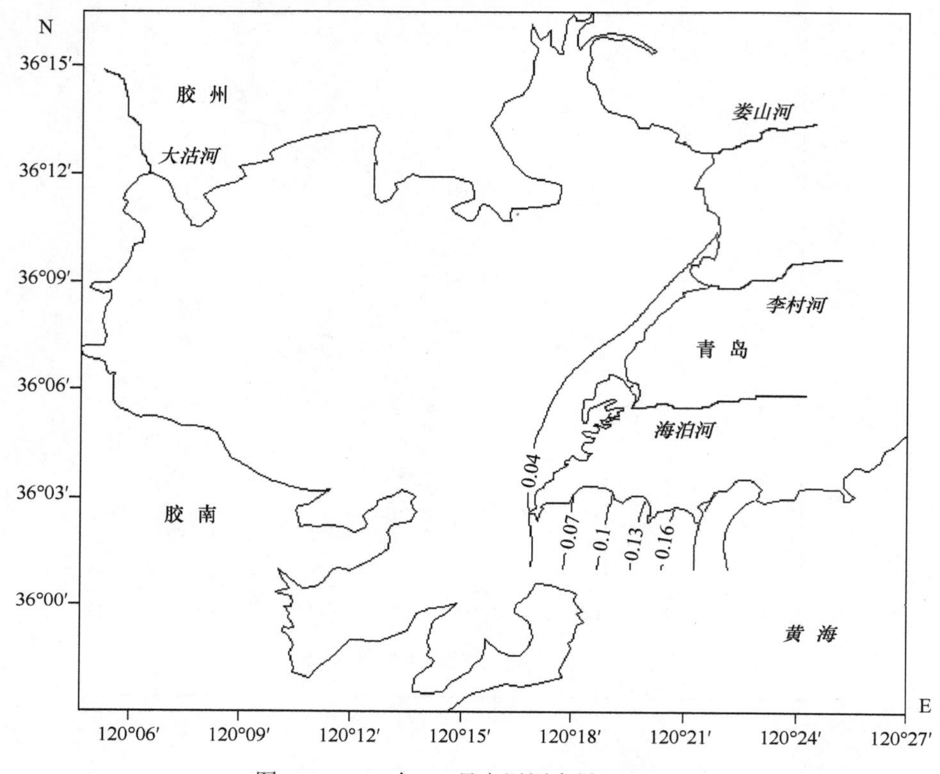

图 1-4　1979 年 11 月表层镉含量（μg/L）

1.3　来源变化过程

1.3.1　水　　质

5 月、8 月和 11 月，Cd 在胶州湾水体中的含量范围为 0.01～0.85μg/L，符合国家一类海水的水质标准（1.00μg/L）。这表明在 Cd 含量方面，5 月、8 月和 11 月，在胶州湾水域，水质没有受到 Cd 的任何污染。

5 月，Cd 在胶州湾水体中的含量范围为 0.04～0.07μg/L，胶州湾水域没有受到 Cd 的任何污染。而且 Cd 含量远远低于国家一类海水的水质标准（1.00μg/L），甚至小于 0.10μg/L，小一个量级。这表明此水域的水质，在 Cd 含量方面，不仅达到了国家一类海水的水质标准（1.00μg/L），而且小于 0.10μg/L，水质非常清洁，完全没有受到 Cd 的任何污染。在整个胶州湾水域，Cd 含量的变化量值为 0.03μg/L，这表明此水域的水质，在 Cd 含量方面，在海水水体中的 Cd 是非常均匀的。

8 月，Cd 在胶州湾水体中的含量范围为 0.01～0.85μg/L，胶州湾水域没有受到 Cd 的任何污染。这表明在整个胶州湾水域，在 Cd 含量方面，达到了国家一类海水的水质标准（1.00μg/L），水质清洁。在胶州湾东部近岸水域 Cd 含量比较高，为 0.03～0.85μg/L，西部近岸水域 Cd 含量比较低，为 0.01～0.05μg/L。因此，在胶州湾东部近岸水域有 Cd 的少量输入。

11 月，Cd 在胶州湾水体中的含量范围为 0.02～0.25μg/L，胶州湾水域没有受到 Cd 的任何污染。这表明在整个胶州湾水域，在 Cd 含量方面，达到了国家一类海水的水质标准（1.00μg/L），水质清洁。在胶州湾的湾内水域，Cd 含量的变化范围为 0.02～0.04μg/L，这表明此水域的水质，在 Cd 含量方面，不仅达到了国家一类海水的水质标准（1.00μg/L），而且小于 0.10μg/L，水质非常清洁，完全没有受到 Cd 的任何污染。在整个胶州湾的湾内水域，Cd 含量的变化量值为 0.02μg/L，这表明此水域的水质，在 Cd 含量方面，在海水水体中的 Cd 是非常均匀的。在胶州湾的湾外水域，Cd 含量的变化范围为 0.25μg/L。这表明此水域的水质，在 Cd 含量方面，受到 Cd 微小的输入。

5 月、8 月和 11 月，在胶州湾的整个水域，Cd 含量非常低，Cd 的含量变化范围为 0.01～0.85μg/L，小于国家一类海水的水质标准（1.00μg/L）。因此，5 月、8 月和 11 月，在胶州湾的整个水域，水质清洁，完全没有受到 Cd 的任何污染。

1.3.2　来源变化过程

5 月，在胶州湾东部，李村河的入海口近岸水域，形成了 Cd 的高含量区，展示了一系列不同梯度的半个同心圆。这表明了 Cd 含量的来源是来自河流的输送，其 Cd 含量为 0.07μg/L。输送的 Cd 含量沿梯度下降，导致了 Cd 含量降低到远离河口水域的 0.04μg/L。

8 月，在胶州湾东部的水体中，李村河和海泊河的入海口之间的近岸水域，形成了 Cd 的高含量区，展示了一系列不同梯度的半个同心圆。这表明了 Cd 含量的来源是来自河流的输送，其 Cd 含量为 0.85μg/L。输送的 Cd 含量沿梯度下降，导致了 Cd 含量降低到远离河口水域的 0.01μg/L。

11 月，在胶州湾的湾内水域，Cd 含量的变化范围为 0.02～0.04μg/L。这个 Cd 含量远小于 1.00μg/L，甚至小于 0.10μg/L。这表明在胶州湾的湾内水域，Cd 含量没有任何来源，水质非常清洁。在胶州湾的湾外水域，Cd 含量的变化范围为 0.25μg/L 以内。这表明在胶州湾的湾外水域，Cd 含量的来源是来自外海海流的输送，其 Cd 含量为 0.25μg/L。输送的 Cd 含量沿梯度下降，导致了 Cd 含量在湾南部的湾口内侧水域为0.02μg/L。

5月、8月和11月，在胶州湾的整个水域，展示了给胶州湾输送Cd含量的来源变化过程，即Cd含量的来源量变化过程和Cd含量的来源方式变化过程。

给胶州湾输送Cd含量的来源量变化过程：这是通过河流输送的Cd含量变化来表明的。5月，河流给胶州湾输送Cd含量为0.07μg/L。8月，河流给胶州湾输送Cd含量为0.85μg/L。11月，河流给胶州湾输送Cd含量为0.00μg/L。因此，5～8月，再到11月，胶州湾水域镉的来源量变化过程表明，从河流输送低Cd含量到河流输送高Cd含量，再到河流不输送Cd。河流输送的Cd含量变化过程与河流的流量及周边雨季的雨量变化过程[11]都是一致的。

给胶州湾输送Cd含量的来源方式变化过程：这是通过输送Cd含量的河流和外海海流的变化来表明的。

5月，给胶州湾输送Cd的来源是河流。8月，给胶州湾输送Cd含量的来源是河流。11月，给胶州湾输送Cd的来源是外海海流。因此，5～8月，再到11月，胶州湾水域镉的来源变化过程表明了，从河流的输送到河流的输送，再转换到外海海流的输送。

1.3.3 来源的状况

胶州湾水域Cd有两个来源，来自河流的输送和和外海海流的输送。

来自河流输送的Cd含量为0.07～0.85μg/L。从河流输送的Cd含量考虑，来自李村河和海泊河的河流输送Cd含量为0.07～0.85μg/L。因此，李村河和海泊河的河流输送，给胶州湾输送的Cd含量非常低，远远低于国家一类海水的水质标准（1.00μg/L）。这表明李村河和海泊河的河流都没有受到Cd的任何污染。

来自外海海流输送的Cd含量为0.25μg/L。因此，外海海流的输送，给胶州湾输送的Cd含量都符合国家一类海水的水质标准（1.00μg/L）。这表明外海没有受到Cd的任何污染（表1-2）。

表1-2 胶州湾不同来源的Cd含量

不同河流来源	外海海流的输送	河流的输送
Cd含量/（μg/L）	0.25	0.07～0.85

1.4 结　　论

5月、8月和11月，Cd在胶州湾水体中的含量范围为0.01～0.85μg/L，符合国家一类海水的水质标准（1.00μg/L）。这表明在Cd含量方面，5月、8月和11

月，在胶州湾的整个水域，水质没有受到任何 Cd 的污染。5 月，在 Cd 含量方面，不仅达到了国家一类海水的水质标准（1.00μg/L），而且小于 0.10μg/L，水质非常清洁。而且在海水的水体中，水质的 Cd 是非常均匀的。8 月，在胶州湾东部近岸水域 Cd 含量比较高，而西部近岸水域 Cd 含量比较低。因此，在胶州湾东部近岸水域受到 Cd 微小的输入。11 月，在胶州湾的湾内水域，在 Cd 含量方面，不仅达到了国家一类海水的水质标准（1.00μg/L），而且小于 0.10μg/L，水质非常清洁。而且在海水的水体中，水质的 Cd 是非常均匀的。在胶州湾的湾外水域，在 Cd 含量方面，受到 Cd 微小的输入。

5 月、8 月和 11 月，在胶州湾的整个水域，展示了给胶州湾输送 Cd 的来源变化过程，即 Cd 含量的来源量变化过程和 Cd 含量的来源方式变化过程。给胶州湾输送 Cd 含量的来源量变化过程：5～8 月，再到 11 月，胶州湾水域镉的来源量变化过程表明了，从河流输送低 Cd 含量到河流输送高 Cd 含量，再变化到河流不输送 Cd。河流输送的 Cd 含量变化过程与河流的流量及周边雨季的雨量变化过程[11]都是一致的。给胶州湾输送 Cd 含量的来源方式变化过程：5～8 月，再到 11 月，胶州湾水域镉的来源方式变化过程表明了，从河流的输送到河流的输送，再转换到外海海流的输送。

胶州湾水域 Cd 有两个来源，来自河流的输送和和外海海流的输送。来自河流输送的 Cd 含量为 0.85μg/L，来自外海海流输送的 Cd 含量为 0.25μg/L。这表明李村河和海泊河的河流都没有受到 Cd 的任何污染，外海也没有受到 Cd 的任何污染。这揭示了，在没有受到人类活动的影响下，在 Cd 含量方面，河流、外海的水质都是非常清洁的。由此认为，人类一定要减少对河流、外海等水域的 Cd 排放，近岸水域到外海水域都尽可能地减少对海洋的 Cd 污染。

参考文献

[1] 杨东方, 苗振清. 海湾生态学(上册). 北京: 海洋出版社, 2010: 1-320.

[2] 杨东方, 高振会. 海湾生态学(下册). 北京: 海洋出版社, 2010: 1-330.

[3] 杨东方, 陈豫, 王虹, 等. 胶州湾水体镉的迁移过程和本底值结构. 海岸工程, 2010, 29(4): 73-82.

[4] 杨东方, 陈豫, 常彦祥, 等. 胶州湾水体镉的分布及来源. 海岸工程, 2013, 32(3): 68-78.

[5] Yang D F, Zhu S X, Wang F Y, et al. The distribution and content of Cadmium in Jiaozhou Bay. Applied Mechanics and Materials, 2014: 644-650: 5325-5328.

[6] Yang D F, Wang F Y, Wu Y F, et al. The structure of environmental background value of Cadmium in Jiaozhou Bay waters. Applied Mechanics and Materials, 2014, 644-650: 5329-5312.

[7] Yang D F, Chen S T, Li B L, et al. Research on the vertical distribution of Cadmium in Jiaozhou Bay waters. Proceedings of the 2015 international symposium on computers and informatics,

2015: 2667-2674.
[8] Yang D F, Chen Y, Gao Z H, et al. Silicon limitation on primary production and its destiny in Jiaozhou Bay, China Ⅳ transect offshore the coast with estuaries. Chin J Oceanol Limnol, 2005, 23(1): 72-90.
[9] 杨东方, 王凡, 高振会, 等. 胶州湾浮游藻类生态现象. 海洋科学, 2004, 28(6): 71-74.
[10] 国家海洋局. 海洋监测规范. 北京: 海洋出版社, 1991.
[11] 杨东方, 丁咨汝, 石强, 等. 有机农药六六六对胶州湾海域水质的影响——陆地迁移过程. 地球科学前沿, 2012, 2(1): 31-36.

第2章　胶州湾水域镉均匀性的往复变化过程

2.1　背　　景

2.1.1　胶州湾自然环境

胶州湾位于山东半岛南部，其地理位置为东经 120°04′～120°23′，北纬 35°58′～36°18′，以团岛与薛家岛连线为界，与黄海相通，面积约为 446km^2，平均水深约 7m，是一个典型的半封闭型海湾。胶州湾入海的河流有十几条，其中径流量和含沙量较大的为大沽河和洋河，青岛市区的海泊河、李村河和娄山河等河流，这些河流均属季节性河流，河水水文特征有明显的季节性变化[1~4]。

2.1.2　数据来源与方法

本研究所使用的 1979 年 5 月、8 月和 11 月胶州湾水体 Cd 的调查资料由国家海洋局北海监测中心提供。5 月、8 月和 11 月，在胶州湾水域设 8 个站位取水样：H34、H35、H36、H37、H38、H39、H40、H41（图 2-1）。分别于 1979 年 5 月、

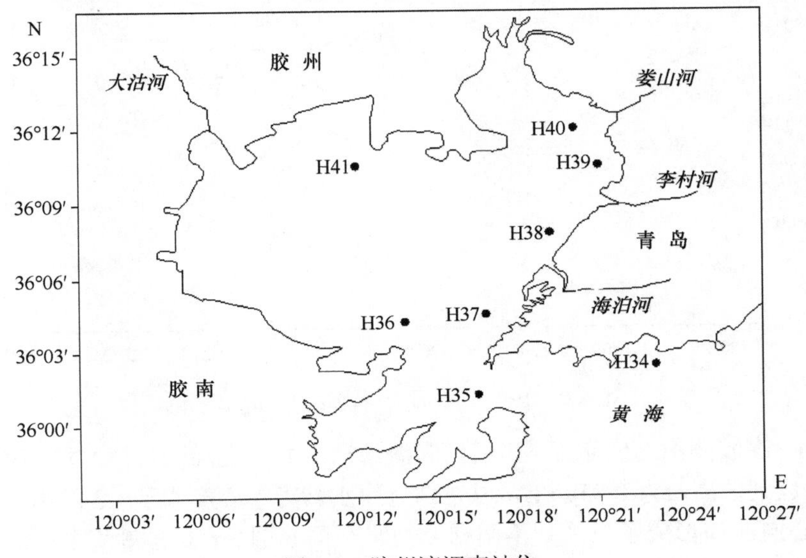

图 2-1　胶州湾调查站位

8 月和 11 月 3 次进行取样，根据水深取水样（>10m 时取表层和底层，<10m 时只取表层）进行调查。按照国家标准方法进行胶州湾水体 Cd 的调查，该方法被收录在国家的《海洋监测规范》中（1991 年）[5]。

2.2 水平分布

2.2.1 表层水平分布

5 月，在胶州湾湾内东部，李村河的入海口近岸水域 H38、H39 站位，Cd 的含量达到较高，为 0.07μg/L，以东北部近岸水域为中心形成了 Cd 的高含量区，从湾的北部到南部形成了一系列不同梯度的半个同心圆。Cd 含量从中心的高含量 0.07μg/L 沿梯度递减到湾南部湾口内侧水域的 0.04μg/L（图 2-2）。

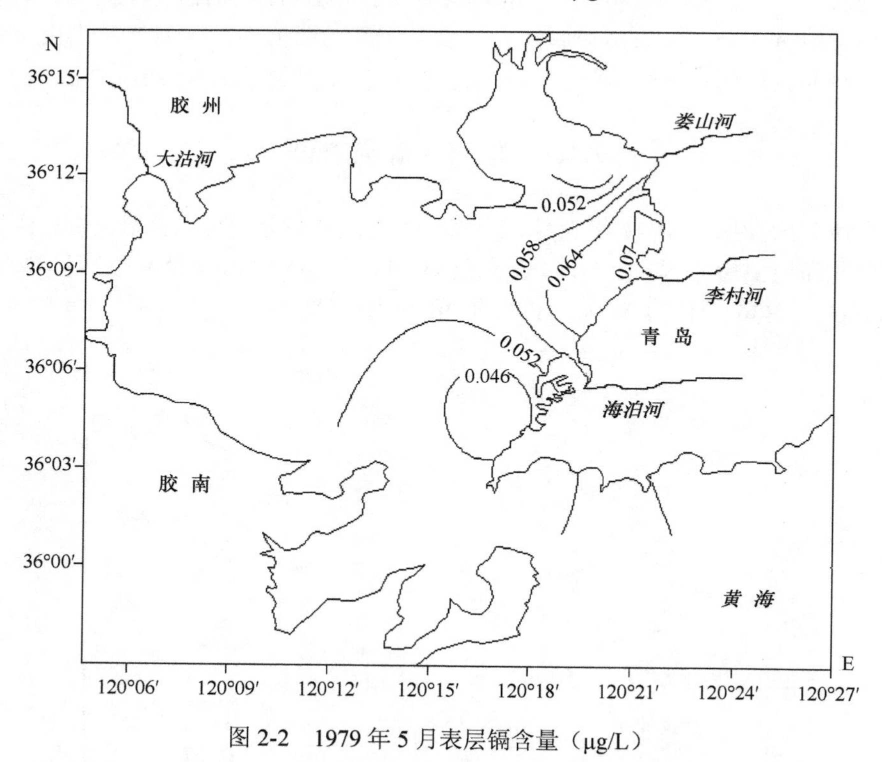

图 2-2 1979 年 5 月表层镉含量（μg/L）

8 月，在胶州湾湾内东部，李村河和海泊河入海口之间的近岸水域 H38 站位，Cd 含量达到很高，为 0.85μg/L，以东部近岸水域为中心形成了 Cd 的高含量区，并从中心向四周形成了一系列不同梯度的半个同心圆。Cd 含量从中心的高含量

0.85μg/L 向四周沿梯度递减到 0.01μg/L（图 2-3）。

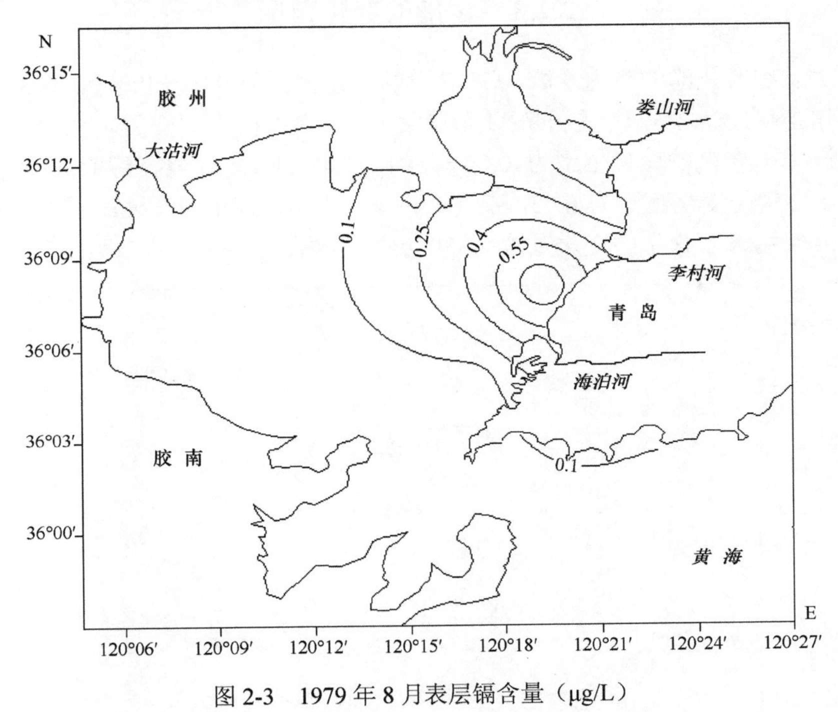

图 2-3　1979 年 8 月表层镉含量（μg/L）

11 月，在胶州湾湾外的东部近岸水域 H34 站位，Cd 的含量达到较高，为 0.25μg/L，以湾外的东部近岸水域为中心形成了 Cd 的高含量区，形成了一系列不同梯度的平行线。Cd 含量从中心的高含量 0.25μg/L 沿梯度递减到胶州湾湾内东部近岸水域的 0.02μg/L（图 2-4）。

2.2.2　含量的高值

在胶州湾的湾内水域，给胶州湾输送 Cd 的只有河流。5 月，河流给胶州湾输送 Cd 含量为 0.07μg/L。8 月，河流给胶州湾输送 Cd 含量为 0.85μg/L。11 月，河流给胶州湾输送 Cd 含量为 0。因此，5～8 月，再到 11 月，胶州湾水域镉的来源量变化过程表明，从河流输送低 Cd 含量到河流输送高 Cd 含量，再变化到河流不输送 Cd。这表明在胶州湾的湾内水域，Cd 含量的高值是由河流输送的大小来决定的。

2.2.3 含量的变化范围

5月，在胶州湾的湾内水域，Cd含量的变化范围为0.04～0.07μg/L，8月，在胶州湾的湾内水域，Cd含量的变化范围为0.01～0.85μg/L，11月，在胶州湾的湾内水域，Cd含量的变化范围为0.02～0.04μg/L。那么，在胶州湾的湾内水域，5月，Cd含量的变化范围为0.03μg/L以内。8月，Cd含量的变化范围为0.84μg/L以内。11月，Cd含量的变化范围为0.02μg/L以内。

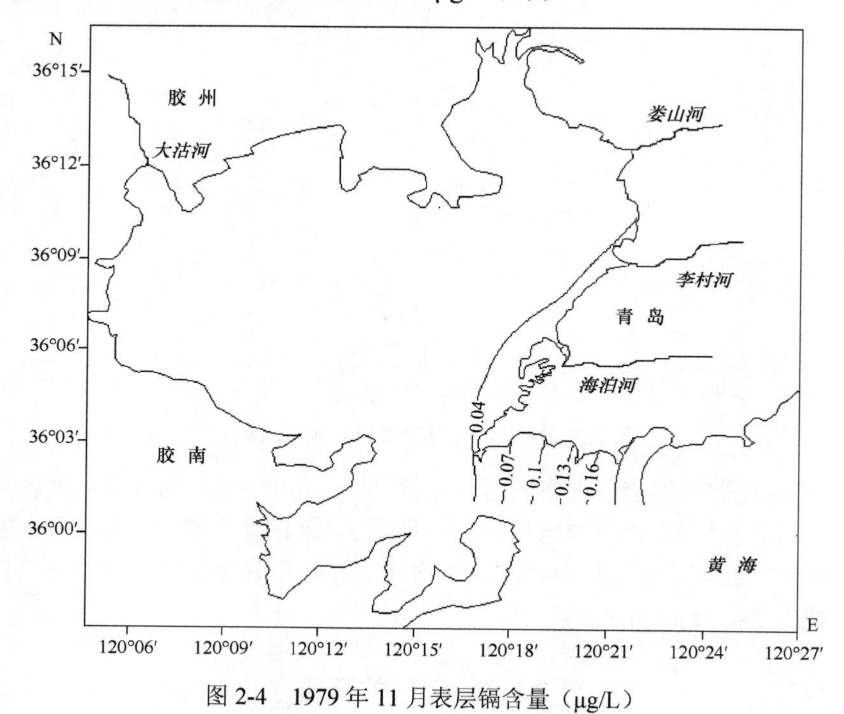

图2-4 1979年11月表层镉含量（μg/L）

表2-1 5月、8月和11月胶州湾Cd含量的变化范围

项目	5月	8月	11月
海水中Cd含量/（μg/L）变化范围	0.03	0. 84	0.02

2.3 均匀性变化过程

2.3.1 均 匀 性

作者提出了[6]：海洋的潮汐、海流对海洋中所有的物质都进行搅动、输送，使海洋中所有物质的含量在海洋的水体中都是非常均匀的分布。在近岸浅海主要靠潮汐的作用；在深海主要靠海流的作用，当然还有其他辅助作用，如风暴潮、海底地震等。所以，随着时间的推移，海洋中所有物质的含量都趋于均匀分布，故海洋具有均匀性。

在胶州湾的湾内水域，1979 年 Cd 含量水平分布的时空变化中，充分展示了在海洋中的潮汐、海流的作用下，Cd 在水体中不断地被摇晃、搅动，水体中 Cd 含量均匀性的变化过程。

2.3.2 空间的均匀性分布

1. 5 月的均匀性分布

5 月，在胶州湾湾内的整个水域，Cd 的含量变化范围为 0.04～0.07μg/L，而且在胶州湾的湾内水域，Cd 含量的变化范围为 0.03μg/L。这表明 5 月，在胶州湾的湾内整个水域，Cd 含量比较高，同时，Cd 含量的变化长度比较短。这充分展示了在湾内的整个水体中，Cd 含量比较高，Cd 含量的变化范围比较小。因此，在空间尺度上，Cd 在水体中的分布是均匀的。

5 月，在胶州湾的湾内水域，东北娄山河和李村河的入海口之间的近岸水域和湾口西南内侧的近岸水域，这些水域的位置相距很远，横跨整个胶州湾的湾内水域，但 Cd 的含量却是一致的，都非常低（0.02μg/L）。这表明虽然在不同的水域，Cd 含量的低值都是一致的，Cd 的含量都达到低值（0.02μg/L）。

5 月，在胶州湾的湾内水域，湾底东北的近岸水域和湾口东南内侧的近岸水域，这些水域的位置相距很远，横跨整个胶州湾的湾内水域，但 Cd 的含量却是一致的，都非常低（0.04μg/L）。这表明虽然在不同的水域，Cd 含量的低值都是一致的，Cd 的含量都达到低值（0.04μg/L）。

5 月，在胶州湾的湾内水域，只有在李村河的入海口近岸水域，Cd 的含量达到了高值（0.07μg/L）。这表明只有输入源的水域，Cd 的含量达到高值（0.07μg/L）。

因此，5 月，在胶州湾的湾内水域，从东北的近岸水域到西南的近岸水域，Cd 含量的值都是一致的。只有在李村河的入海口近岸水域，才引起了 Cd 含量的增加，说明了 Cd 含量的局部不均匀是由输入来源的含量造成的。这样，在空间尺度上，Cd 在整个水体中的分布是均匀的。

2. 11 月的均匀性分布

11 月，在胶州湾的整个水域，Cd 的含量变化范围为 0.02～0.04μg/L，而且在胶州湾的湾内水域，Cd 含量的变化长度为 0.02μg/L。这表明 11 月，在胶州湾的湾内整个水域，Cd 含量比较低，同时，Cd 含量的变化长度非常短。这充分展示了在湾内的整个水体中，Cd 含量比较低，Cd 含量的变化范围非常小。因此，在空间尺度上，Cd 在水体中的分布是均匀的。

11 月，在胶州湾的湾内水域，东北娄山河和李村河的入海口之间的近岸水域和湾口西南内侧的近岸水域，这些水域的位置相距很远，横跨整个胶州湾的湾内水域，但 Cd 的含量却是一致的，都非常低（0.02μg/L）。这表明虽然在不同的水域，Cd 含量的低值都是一致的，Cd 的含量都达到低值（0.02μg/L）。

11 月，在胶州湾的湾内水域，在西北的近岸水域和湾口东南内侧的近岸水域，这些水域的位置相距很远，横跨整个胶州湾的湾内水域，但 Cd 的含量却是一致的，都非常高（0.04μg/L）。这表明了虽然在不同的水域，Cd 含量的高值都是一致的，Cd 的含量都达到高值（0.04μg/L）。

因此，11 月，在胶州湾的湾内水域，没有任何 Cd 含量的来源。从东北的近岸水域到西南的近岸水域，Cd 含量的值都是一致的；从西北的近岸水域到东南的近岸水域，Cd 含量的值都是一致的。这样，在空间尺度上，Cd 在水体中的分布是均匀的。

2.3.3 时间的均匀性变化

5 月，胶州湾的湾内水域 Cd 有一个来源，来自河流的输送。来自河流输送的 Cd 含量为 0.07μg/L。在胶州湾东北部的水体中，当河流向这个水体输送 Cd 比较少时，在湾内的整个水体中，Cd 在水体中分布是均匀的。

8 月，胶州湾的湾内水域 Cd 有一个来源，来自河流的输送。来自河流输送的 Cd 含量为 0.85μg/L。在胶州湾东北部的水体中，当河流向这个水体输送 Cd 比较多时，在湾内的整个水体中，Cd 在水体中的分布是不均匀的。

11 月，在胶州湾湾内的整个水体中，没有任何 Cd 的来源，Cd 在水体中的分布是均匀的。

在胶州湾的湾内水域，Cd 含量随着时间的变化展示了它在水体中分布的均匀性变化过程：从 5 月 Cd 含量的高值为 0.07μg/L，Cd 含量的变化长度为 0.03μg/L。到 8 月，Cd 含量的高值为 0.85μg/L，Cd 含量的变化长度为 0.84μg/L。再到 11 月，Cd 含量的高值为 0.04g/L，Cd 含量的变化长度为 0.02μg/L。这展示了在海洋中的潮汐、海流的作用下，Cd 在水体中不断地被摇晃、搅动。在时间尺度上，随着时间的变化，水体中的 Cd 由均匀到不均匀，再到均匀的变化过程。

在胶州湾水域，1979 年 Cd 水平分布的时空变化揭示了在海洋中的潮汐、海流的作用下，使海洋具有均匀性的特征。正如作者指出：海洋的潮汐、海流对海洋中的所有物质都进行搅动、输送，使海洋中所有物质的含量在海洋的水体中都是非常均匀地分布[6]。因此，Cd 在水体中的时空变化就展示了物质在海洋中的均匀分布特征。

2.3.4　物质含量的均匀分布

作者认为[6]：HCH 在海域水体中分布的均匀性，揭示了在海洋中的潮汐、海流的作用下，使海洋具有均匀性的特征。就像容器中的液体，加入物质，不断地摇晃、搅动，随着时间的推移，使其物质的含量在液体中渐渐的均匀分布。

1985 年，HCH 在海域水体中分布的均匀性，揭示了在海洋中的潮汐、海流的作用下，使海洋具有均匀性的特征[6]。1983 年，PHC 在胶州湾的水体中小于 0.12mg/L，就展示了物质在海洋中的均匀分布特征[7]；1983 年，在胶州湾的湾口内底层水域 Cu 的底层水平分布，就充分证明了海洋具有均匀性[8]；1983 年，Cyanide 在胶州湾的湾口底层水域的含量现状和水平分布揭示了无论物质的含量多么低，海洋都会将物质带到更远的地方，其含量就会更低，使其在海洋中均匀分布，这充分证明了海洋具有均匀性[9]；1985 年，Pb 的水平分布和扩展过程揭示了在海洋中的潮汐、海流的作用下，使海洋具有均匀性的特征[10]；1985 年，胶州湾 Cd 的表层水平分布，就充分呈现了海洋具有均匀性[11]；1985 年，胶州湾 Cu 的表层水平分布，就充分呈现了海洋的均匀性变化过程；1979 年，胶州湾 Cr 在水体中的时空变化，就充分展示了物质在海洋中的均匀分布特征及均匀性变化过程；1979 年，胶州湾的 Cd 在水体中的时空变化，就充分展示了物质在海洋中的高含量和低含量都具有均匀性，在输入物质含量的变化下确定了物质均匀性的变化过程。

这些物质的水平分布和运动过程充分表明海洋使一切物质都在水体中具有均匀性，并且使一切物质在水体中向均匀性的趋势进行扩散运动。因此，作者进一步完善提出的“物质在水体中的均匀性变化过程”如下所述。

在一个水体中，当物质有输入来源，其输入量比较少时，在水体中就出现了物质高含量的分布是均匀的。当物质有来源的输入，其输入量比较多时，在水体中就出现了物质含量的分布是不均匀的。当物质来源的输入停止时，在水体中就出现了物质低含量的分布是均匀的。物质来源从开始输入物质到结束输入物质，在此过程中，水体中就出现了物质含量的分布从均匀的转变为不均匀的，再从不均匀的转变为均匀的。

在一个水体中，从有少量的物质输入，物质在水体中是均匀的，到有大量的物质输入，物质在水体中是不均匀的，再到没有物质输入，物质在水体中是均匀的。这展示了在物质的输入增强时，物质在水体中就出现了从均匀的转变为不均匀的。物质的输入减少时，物质在水体中就出现了从不均匀的转变为均匀的。在此过程中，物质的输入量决定了物质在水体中的不均匀，海水的潮汐和海流的作用决定了物质在水体中的分布是均匀的。

2.4 结 论

5月，在胶州湾的湾内水域，从东北的近岸水域到西南的近岸水域，Cd 含量的值都是一致的。只有在李村河的入海口近岸水域，才引起了 Cd 含量的增加，说明了 Cd 含量的局部不均匀是由输入来源的含量造成的。这样，在空间尺度上，Cd 在整个水体中的分布是均匀的。

8月，胶州湾的湾内水域 Cd 有一个来源，来自河流的输送。来自河流输送的 Cd 含量为 0.85μg/L。在胶州湾东北部的水体中，当河流向这个水体输送 Cd 时，在湾内的整个水体中，Cd 在水体中的分布是不均匀的。这样，在空间尺度上，Cd 在水体中的分布是不均匀的。

11月，在胶州湾的湾内水域，没有任何 Cd 的来源。从东北的近岸水域到西南的近岸水域，Cd 的值都是一致的；从西北的近岸水域到东南的近岸水域，Cd 的值都是一致的。这样，在空间尺度上，Cd 在水体中的分布是均匀的。

在胶州湾的湾内水域，随着时间的变化，展示了 Cd 在水体中分布的均匀性变化过程：从 5 月 Cd 含量的高值为 0.07μg/L，Cd 含量的变化长度为 0.03μg/L。到 8 月，Cd 含量的高值为 0.85μg/L，Cd 含量的变化长度为 0.84μg/L。再到 11 月，Cd 含量的高值为 0.04g/L，Cd 含量的变化长度为 0.02μg/L。展示了在海洋中的潮汐、海流的作用下，Cd 在水体中不断地被摇晃、搅动。在时间尺度上，随着时间的变化，水体中 Cd 由均匀到不均匀，再到均匀的变化过程。

1983 年的 PHC 含量、Cu 含量、Cyanide 含量，1985 年的 HCH 含量、Pb 含量、Cd 含量、Cu 含量，1979 年的 Cr 含量、Cd 含量，这些物质在海洋中都具有均匀性。这揭示了在海洋中的潮汐、海流的作用下，使海洋具有均匀性的特征。

在一个水体中，在物质的输入增强时，物质在水体中就出现了从均匀的转变为不均匀的现象。物质的输入减少时，物质在水体中就出现了从不均匀的转变为均匀的。在此过程中，物质的输入量决定了物质在水体中的不均匀性，海水的潮汐和海流的作用决定了物质在水体中的均匀性。因此，作者提出“物质在水体中的均匀性变化过程”，海洋使一切物质都在水体中具有均匀性，得到了强有力的支持和证实。

参考文献

[1] 杨东方, 陈豫, 王虹, 等. 胶州湾水体镉的迁移过程和本底值结构. 海岸工程, 2010, 29(4): 73-82.

[2] 杨东方, 陈豫, 常彦祥, 等. 胶州湾水体镉的分布及来源. 海岸工程, 2013, 32(3): 68-78.

[3] Yang D F, Chen Y, Gao Z H, et al. Silicon limitation on primary production and its destiny in Jiaozhou Bay, China Ⅳ transect offshore the coast with estuaries. Chin J Oceanol Limnol, 2005, 23(1): 72-90.

[4] 杨东方, 王凡, 高振会, 等. 胶州湾浮游藻类生态现象. 海洋科学, 2004, 28(6): 71-74.

[5] 国家海洋局. 海洋监测规范. 北京: 海洋出版社, 1991.

[6] 杨东方, 丁咨汝, 郑琳, 等. 胶州湾水域有机农药六六六的分布及均匀性. 海岸工程, 2011, 30(2): 66-74.

[7] Yang D F, Wang F Y, Zhu S X, et al. Distribution and homogeneity of petroleum hydrocarbon in Jiaozhou Bay. Proceedings of the 2015 international symposium on computers and informatics, 2015: 2661-2666.

[8] Yang D F, Zhu S X, Wu Y J, et al. Aggregation, divergence and homogeneity of Cu in Marine bay bottom waters. Advances in Engineering Research, 2015, 31: 1288-1291.

[9] Yang D F, Zhu S X, Yang D F, et al. The homogeneity of low cyanide conents in Jiaozhou Bay. Advances in Engineering Research, 2015: 427-430.

[10] Yang D F, Yang D F, Zhu S X, et al. The spreading process of Pb in Jiaozhou Bay. Advances in Engineering Research, 2016, Part G: 1921-1926.

[11] Yang D F, Wang F Y, Zhu S X, et al. Homogeneity of Cd contents in Jiaozhou Bay waters. Advances in Engineering Research, 2016, 65: 298-302.

第3章　镉含量的环境动态值及结构模型

3.1　背　　景

3.1.1　胶州湾自然环境

胶州湾位于山东半岛南部，其地理位置为东经 120°04′～120°23′，北纬 35°58′～36°18′，以团岛与薛家岛连线为界，与黄海相通，面积约为 446km^2，平均水深约 7m，是一个典型的半封闭型海湾。胶州湾入海的河流有十几条，其中径流量和含沙量较大的为大沽河和洋河，青岛市区的海泊河、李村河和娄山河等河流，这些河流均属季节性河流，河水水文特征有明显的季节性变化[1~4]。

3.1.2　数据来源与方法

本研究所使用的 1979 年 5 月、8 月和 11 月胶州湾水体 Cd 的调查资料由国家海洋局北海监测中心提供。5 月、8 月和 11 月，在胶州湾水域设 8 个站位取水样：H34、H35、H36、H37、H38、H39、H40、H41（图 3-1）。分别于 1979 年 5 月、

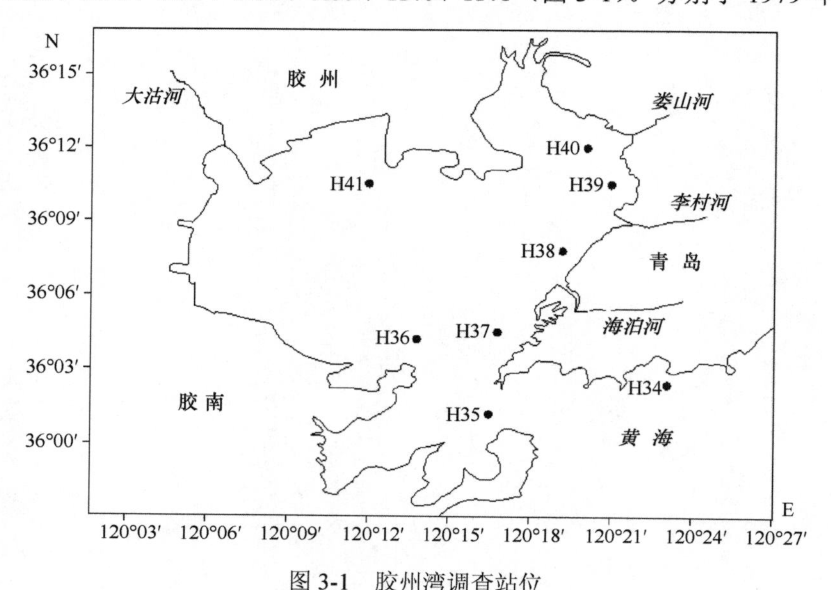

图 3-1　胶州湾调查站位

8 月和 11 月 3 次进行取样，根据水深取水样（＞10m 时取表层和底层，＜10m 时只取表层）进行调查。按照国家标准方法进行胶州湾水体 Cd 的调查，该方法被收录在国家的《海洋监测规范》中（1991 年）[5]。

3.2 环境动态值的定义及结构模型

3.2.1 表层含量大小

5 月，在胶州湾的湾内水域，Cd 含量的变化范围为 0.04～0.07μg/L，在胶州湾的湾外水域，Cd 含量的变化范围为 0.06μg/L 以内。8 月，在胶州湾的湾内水域，Cd 含量的变化范围为 0.01～0.85μg/L，在胶州湾的湾外水域，Cd 含量的变化范围为 0.06μg/L。11 月，在胶州湾的湾内水域，Cd 含量的变化范围为 0.02～0.04μg/L，在胶州湾的湾外水域，Cd 含量的变化范围为 0.25μg/L。因此，5 月、8 月和 11 月，Cd 在胶州湾水体中的含量范围为 0.01～0.85μg/L。

3.2.2 来源及含量高值

5 月，胶州湾的湾内水域 Cd 有一个来源，来自河流的输送。来自河流输送的 Cd 含量为 0.07μg/L。在胶州湾的湾外水域，没有任何 Cd 的来源。

8 月，胶州湾的湾内水域 Cd 有一个来源，来自河流的输送。来自河流输送的 Cd 含量为 0.85μg/L。在胶州湾的湾外水域，没有任何 Cd 的来源。

11 月，在胶州湾湾内的整个水体中，没有任何 Cd 的来源，Cd 在水体中的分布是均匀的。在胶州湾的湾外水域，Cd 来自海流的输送，其 Cd 含量为 0.25μg/L。

3.2.3 空间的均匀性分布

5 月，在胶州湾的湾内水域，从东北的近岸水域到西南的近岸水域，Cd 含量的值都是一致的。只有在李村河的入海口近岸水域，才引起了 Cd 含量的增加，说明了 Cd 含量的局部不均匀是由输入来源的含量造成的。这样，在空间尺度上，Cd 在整个水体中的分布是均匀的。

11 月，在胶州湾的湾内水域，没有任何 Cd 的来源。从东北的近岸水域到西南的近岸水域，Cd 含量的值都是一致的；从西北的近岸水域到东南的近岸水域，Cd 含量的值都是一致的。这样，在空间尺度上，Cd 在水体中的分布是均匀的。

3.2.4 环境本底值的结构

根据杨东方提出的物质在水域的环境本底值结构[6~9]，建立了物质环境本底值的结构模型：

$$H=B+L+M$$

式中，B 为基础本底值（the basic background value），表示此水域本身所具有的物质含量；L 为陆地径流的输入量（the input amount in runoff），表示通过陆地径流输入此水域的物质含量；M 为海洋水流的输入量（the input amount in marine current），表示通过海洋水流输入此水域的物质含量；H 为物质含量在此水域的环境本底值（the environmental background value）。

进一步将物质在水域的环境本底值结构完善，建立了物质环境动态值的结构模型：

$$D= B\cup H\cup \Sigma \cup M_i \quad (i=1, 2, \cdots, N)$$

式中，B 为物质含量的基础本底值（the basic background value），表示此水域没有任何输入物质的含量时，该水域本身所具有的物质含量；H 为物质含量的环境本底值（the environmental background value），表示此水域有各种途径输入物质的含量时，该水域所具有的最低物质含量；Mi 为物质含量的输入值（the input value in the i-th of the i pass ways），表示通过第 i 个途径输入此水域的物质含量；N 表示输入此水域的物质含量的途径一共有 N 个；D 为物质含量的环境动态值（the environmental dynamic value in the waters），表示物质含量在此水域的动态值。$\cup$ 表示一切并集，选取两个值的较高值。

3.3 环境动态值的计算

3.3.1 基础本底值

11 月，在胶州湾的湾内水域，没有任何 Cd 的来源。从东北的近岸水域到西南的近岸水域，这些水域的位置相距很远，但 Cd 的含量却是一致的，都达到 0.02μg/L。在空间尺度上，Cd 在水体中的分布是均匀的。因此，胶州湾水体中的 Cd 含量的基础本底值是 0.02μg/L。从西北的近岸水域到东南的近岸水域，这些水域的位置相距很远，但 Cd 的含量却是一致的，都达到 0.04μg/L。在空间尺度上，Cd 在水体中的分布是均匀的。因此，胶州湾水体中的 Cd 含量的基础本底值是 0.04μg/L。

所以，在空间尺度上，没有任何 Cd 的来源，并且 Cd 在水体中的分布是均匀的。这样，该水域 Cd 含量的基础本底值是 0.02～0.04μg/L。

3.3.2　环境本底值

5 月，在胶州湾东北部的水体中，Cd 来自河流的输送，其 Cd 含量为 0.07μg/L。输送的 Cd 含量沿梯度下降，导致了 Cd 含量在湾南部的湾口内侧水域为 0.04μg/L。

当有河流输送 Cd 时，在胶州湾水域，Cd 含量达到最低值 0.04μg/L。这样，该水域的 Cd 含量的环境本底值是 0.04μg/L。

8 月，胶州湾的湾内水域，Cd 来自河流的输送，其 Cd 含量为 0.85μg/L。输送的 Cd 含量沿梯度下降，导致了 Cd 含量在湾南部水域为 0.01μg/L。当有河流输送 Cd 时，在胶州湾水域，Cd 含量达到最低值 0.01μg/L。这样，该水域 Cd 含量的环境本底值是 0.01μg/L。

11 月，在胶州湾的湾外水域，Cd 来自海流的输送，其 Cd 含量为 0.25μg/L。输送的 Cd 含量沿梯度下降，导致了 Cd 含量在湾南部的湾口内侧水域为 0.02μg/L。这样，该水域的 Cd 含量的环境本底值是 0.02μg/L。

因此，在胶州湾的湾内水域，Cd 含量的环境本底值是 0.01～0.04μg/L。

3.3.3　环境动态值及其结构

Cd 来源于人类活动和自然存在。人类活动包括开采、冶炼、金属加工、杀虫剂、电池、农药、半导体材料、电焊等，都会有镉化合物排出。自然存在包括硫镉矿、菱镉矿、方镉矿、硒镉矿等许多含有镉的矿物。

在胶州湾水域，河流输送的 Cd 为 0.07～0.85μg/L。海流输送的 Cd 为 0.25μg/L。因此，无论河流的输送还是海流的输送，也许 Cd 既来自人类活动又来自自然存在。

通过环境动态值的结构模型，确定了 Cd 含量在胶州湾水域的环境结构及其数值。计算得到环境动态值 0.01～0.85μg/L（表 3-1）。

表 3-1　Cd 含量在胶州湾水域的环境动态值结构　（单位：μg/L）

环境动态值	基础本底值	环境本底值	河流的输入值	海流的输入值
0.01～0. 85	0.02～0.04	0.01～0.04	0.07～0.85	0.25

Cd 含量在胶州湾水域的环境动态值的结构模型：

D=环境动态值=$B \cup H \cup \Sigma \cup M_i$=基础本底值∪环境本底值∪河流的输入值∪海流的输入量=0.01～0. 85=0.02～0.04∪0.01～0.04∪0.07～0.85∪0.25

在胶州湾水域，通过 Cd 含量的基础本底值、Cd 含量的环境本底值以及 Cd 含量的输入值，构成了 Cd 含量在胶州湾水域的环境动态值。这样，就确定了胶州湾水域 Cd 含量的变化过程及变化趋势。

3.4 结　论

作者提出了物质含量的环境动态值的定义及结构模型，并且确定了该模型的各个变量：物质含量的基础本底值、物质含量的环境本底值、物质含量的输入值以及物质含量的环境动态值。这样，就可以确定物质含量在水域中的变化过程、变化区域及结构变量，为制定物质含量在水域中的标准以及划分物质含量在水域中的变化程度都提供了科学依据。

根据 1979 年 5 月、8 月和 11 月胶州湾水域调查资料，应用作者提出的物质含量的环境动态值的定义及结构模型，计算结果表明：在胶州湾水域，Cd 含量的基础本底值为 0.02～0.04μg/L，Cd 含量的环境本底值为 0.01～0.04μg/L，Cd 含量的河流输入值为 0.07～0.85μg/L，Cd 含量的海流输入值为 0.25μg/L，Cd 含量在胶州湾水域的环境动态值为 0.01～0.85μg/L。因此，通过作者提出的结构模型，确定了 Cd 含量在胶州湾水域中的变化过程、变化区域及结构变量。

参 考 文 献

[1] 杨东方, 苗振清. 海湾生态学(上册). 北京: 海洋出版社, 2010: 1-320.
[2] 杨东方, 高振会. 海湾生态学(下册). 北京: 海洋出版社, 2010: 1-330.
[3] Yang D F, Chen Y, Gao Z H, et al. Silicon limitation on primary production and its destiny in Jiaozhou Bay, China Ⅳ transect offshore the coast with estuaries. Chin J Oceanol Limnol, 2005, 23(1): 72-90.
[4] 杨东方, 王凡, 高振会, 等. 胶州湾浮游藻类生态现象. 海洋科学, 2004, 28(6): 71-74.
[5] 国家海洋局. 海洋监测规范(HY003.4-91). 北京: 海洋出版社, 1991: 205-282.
[6] 杨东方, 陈豫, 王虹, 等. 胶州湾水体镉的迁移过程和本底值结构. 海岸工程, 2010, 29(4): 73-82.
[7] 杨东方, 陈豫, 常彦祥, 等. 胶州湾水体镉的分布及来源. 海岸工程, 2013, 32(3): 68-78.
[8] Yang D F, Zhu S X, Wang F Y, et al. Persistence of Organic Pesticide HCH in waters. Meterological and Environmental Research, 2014, 5(3): 37-41.
[9] 杨东方, 白红妍, 张饮江, 等. 胶州湾水域有机农药六六六的分布及环境本底值. 海洋开发与管理, 2014, 31(7): 112 -118.

第 4 章　胶州湾水域镉含量的沉降过程及机制

4.1　背　　景

4.1.1　胶州湾自然环境

胶州湾位于山东半岛南部，其地理位置为东经 120°04′～120°23′，北纬 35°58′～36°18′，以团岛与薛家岛连线为界，与黄海相通，面积约为 446km²，平均水深约 7m，是一个典型的半封闭型海湾。胶州湾入海的河流有十几条，其中径流量和含沙量较大的为大沽河和洋河，青岛市区的海泊河、李村河和娄山河等河流，这些河流均属季节性河流，河水水文特征有明显的季节性变化[1~12]。

4.1.2　数据来源与方法

本研究所使用的 1979 年 5 月、8 月和 11 月胶州湾水体 Cd 的调查资料由国家海洋局北海监测中心提供。5 月、8 月和 11 月，在胶州湾水域设 8 个站位取水样：H34、H35、H36、H37、H38、H39、H40、H41（图 4-1）。分别于 1979 年 5 月、

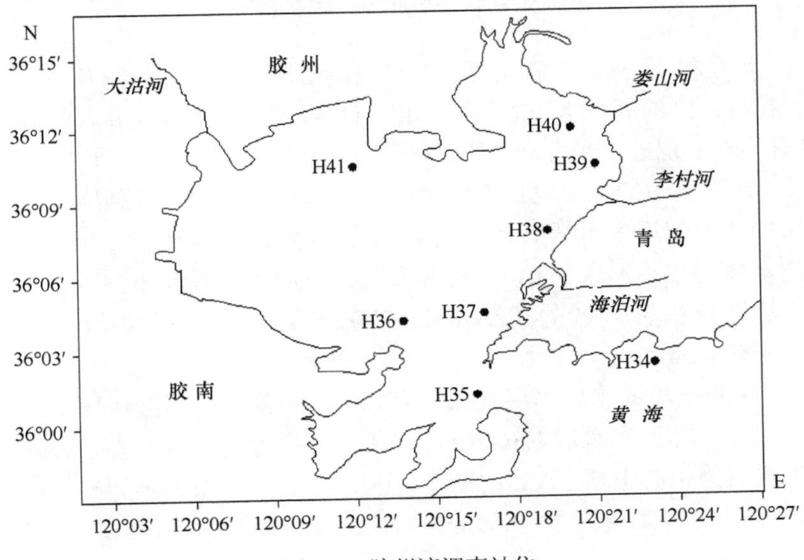

图 4-1　胶州湾调查站位

8 月和 11 月 3 次进行取样，根据水深取水样（＞10m 时取表层和底层，＜10m 时只取表层）进行调查。按照国家标准方法进行胶州湾水体 Cd 的调查，该方法被收录在国家的《海洋监测规范》中（1991 年）[13]。

4.2 底层分布

4.2.1 底层含量大小

在胶州湾的湾口底层水域，5 月，胶州湾水域 Cd 的含量范围为 0.03～0.07μg/L，符合国家一类海水的水质标准（1.00μg/L）；8 月，胶州湾水域 Cd 的含量范围为 0.03～0.09μg/L，符合国家一类海水的水质标准；11 月，胶州湾水域 Cd 的含量范围为 0.01～0.02μg/L，符合国家一类海水的水质标准。因此，5 月、8 月和 11 月，在胶州湾的湾口底层水域，Cd 在胶州湾水体中的含量范围为 0.01～0.09μg/L，符合国家一类海水的水质标准。这表明在 Cd 含量方面，5 月、8 月和 11 月，在胶州湾的湾口底层水域，水质清洁，没有受到 Cd 的任何污染（表 4-1）。

表 4-1　5 月、8 月和 11 月的胶州湾底层水质

项目	5 月	8 月	11 月
海水中 Cd 含量/（μg/L）	0.03～0.07	0.03～0.09	0.01～0.02
国家海水水质标准	一类海水	一类海水	一类海水

4.2.2 底层水平分布

5 月、8 月和 11 月，在胶州湾的湾口底层水域，从湾口外侧到湾口，再到湾口内侧，在胶州湾的湾口水域的这些站位：H34、H35、H36，Cd 含量有底层的调查。Cd 含量在底层的水平分布如下。

5 月，在胶州湾的湾口底层水域，从湾口内侧到湾口，再到湾口外侧，在胶州湾湾内的西南部近岸水域 H36 站位，Cd 的含量达到较高，为 0.07μg/L，以西南部近岸水域为中心形成了 Cd 的高含量区，形成了一系列不同梯度的平行线。Cd 含量从湾内高含量区的 0.07μg/L 向东部到湾口外侧水域沿梯度递减为 0.03μg/L（图 4-2）。

8 月，在胶州湾的湾口底层水域，从湾口内侧到湾口，再到湾口外侧，在胶州湾湾内的西南部近岸水域 H36 站位，Cd 的含量达到较高，为 0.09μg/L，以西南部近岸水域为中心形成了 Cd 的高含量区，形成了一系列不同梯度的平行线。Cd 含量从湾内高含量区的 0.09μg/L 向东部到湾口外侧水域沿梯度递减为 0.03μg/L（图 4-3）。

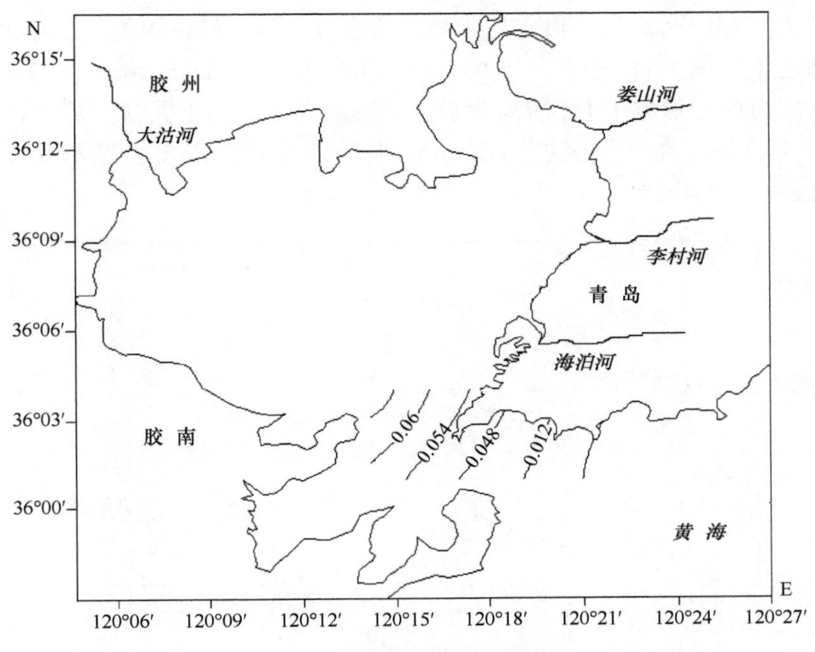

图 4-2　1979 年 5 月底层 Cd 含量的分布（μg/L）

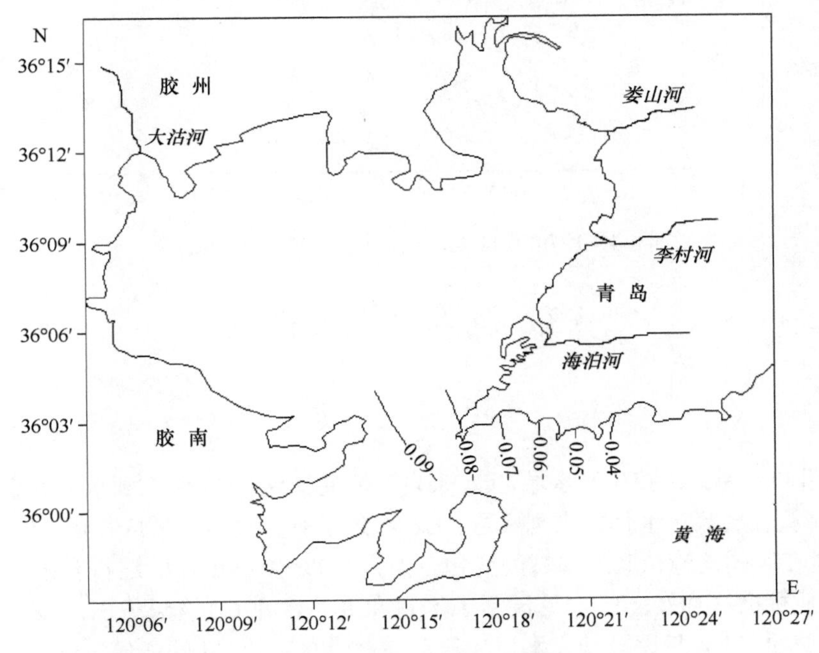

图 4-3　1979 年 8 月底层 Cd 含量的分布（μg/L）

11 月，在胶州湾的湾口底层水域，从湾口外侧到湾口内侧，在胶州湾湾外的东部近岸水域 H34 站位，Cd 的含量达到较高，为 0.02μg/L，以湾外的东部近岸水域为中心形成了 Cd 的高含量区，形成了一系列不同梯度的平行线。Cd 含量从湾口外侧高含量区的 0.02μg/L 向西部到湾口内侧水域沿梯度递减为 0.01μg/L（图 4-4）。

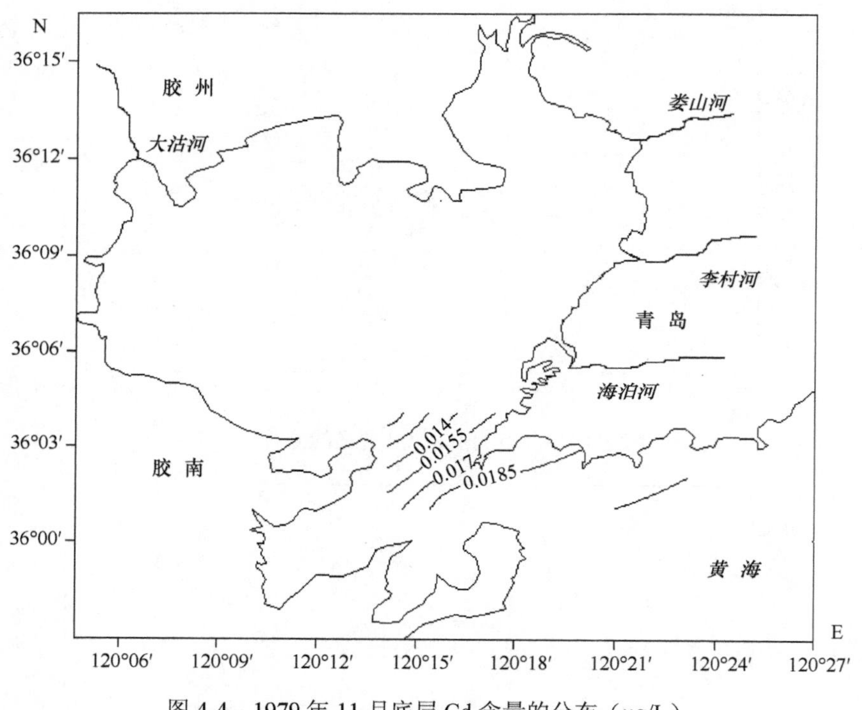

图 4-4　1979 年 11 月底层 Cd 含量的分布（μg/L）

4.3　沉降过程及机制

4.3.1　水　　质

5 月和 8 月，在胶州湾水域，Cd 来自河流的输送。Cd 先来到水域的表层，然后，Cd 从表层穿过水体，来到底层。Cd 经过了垂直水体的效应作用[14]，呈现了 Cd 含量在胶州湾湾口底层水域的变化范围为 0.03～0.09μg/L，这符合国家一类海水的水质标准（1.00μg/L）。这展示了 5 月和 8 月，在 Cd 含量方面，胶州湾湾口底层水域的 Cd 含量比较低，水质清洁，完全没有受到 Cd 的任何污染。

11 月，在胶州湾水域，Cd 来自外海海流的输送。Cd 先来到水域的表层，然后，Cd 从表层穿过水体，来到底层。Cd 经过了垂直水体的效应作用[14]，呈现了 Cd 含量在胶州湾湾口底层水域的变化范围为 0.01～0.02μg/L，这符合国家一类海水的水质标准。这展示了 11 月，在 Cd 含量方面，在胶州湾的湾口底层水域，Cd 含量很低，水质清洁，完全没有受到 Cd 的任何污染。

4.3.2 迁移过程

在胶州湾，湾内海水经过湾口与外海水交换，物质的浓度不断降低。同样，外海水经过湾口与湾内海水交换，物质的浓度也在不断降低[15]。

5 月，在胶州湾的湾口底层水域，Cd 含量范围为 0.03～0.07μg/L。从湾口内侧到湾口外侧，Cd 含量从湾内水域到湾外沿梯度递减。展示了：在湾口内侧，Cd 的高沉降；在湾口外侧，Cd 的低沉降。

8 月，在胶州湾的湾口底层水域，Cd 含量范围为 0.03～0.09μg/L。从湾口内侧到湾口外侧，Cd 含量从湾内水域到湾外沿梯度递减。展示了：在湾口内侧，Cd 的高沉降；在湾口外侧，Cd 的低沉降。

11 月，在胶州湾的湾口底层水域，Cd 含量范围为 0.01～0.02μg/L。从湾口外侧到湾口内侧，Cd 含量从湾外水域到湾内沿梯度递减。展示了：在湾口内侧，Cd 的低沉降；在湾口外侧，Cd 的高沉降。

因此，5 月和 8 月，在胶州湾的湾口底层水域，在湾口内侧，Cd 具有高沉降。11 月，在胶州湾的湾口底层水域，在湾口外侧，Cd 具有高沉降。

4.3.3 沉降机制

5 月，在胶州湾水域，Cd 来自河流的输送。Cd 先来到水域的表层，然后，Cd 从表层穿过水体，来到底层。Cd 经过了垂直水体的效应作用[11]。5 月，在胶州湾的湾口底层水域，Cd 含量从湾口内侧水域的 0.07μg/L 到湾口外侧水域沿梯度递减为 0.03μg/L。Cd 沿着水流的方向，在不断地沉降，离来源的距离越近，Cd 的沉降就越高。于是，造成了在湾口内侧水域，Cd 具有高沉降，在湾口外侧水域，Cd 具有低沉降。

8 月，在胶州湾水域，Cd 来自河流的输送。Cd 先来到水域的表层，然后，Cd 从表层穿过水体，来到底层。Cd 经过了垂直水体的效应作用[11]。8 月，Cd 含量从湾内侧水域的 0.09μg/L 到湾口外侧水域沿梯度递减为 0.03μg/L。Cd 沿着水流的方向，在不断地沉降。离来源的距离越近，Cd 的沉降就越高。于是，造成了在湾口内侧水域，Cd 具有高沉降，在湾口外侧水域，Cd 具有低沉降。

11 月，在胶州湾水域，Cd 来自外海海流的输送。Cd 先来到水域的表层，然后，Cd 从表层穿过水体，来到底层。Cd 经过了垂直水体的效应作用[11]。11 月，Cd 含量从湾口外侧水域的 0.02μg/L 到湾口内侧水域沿梯度递减为 0.01μg/L。Cd 沿着水流的方向，在不断地沉降。离来源的距离越近，Cd 的沉降就越高。于是，造成了在湾口外侧水域，Cd 具有高沉降，在湾口内侧水域，Cd 具有低沉降。

在胶州湾的湾口水域，5 月和 8 月，在湾口内侧，表层 Cd 含量达到较高，其底层 Cd 含量也达到较高。这表明了在湾口内侧，Cd 具有高沉降。Cd 沿着水流的方向，在不断地沉降。在不同时间段，离来源的距离越近，Cd 的沉降就越高。11 月，在湾口外侧，表层 Cd 含量达到较高，其底层 Cd 含量也达到较高。这表明了在湾口外侧，Cd 具有高沉降。Cd 沿着海流的方向，在不断地沉降。离来源的距离越近，Cd 的沉降就越高。

因此，作者提出了 Cd 的沉降机制：在不同地方，在不同时间段，Cd 会沿着输送载体的方向，如水流或者海流的方向，在不断地沉降。离来源的距离越近，Cd 的沉降就越高；离来源的距离越远，Cd 的沉降就越低。

4.4 结　　论

5 月、8 月和 11 月，在胶州湾的湾口底层水域，Cd 含量的变化范围为 0.01～0.09μg/L，符合国家一类海水的水质标准。这表明没有受到人为的 Cd 污染。因此，在 Cd 经过了垂直水体的效应作用下，在 Cd 含量方面，在胶州湾的湾口底层水域，Cd 含量比较低，水质清洁，完全没有受到 Cd 的任何污染。

5 月和 8 月，在胶州湾的湾口底层水域，在湾口内侧，Cd 具有高沉降。11 月，在胶州湾的湾口底层水域，在湾口外侧，Cd 具有高沉降。作者提出了 Cd 的沉降机制：在不同地方，在不同时间段，Cd 会沿着输送载体的方向，如水流或者海流的方向，在不断地沉降。离来源的距离越近，Cd 的沉降就越高；离来源的距离越远，Cd 的沉降就越低。

由此认为，表层 Cd 的来源距离及大小决定了 Cd 在底层水域的沉降量。

参 考 文 献

[1] 杨东方, 陈豫, 王虹, 等. 胶州湾水体镉的迁移过程和本底值结构. 海岸工程, 2010, 29(4): 73-82.

[2] 杨东方, 陈豫, 常彦祥, 等. 胶州湾水体镉的分布及来源. 海岸工程, 2013, 32(3): 68-78.

[3] Yang D F, Zhu S X, Wang F Y, et al. The distribution and content of Cadmium in Jiaozhou Bay. Applied Mechanics and Materials, 2014, 644-650: 5325-5328.

[4] Yang D F, Wang F Y, Wu Y F, et al. The structure of environmental background value of

Cadmium in Jiaozhou Bay waters. Applied Mechanics and Materials, 2014, 644-650: 5329-5312.
[5] Yang D F, Chen S T, Li B L, et al. Research on the vertical distribution of Cadmium in Jiaozhou Bay waters. Proceedings of the 2015 international symposium on computers and informatics, 2015: 2667-2674.
[6] Yang D F, Zhu S X, Yang X Q, et al. Pollution level and Sources of Cd in Jiaozhou Bay. Materials Engineering and Information Technology Apllication, 2015: 558-561.
[7] Yang D F, Zhu S X, Wang F Y, et al. Distribution and aggregation process of Cd in Jiaozhou Bay. Advances in Computer Science Research, 2015, 2352: 194-197.
[8] Yang D F, Wang F Y, Sun Z H, et al. Research on vertical distribution and settling process of Cd in Jiaozhou bay. Advances in Engineering Research, 2015, 40: 776-781.
[9] Yang D F, Yang D F, Zhu S X, et al. Spatial-temporal variations of Cd in Jiaozhou Bay. Advances in Engineering Research, 2016, Part B: 403-407.
[10] Yang D F, Yang X Q, Wang M, et al. The slight impacts of marine current to Cd contents in bottom waters in Jiaozhou Bay. Advances in Engineering Research, 2016, Part B: 412-415.
[11] Yang D F, Chen Y, Gao Z H, et al. Silicon limitation on primary production and its destiny in Jiaozhou Bay, China Ⅳ transect offshore the coast with estuaries. Chin J Oceanol Limnol, 2005, 23(1): 72-90.
[12] 杨东方, 王凡, 高振会, 等. 胶州湾浮游藻类生态现象. 海洋科学, 2004, 28(6): 71-74.
[13] 国家海洋局. 海洋监测规范. 北京: 海洋出版社, 1991.
[14] Yang D F, Wang F Y, He H Z, et al. Vertical water body effect of benzene hexachloride. Proceedings of the 2015 international symposium on computers and informatics, 2015: 2655-2660.
[15] 杨东方，苗振清，徐焕志，等. 胶州湾海水交换的时间. 海洋环境科学，2013，32(3): 373-380.

第5章　胶州湾水域镉含量的动态沉降变化过程

5.1 背　　景

5.1.1 胶州湾自然环境

胶州湾位于山东半岛南部，其地理位置为东经 120°04′～120°23′，北纬 35°58′～36°18′，以团岛与薛家岛连线为界，与黄海相通，面积约为 446km^2，平均水深约 7m，是一个典型的半封闭型海湾。胶州湾入海的河流有十几条，其中径流量和含沙量较大的为大沽河和洋河，青岛市区的海泊河、李村河和娄山河等河流，这些河流均属季节性河流，河水水文特征有明显的季节性变化[1~12]。

5.1.2 数据来源与方法

本研究所使用的 1979 年 5 月、8 月和 11 月胶州湾水体 Cd 的调查资料由国家海洋局北海监测中心提供。5 月、8 月和 11 月，在胶州湾水域设 3 个站位取水样：H34、H35、H36（图 5-1）。分别于 1979 年 5 月、8 月和 11 月 3 次进行取样，根

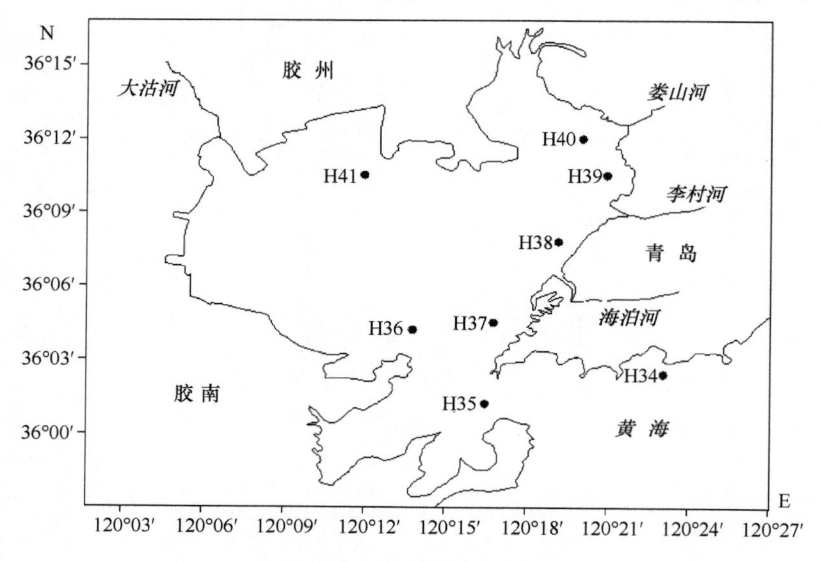

图 5-1　胶州湾调查站位

据水深取水样（＞10m 时取表层和底层，＜10m 时只取表层）进行调查。按照国家标准方法进行胶州湾水体 Cd 的调查，该方法被收录在国家的《海洋监测规范》中（1991 年）[13]。

5.2　垂直分布

5.2.1　表底层水平分布趋势

在胶州湾的湾口水域，从胶州湾的湾口外侧水域 H34 站位到湾口水域 H35 站位。

5 月，在表层，Cd 含量沿梯度降低，从 0.06μg/L 降低到 0.05μg/L，在底层，Cd 含量沿梯度增加，从 0.03μg/L 增加到 0.05μg/L；这表明表层、底层的水平分布趋势是相反的。8 月，在表层，Cd 含量沿梯度降低，从 0.06μg/L 降低到 0.03μg/L；在底层，Cd 含量沿梯度增加，从 0.03μg/L 增加到 0.09μg/L；这表明表层、底层的水平分布趋势是相反的。11 月，在表层，Cd 含量沿梯度降低，从 0.25μg/L 降低到 0.02μg/L；在底层，Cd 含量不变，从 0.02μg/L 保持到 0.02μg/L；这表明表层、底层的水平分布趋势是不一样的。

5 月和 8 月，胶州湾湾口水域的水体中，表层 Cd 的水平分布与底层的水平分布趋势是相反的。而 11 月，表层、底层的水平分布趋势是不一样的。

5.2.2　表底层变化范围

在胶州湾的湾口水域，5 月，表层含量为 0.05～0.06μg/L，其对应的底层含量为 0.03～0.07μg/L。而且，Cd 的表层含量变化范围（0.05～0.06μg/L）小于底层的（0.03～0.07μg/L），变化量基本一样。因此，Cd 含量的表层、底层变化范围是一致的。

在胶州湾的湾口水域，8 月，表层含量为 0.01～0.06μg/L，其对应的底层含量为 0.03～0.09μg/L。而且，Cd 的表层含量变化范围（0.01～0.06μg/L）小于底层的（0.03～0.09μg/L），变化量基本一样。因此，Cd 含量的表层、底层变化范围是一致的。

在胶州湾的湾口水域，11 月，表层含量为 0.02～0.25μg/L，其对应的底层含量为 0.01～0.02μg/L。而且，Cd 的表层含量变化范围（0.02～0.25μg/L）大于底层的（0.01～0.02μg/L），变化量基本一样。因此，Cd 含量的表层、底层变化范围是一致的。

5月、8月和11月，在胶州湾的湾口水域，Cd含量的表层、底层变化范围是一致的。

5.2.3 表底层垂直变化

5月，在这些站位：H34、H35、H36，Cd的表层、底层含量相减，其差为–0.02～0.03μg/L。这表明Cd的表层、底层含量都相近。

5月，Cd的表层、底层含量差为–0.02～0.03μg/L。在湾口内侧水域的H36站位为负值，在湾口水域的H35站位为零值，在湾口外侧水域的H34站位为正值。1个站为正值，1个站为零值，1个站为负值（表5-1）。

表5-1 在胶州湾的湾口水域Cd的表层、底层含量差

月份 \ 站位	H36	H35	H34
5月	负值	零值	正值
8月	负值	负值	正值
11月	正值	零值	正值

8月，在这些站位：H34、H35、H36，Cd的表层、底层含量相减，其差为–0.08～0.03μg/L。这表明Cd的表层、底层含量都相近。

8月，Cd的表层、底层含量差为–0.08～0.03μg/L。在湾口内侧水域的H36站位为负值，在湾口水域的H35站位为负值，在湾口外侧水域的H34站位为正值。1个站为正值，2个站为负值（表5-1）。

11月，在这些站位：H34、H35、H36，Cd的表层、底层含量相减，其差为0～0.23μg/L。这表明Cd的表层、底层含量都相近。

11月，Cd的表层、底层含量差为 0～0.23μg/L。在湾口内侧水域的H36站位为正值，在湾口水域的H35站位为零值，在湾口外侧水域的H34站位为正值。2个站为正值，1个站为零值（表5-1）。

5.3 动态沉降变化过程

5.3.1 沉 降 机 制

Cd经过了垂直水体的效应作用[14,15]，使Cd含量穿过水体后，发生了很大的变化。Cd易与海水中的浮游动植物以及浮游颗粒结合，具有很强的吸附能力，这一特性对Cd在海水中的垂直迁移产生了极大的影响。在夏季，海洋生物大量繁殖，数量迅速增加[12]，且由于浮游生物的繁殖活动，悬浮颗粒物表面形成胶体，此时的吸附力最强，吸附了大量的 Cd 离子，并将其带入表层水体，由于重力和水流的作用，Cd 不断地沉降到海底[1~10]。这样，展示了 Cd 的沉降机制。

在胶州湾的湾口水域，5 月和 8 月，表层 Cd 的水平分布与底层的水平分布趋势是相反的。而 11 月，表层、底层的水平分布趋势是不一样的。这表明由于表层 Cd 含量非常低，那么 Cd 离子被吸附于大量悬浮颗粒物表面，在重力和水流的作用下，Cd 不断地沉降到海底。于是，出现了 Cd 含量在表层、底层沿梯度的变化趋势是相反的或者是不一样的。

在胶州湾的湾口水域，5 月、8 月和 11 月，Cd 含量在表层、底层的变化量范围基本一样。这展示了 Cd 迅速地、不断地沉降到海底，导致了 Cd 含量在表层、底层含量变化保持了一致性。

5.3.2　水体的效应

根据作者提出的垂直水体效应原理和水平水体效应原理[14,15]，Cd 含量的表层、底层变化揭示了垂直水体的累积效应和稀释效应。5 月，Cd 的表层含量变化范围（0.05～0.06μg/L）小于底层的（0.03～0.07μg/L）。于是，表层 Cd 的低含量到达了海底得到了稀释效应，表层 Cd 的高含量到达了海底得到了累积效应。8 月，Cd 的表层含量变化范围（0.01～0.06μg/L）小于底层的（0.03～0.09μg/L），于是，表层 Cd 的低含量到达了海底得到了累积效应，表层 Cd 的高含量到达了海底得到了累积效应。11 月，Cd 的表层含量变化范围（0.02～0.25μg/L）大于底层的（0.01～0.02μg/L），于是，表层 Cd 的低含量到达了海底得到了稀释效应，表层 Cd 的高含量到达了海底得到了稀释效应。

因此，5 月，Cd 含量有累积效应和稀释效应。8 月，Cd 含量的高低值只有累积效应。11 月，Cd 含量的高低值只有稀释效应。

5.3.3　损失和积累

在垂直尺度上，胶州湾的湾口水域在垂直水体和水平水体的效应作用[11,12]下，Cd 含量几乎没有多少损失，还有少许积累。5 月，Cd 含量损失的范围为 0.06–0.07～0.05–0.03μg/L，即为–0.01～0.02μg/L。8 月，Cd 含量损失的范围为 0.06–0.09～0.01–0.03μg/L，即为–0.03～–0.02μg/L。11 月，Cd 含量损失的范围为 0.02–0.02～0.25–0.02μg/L，即为 0～0.23μg/L。因此，5 月，较高的 Cd 含量稍微有所损失，较低的 Cd 含量有少许积累。8 月，无论 Cd 含量高或者低，Cd 含量有少许积累。11 月，无论 Cd 含量高或者低，Cd 含量稍微有所损失。

在垂直尺度上，在胶州湾的湾口水域，5 月、8 月和 11 月，Cd 的表层、底层含量相减的差值，展示了 Cd 能够从表层很迅速地沉降到海底。在此过程中，无论 Cd 含量高或者低，Cd 含量的损失或者积累都非常少。表明了在垂直水体和水平水体的效应作用[11,12]下，Cd 含量几乎没有多少损失和积累，在表层、底层 Cd 含量具有一致性。

5.3.4 动态沉降过程

在胶州湾的湾口水域，Cd 的表层、底层含量相减，这个差值展示了 Cd 含量在表层、底层的变化。

5 月和 8 月，在胶州湾湾口水域的水体中，Cd 都是来自河流的输送。

5 月，河流携带着少量的 Cd 来到水体的表层。Cd 沿着水体表层从湾口内侧水域到湾口水域，再到湾口外侧水域。由于 Cd 才刚刚开始到达水体表层，于是，Cd 也刚刚开始沉降，这样底层的 Cd 含量非常低。因此，5 月，在湾口内侧水域 Cd 已经有沉降，呈现了底层的 Cd 含量大于表层的；在湾口水域 Cd 正在沉降中，呈现了表层、底层含量是一致的；在湾口外侧水域 Cd 还没有开始沉降，呈现了底层的 Cd 含量小于表层的。

8 月，河流携带着大量的 Cd 来到水体的表层。Cd 沿着水体表层从湾口内侧水域到湾口水域，再到湾口外侧水域。在重力和水流的作用下，Cd 迅速地沉降到海底，这样，导致在胶州湾的湾口水体表层中，Cd 呈现了大幅度的降低。而且，由于河流流量的增大，同时携带着大量的 Cd，这就进一步扩展了 Cd 的沉降区域。因此，8 月，在湾口内侧水域和湾口水域，Cd 已经有大量的沉降，呈现了底层的 Cd 含量大于表层的；在湾口外侧水域 Cd 还没有开始沉降，呈现了底层的 Cd 含量小于表层的。

11 月，在胶州湾湾口水域的水体中，Cd 来自外海海流的输送。

11 月，外海海流携带着 Cd 来到胶州湾的湾口水体。Cd 沿着整个水体从湾口外侧水域到湾口水域，再到湾口内侧水域。因此，11 月，在湾口外侧水域和湾口内侧水域，由于整个水体都具有比较高的 Cd 含量，呈现了表层的 Cd 含量大于底层的；在湾口水域，由于湾口的水流流速比较快，呈现了表层、底层的 Cd 含量是一致的。

5 月和 8 月，在胶州湾湾口水域的水体中，Cd 都是来自河流的输送。Cd 的动态沉降过程：Cd 到达水体表层，在水体表层有大量的悬浮颗粒物，其表面的胶体吸附了大量的 Cd 离子。在重力和水流的作用下，Cd 迅速地沉降到海底。因此，在空间上，在水体底层中，呈现了从湾口内侧水域到湾口水域，再到湾口外侧水域沿梯度下降。在时间上，5～8 月，随着湾口内侧、湾口和湾口外侧不断地沉降，海底 Cd 含量在不断加大，同时海底比较高的 Cd 含量区域也在扩展。从表层、底层含量差 1 个站为负值，转变 2 个站为负值。从 5 月的湾口内侧水域呈现表层的 Cd 含量小于底层的，到 8 月的湾口内侧水域和湾口水域都呈现表层的 Cd 含量小于底层的。因此，Cd 含量的表层、底层变化充分揭示了随着时空的变化，Cd 的动态沉降变化过程。

11 月，在胶州湾湾口水域的水体中，Cd 来自外海海流的输送。Cd 的动态沉降过程：外海海流给整个水体带来了比较高的 Cd 含量，于是，湾口内侧水域和湾口外侧水域都呈现表层的 Cd 含量大于底层的。只有在湾口水域的水流流速比较快，才呈现了表层、底层含量是一致的。充分揭示了随着空间的变化，Cd 的动态沉降变化过程。

5.4　结　　论

5 月和 8 月，胶州湾湾口水域的水体中，表层 Cd 的水平分布与底层的水平分布趋势是相反的。而 11 月，表层、底层的水平分布趋势是不一样的。这表明由于表层 Cd 含量非常低，那么 Cd 离子被吸附于大量悬浮颗粒物表面，在重力和水流的作用下，Cd 不断地沉降到海底。于是，出现了 Cd 含量在表层、底层沿梯度的变化趋势是相反的或者是不一样的。

5 月、8 月和 11 月，在胶州湾的湾口水域，Cd 含量的表层、底层变化范围是一致的，而且 Cd 的表层、底层含量都是相接近的。这展示了 Cd 迅速地、不断地沉降到海底，导致了 Cd 含量在表层、底层变化保持了一致性。

根据垂直水体效应原理和水平水体效应原理，揭示了在胶州湾的湾口水域，Cd 含量垂直水体的累积效应和稀释效应。5 月，Cd 含量有累积效应和稀释效应。8 月，Cd 含量的高低值只有累积效应。11 月，Cd 含量的高低值只有稀释效应。进一步通过计算得到：5 月，较高的 Cd 含量稍微有所损失，较低的 Cd 含量有少许积累。8 月，无论 Cd 含量高或者低，Cd 含量有少许积累。11 月，无论 Cd 含量高或者低，Cd 含量稍微有所损失。

5 月和 8 月，在胶州湾湾口水域的水体中，Cd 都是来自河流的输送。在空间上，在水体底层中，呈现了从湾口内侧水域到湾口水域，再到湾口外侧水域沿梯度下降。在时间上，5～8 月，随着湾口内侧、湾口和湾口外侧的不断地沉降，海底 Cd 含量在不断加大，同时海底比较高的 Cd 含量区域也在扩展。这充分揭示了随着时空的变化，Cd 的动态沉降变化过程。

11 月，在胶州湾湾口水域的水体中，Cd 来自外海海流的输送。Cd 的动态沉降过程：外海海流给整个水体带来了比较高的 Cd 含量，于是，湾口内侧水域和湾口外侧水域都呈现表层的 Cd 含量大于底层的。只有在湾口水域的水流流速比较快，才呈现了表层、底层含量是一致的。这充分揭示了随着空间的变化，Cd 的动态沉降变化过程。

作者提出的 Cd 的动态沉降变化过程，充分揭示了在胶州湾的湾口水域，随着时空的变化和 Cd 的来源转换，Cd 的迁移过程和变化趋势。因此，通过胶州湾水域 Cd 的动态沉降变化过程，有效地控制和改善 Cd 含量对水体底层环境的影响。

参考文献

[1] 杨东方, 陈豫, 王虹, 等. 胶州湾水体镉的迁移过程和本底值结构. 海岸工程, 2010, 29(4): 73-82.

[2] 杨东方, 陈豫, 常彦祥, 等. 胶州湾水体镉的分布及来源. 海岸工程, 2013, 32(3): 68-78.

[3] Yang D F, Zhu S X, Wang F Y, et al. The distribution and content of Cadmium in Jiaozhou Bay. Applied Mechanics and Materials, 2014, 644-650: 5325-5328.

[4] Yang D F, Wang F Y, Wu Y F, et al. The structure of environmental background value of Cadmium in Jiaozhou Bay waters. Applied Mechanics and Materials, 2014, 644-650: 5329-5312.

[5] Yang D F, Chen S T, Li B L, et al. Research on the vertical distribution of Cadmium in Jiaozhou Bay waters. Proceedings of the 2015 international symposium on computers and informatics, 2015: 2667-2674.

[6] Yang D F, Zhu S X, Yang X Q, et al. Pollution level and sources of Cd in Jiaozhou Bay. Materials Engineering and Information Technology Apllication, 2015: 558-561.

[7] Yang D F, Zhu S X, Wang F Y, et al. Distribution and aggregation process of Cd in Jiaozhou Bay. Advances in Computer Science Research, 2015, 2352: 194-197.

[8] Yang D F, Wang F Y, Sun Z H, et al. Research on vertical distribution and settling process of Cd in Jiaozhou bay. Advances in Engineering Research, 2015, 40: 776-781.

[9] Yang D F, Yang D F, Zhu S X, et al. Spatial-temporal variations of Cd in Jiaozhou Bay. Advances in Engineering Research, 2016, Part B: 403-407.

[10] Yang D F, Yang X Q, Wang M, et al. The slight impacts of marine current to Cd contents in bottom waters in Jiaozhou Bay. Advances in Engineering Research, 2016, Part B: 412-415.

[11] Yang D F, Chen Y, Gao Z H, et al. Silicon limitation on primary production and its destiny in Jiaozhou Bay, China Ⅳ transect offshore the coast with estuaries. Chin J Oceanol Limnol, 2005, 23(1): 72-90.

[12] 杨东方, 王凡, 高振会, 等.胶州湾浮游藻类生态现象. 海洋科学, 2004, 28(6): 71-74.

[13] 国家海洋局. 海洋监测规范. 北京: 海洋出版社, 1991.

[14] Yang D F, Wang F Y, He H Z, et al. Vertical water body effect of benzene hexachloride. Proceedings of the 2015 international symposium on computers and informatics, 2015: 2655-2660.

[15] Yang D F, Wang F Y, Zhao X L, et al. Horizontal waterbody effect of hexachlorocyclohexane. Sustainable Energy and Enviroment Protection, 2015: 191-195.

第6章　三种不同类型的镉含量水平损失速度模式

6.1　背　　景

6.1.1　胶州湾自然环境

胶州湾位于山东半岛南部，其地理位置为东经 120°04′～120°23′，北纬 35°58′～36°18′，以团岛与薛家岛连线为界，与黄海相通，面积约为 446km²，平均水深约 7m，是一个典型的半封闭型海湾。胶州湾入海的河流有十几条，其中径流量和含沙量较大的为大沽河和洋河，青岛市区的海泊河、李村河和娄山河等河流，这些河流均属季节性河流，河水水文特征有明显的季节性变化[1~12]。

6.1.2　数据来源与方法

本研究所使用的 1979 年 5 月、8 月和 11 月胶州湾水体 Cd 的调查资料由国家海洋局北海监测中心提供。5 月、8 月和 11 月，在胶州湾水域设三个站位取水样：H34、H35、H36（图 6-1）。分别于 1979 年 5 月、8 月和 11 月三次进行取样，根

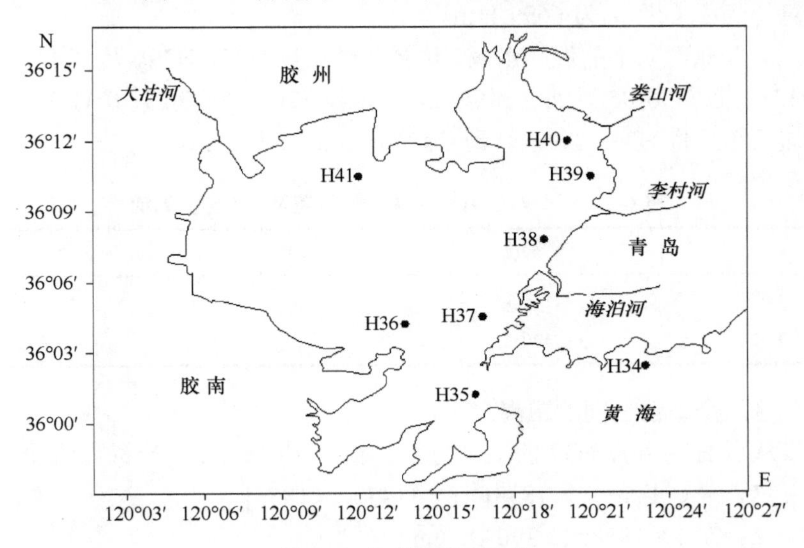

图 6-1　胶州湾调查站位

据水深取水样（>10m 时取表层和底层，<10m 时只取表层）进行调查。按照国家标准方法进行胶州湾水体 Cd 的调查，该方法被收录在国家的《海洋监测规范》中（1991 年）[13]。

6.2 水平损失速度模型

6.2.1 站位的距离

5 月和 8 月，胶州湾东部的近岸水域，选择两个站位 H37、H38。从中部点 H38（东经 120°19′，北纬 36°08′）到南部点 H37（东经 120°17′，北纬 36°05′）（图 6-1）。并且在这两个站位 H37、H38 得到 Cd 含量的值（表 6-1）。

表 6-1 两个站位 H37、H38 的位置及 Cd 含量的值

站位	经度	纬度	5 月的 Cd 含量/（μg/L）	8 月的 Cd 含量/（μg/L）
H37	120°17′	36°05′	0.04	0.03
H38	120°19′	36°08′	0.07	0.85

计算这两个站位之间的距离：

假设从点 H38 到点 H37 的距离为 L_1，根据 $1'$=1858m，计算 L_1 距离为

$$L_1^2=[（19–17）×1858]^2+[（8–5）×1858]^2$$

$$L_1=3.60×1858=6699.11（m）$$

计算得到 L_1 的距离为 6699.11m。

11 月，胶州湾东部的近岸水域，选择两个站位 H37、H39。从南部点 H37（东经 120°17′，北纬 36°05′）到北部点 H39（东经 120°21′，北纬 36°11′）（图 6-1）。并且在这两个站位 H37、H39 得到 Cd 含量的值（表 6-2）。

表 6-2 两个站位 H37、H39 的位置及 Cd 含量的值

站位	经度	纬度	Cd 含量/（μg/L）
H37	120°17′	36°05′	0.04
H39	120°21′	36°11′	0.02

计算这两个站位之间的距离：

假设从点 H39 到点 H37 的距离为 L_2，根据 $1'$=1858m，计算 L_2 距离为

$$L_2^2=[（21–17）×1858]^2+[（11–5）×1858]^2$$

$$L_2=7.21×1858=13\ 396.18（m）$$

计算得到 L_2 的距离为 13 396.18m。

6.2.2　来源变化过程

5 月，在胶州湾东部，李村河的入海口近岸水域，Cd 来自河流的输送，其 Cd 含量为 0.07μg/L。输送的 Cd 含量沿梯度下降，导致了 Cd 含量降低到远离河口水域的 0.04μg/L。这表明河流输送的 Cd 含量比较低。

8 月，在胶州湾东部，李村河的入海口近岸水域，Cd 来自河流的输送，其 Cd 含量为 0.85μg/L。输送的 Cd 含量沿梯度下降，导致了 Cd 含量降低到远离河口水域的 0.03μg/L。这表明河流输送的 Cd 含量比较高。

11 月，在胶州湾的湾内水域，Cd 含量的变化范围为 0.02～0.04μg/L。在胶州湾的湾内水域，Cd 没有任何来源，水质非常清洁。

6.2.3　水平损失速度模型

作者提出了物质含量的水平损失速度模型：假设水体中表层物质含量从 A 点的 a 值（单位：μg/L）降低到 B 点的 b 值（单位：μg/L），从 A 点到 B 点的距离为 L（单位：m），那么考虑物质含量的水平绝对损失速度为 V_{asp}[单位：（μg/L）/ m，或者 ydf]。于是，得到物质含量的水平绝对损失速度模型：

$$V_{asp}=(a-b)/L$$

那么再考虑物质含量的水平相对损失速度为 V_{rsp}[单位：（μg/L）/ m，或者 ydf]。于是，得到物质含量的水平相对损失速度模型：

$$V_{rsp}=[(a-b)/a]/L=(a-b)/aL$$

这个模型揭示了物质含量在水平面上的迁移过程中，单位距离的损失量。物质含量的水平绝对损失速度表明单位距离的绝对损失量，物质含量的水平相对损失速度表明单位距离的相对损失量。该模型从空间的变化过程中，展示了物质含量的变化。

6.2.4　水平损失速度计算值

根据物质含量的水平损失速度模型，计算 Cd 含量的水平绝对损失速度值和水平相对损失速度值。

5 月，水体中表层 Cd 的含量从点 H38 的 0.07μg/L 降低到点 H37 的 0.04μg/L。Cd 含量的水平绝对损失速度值 $V_{asp}=(0.07-0.04)/6699.11=0.4478\times10^{-5}$（μg/L）/ m。Cd 含量的水平相对损失速度值 $V_{rsp}=6.39\times10^{-5}$（μg/L）/ m。

8月，水体中Cd的表层含量从点H38的0.85μg/L降低到点H37的0.03μg/L。Cd含量的水平绝对损失速度值 V_{asp} =（0.85–0.03）/ 6699.11=12.24×10^{-5}（μg/L）/ m。Cd含量的水平相对损失速度值 V_{rsp}=14.4×10^{-5}（μg/L）/ m。

11月，水体中Cd的表层含量从点H37的0.04μg/L降低到点H39的0.02μg/L。Cd含量的水平绝对损失速度值 V_{asp} =（0.04–0.02）/ 13 396.18=0.14×10^{-5}（μg/L）/ m。Cd含量的水平相对损失速度值 V_{rsp}=3.5×10^{-5}（μg/L）/ m。

6.2.5 单位的简化

水平绝对损失速度值和水平相对损失速度值的单位都比较复杂，需要简化。作者于是将×10^{-5}（μg/L）/ m 称为杨东方数，也可以用英文记为ydf。

如Cd含量的水平绝对损失速度值 V_{asp} =0.4478×10^{-5}（μg/L）/ m，可以称为杨东方数0.4478，或者也可以称为0.4478ydf。

如Cd含量的水平相对损失速度值 V_{rsp}=6.39×10^{-5}（μg/L）/ m，可以称为杨东方数6.39，或者也可以称为6.39ydf。

因此，在任何水体中，任何物质含量的水平损失量的单位都可以用杨东方数或者ydf来计量。

6.3 水平损失速度模型的应用

6.3.1 水平含量的计算

根据物质含量的水平损失速度模型，就可以计算得到水体中表层物质的含量，甚至在水体的水平面上，可以计算任何一个地点的物质含量。

以水体的某两点，确定其经纬度和其物质含量，物质含量的水平损失速度模型，就可以计算得到物质含量的水平损失速度 V_{asp}（ydf）。选取任何一点M，与物质含量比较高的一点距离 L_M，于是，该点M的物质含量为：C_M=两点比较高的物质含量－V_{asp}×L_M。

这样，通过水体两点的物质含量，就可以计算得到水体中任何一点的物质含量。

6.3.2 水平含量的变化

在胶州湾的湾内水域，以来源输送的物质不同含量，根据物质含量的水平损失速度模型，来确定物质含量的水平绝对损失速度和水平相对损失速度。这样，来源输送的物质不同含量就可以决定水体中的不同含量模式。

向胶州湾输送 Cd 的唯一来源是河流输送。在胶州湾的湾内水域，5 月、8 月和 11 月，河流输送的 Cd 含量是不同的。这样，就确定了胶州湾水体中三个不同的 Cd 含量模式。

根据物质含量的水平绝对损失速度模型，计算得到，在胶州湾的湾内水域，5 月，河流输送的 Cd 含量比较低，Cd 含量的水平绝对损失速度值为杨东方数 0.4478。8 月，河流输送的 Cd 含量比较高，Cd 含量的水平绝对损失速度值为杨东方数 12.24。11 月，河流输送的 Cd 含量为零时，Cd 含量的水平绝对损失速度值为杨东方数 0.14（表 6-3）。

表 6-3　Cd 含量的水平损失速度　　（单位：ydf）

时间变化	5 月	8 月	11 月
空间变化	从 H38 到 H37	从 H38 到 H37	从 H37 到 H39
水平绝对损失速度	0.4478	12.24	0.14
水平相对损失速度	6.39	14.4	3.5
输送来源	河流的输送	河流的输送	没有来源
输送的量	0.04	0.85	0

根据物质含量的水平相对损失速度模型，计算得到，在胶州湾的湾内水域，5 月，河流输送的 Cd 含量比较低，Cd 含量的水平相对损失速度值为杨东方数 6.39。8 月，河流输送的 Cd 含量比较高，Cd 含量的水平相对损失速度值为杨东方数 14.4。11 月，河流输送的 Cd 含量为零时，Cd 含量的水平相对损失速度值为杨东方数 3.5（表 6-3）。这表明来源输送的物质含量比较低时，Cd 含量的水平相对损失速度值就比较低；来源输送的物质含量比较高时，Cd 含量的水平相对损失速度值就比较高；来源输送的物质含量为零时，Cd 含量的水平相对损失速度值就最低。因此，来源输送的物质含量变化决定水体中物质含量的水平相对损失速度的变化。同样，来源输送的物质含量变化决定水体中物质含量的水平绝对损失速度的变化。

6.4　结　　论

根据物质含量的水平损失速度模型，通过水体两点的物质含量，就可以计算得到水体中任何一点的物质含量。在胶州湾的湾内水域，以来源输送的物质不同含量，根据物质含量的水平损失速度模型，来确定物质含量的水平绝对损失速度和水平相对损失速度。这样，来源输送的物质不同含量就可以决定水体中的不同含量模式。

向胶州湾输送 Cd 的唯一来源是河流输送。在胶州湾的湾内水域，5 月、8 月和 11 月，河流输送的 Cd 含量是不同的。根据物质含量的水平相对损失速度模型，计算得到，在胶州湾的湾内水域，5 月、8 月和 11 月，Cd 含量的水平绝对损失速度值和 Cd 含量的水平相对损失速度值。这样，输送的三种不同 Cd 含量就确定了胶州湾水体中三种不同类型的 Cd 含量模式。因此，来源输送的物质含量变化就决定水体中物质含量的水平相对损失速度的变化。同样，来源输送的物质含量变化就决定水体中物质含量的水平绝对损失速度的变化。

参考文献

[1] 杨东方, 陈豫, 王虹, 等. 胶州湾水体镉的迁移过程和本底值结构. 海岸工程, 2010, 29(4): 73-82.

[2] 杨东方, 陈豫, 常彦祥, 等. 胶州湾水体镉的分布及来源. 海岸工程, 2013, 32(3): 68-78.

[3] Yang D F, Zhu S X, Wang F Y, et al. The distribution and content of Cadmium in Jiaozhou Bay. Applied Mechanics and Materials, 2014, 644-650: 5325-5328.

[4] Yang D F, Wang F Y, Wu Y F, et al. The structure of environmental background value of Cadmium in Jiaozhou Bay waters. Applied Mechanics and Materials, 2014, 644-650: 5329-5312.

[5] Yang D F, Chen S T, Li B L, et al. Research on the vertical distribution of Cadmium in Jiaozhou Bay waters. Proceedings of the 2015 international symposium on computers and informatics, 2015: 2667-2674.

[6] Yang D F, Zhu S X, Yang X Q, et al. Pollution level and sources of Cd in Jiaozhou Bay. Materials Engineering and Information Technology Apllication, 2015: 558-561.

[7] Yang D F, Zhu S X, Wang F Y, et al. Distribution and aggregation process of Cd in Jiaozhou Bay. Advances in Computer Science Research, 2015, 2352: 194-197.

[8] Yang D F, Wang F Y, Sun Z H, et al. Research on vertical distribution and settling process of Cd in Jiaozhou bay. Advances in Engineering Research, 2015, 40: 776-781.

[9] Yang D F, Yang D F, Zhu S X, et al. Spatial-temporal variations of Cd in Jiaozhou Bay. Advances in Engineering Research, 2016, Part B: 403-407.

[10] Yang D F, Yang X Q, Wang M, et al. The slight impacts of marine current to Cd contents in bottom waters in Jiaozhou Bay. Advances in Engineering Research, 2016, Part B: 412-415.

[11] Yang D F, Chen Y, Gao Z H, et al. Silicon limitation on primary production and its destiny in Jiaozhou Bay, China Ⅳ transect offshore the coast with estuaries. Chin J Oceanol Limnol, 2005, 23(1): 72-90.

[12] 杨东方, 王凡, 高振会, 等. 胶州湾浮游藻类生态现象. 海洋科学, 2004, 28(6): 71-74.

[13] 国家海洋局. 海洋监测规范. 北京: 海洋出版社, 1991.

第7章 胶州湾水体镉的分布及迁移过程

7.1 背 景

7.1.1 胶州湾自然环境

胶州湾地理位置为东经120°04′～120°23′，北纬35°58′～36°18′，在山东半岛南部，面积约为446km^2，平均水深约 7m，是一个典型的半封闭型海湾（图7-1）。胶州湾入海的河流有大沽河和洋河，其径流量和含沙量较大，河水水文特征有明显的季节性变化[1]。沿青岛市区的近岸，有海泊河、李村河、娄山河等小河流入胶州湾。胶州湾的湾外面临黄海水域。

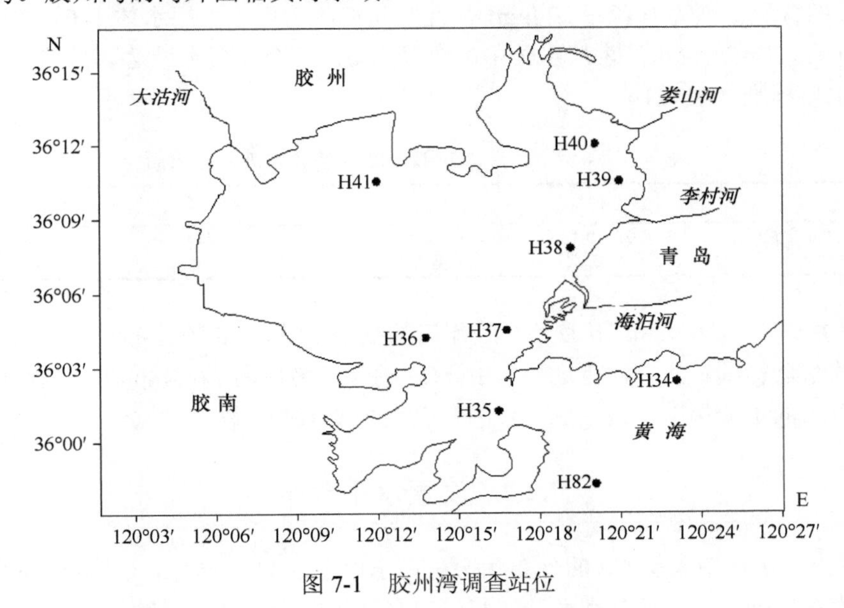

图7-1 胶州湾调查站位

7.1.2 数据来源与方法

本研究所使用的1980年6月、7月、9月和10月胶州湾水体Cd的调查资料由国家海洋局北海环境监测中心提供。在胶州湾水域设9个站位取水样（图7-1）：H34、H35、H36、H37、H38、H39、H40、H41和H82。于1980年6月、7月、

9 月和 10 月 4 次进行调查采样。按照国家标准方法进行胶州湾水体 Cd 的调查，该方法被收录在国家的《海洋监测规范》中（1991 年）[2]。

7.2 水 平 分 布

7.2.1 含 量 大 小

6 月、7 月、9 月和 10 月，在胶州湾整个表层水域 Cd 的含量范围为 0～0.48μg/L，都符合国家一类海水的水质标准（1.00μg/L）。6 月，Cd 在胶州湾表层水体中的含量范围为 0.05～0.16μg/L，整个水域达到了国家一类海水的水质标准；7 月，表层水体中 Cd 的含量明显增加，Cd 在胶州湾表层水体中的含量范围为 0～0.48μg/L。在 H35 站位表层水体中 Cd 的含量为最高值（0.48μg/L），比国家一类海水的水质标准值的一半还低；9 月，Cd 在胶州湾表层水体中的含量范围为 0～0.24μg/L，达到了国家一类海水的水质标准。在胶州湾湾口外部的 H82 和 H34 站位，表层水体中 Cd 的含量范围为 0.12～0.24μg/L，在胶州湾的湾内，表层水体中 Cd 的含量为 0。10 月，Cd 在胶州湾表层水体中的含量为 0，整个表层水域达到了国家一类海水的水质标准（表 7-1）。

表 7-1 6 月、7 月、9 月和 10 月的胶州湾表层水质

项目	6 月	7 月	9 月	10 月
海水中 Cd 含量/（μg/L）	0.05～0.16	0～0.48	0～0.24	0
国家海水水质标准	一类海水	一类海水	一类海水	一类海水

6 月、7 月、9 月和 10 月，在胶州湾的整个水域，Cd 的含量都符合国家一类海水的水质标准。而且，在这一年中，Cd 的含量为最高值 0.48μg/L，也远远优于一类海水的水质标准，说明水质没有受到任何 Cd 的污染。

7.2.2 表层水平分布

6 月，水体中表层 Cd 的分布状况：在东南部的 H37 站位，Cd 的含量相对较高，为 0.16μg/L，也就是在海泊河和湾口之间的近岸水域。以站位 H37 为中心，形成了一系列不同梯度的半个同心圆。以站位 H37 为中心形成了 Cd 的高含量区，Cd 含量从中心高含量（0.16μg/L）沿梯度降低。Cd 的含量从此水域向整个湾扩展递减，从 0.16μg/L 降低到 0.05μg/L（图 7-2）。

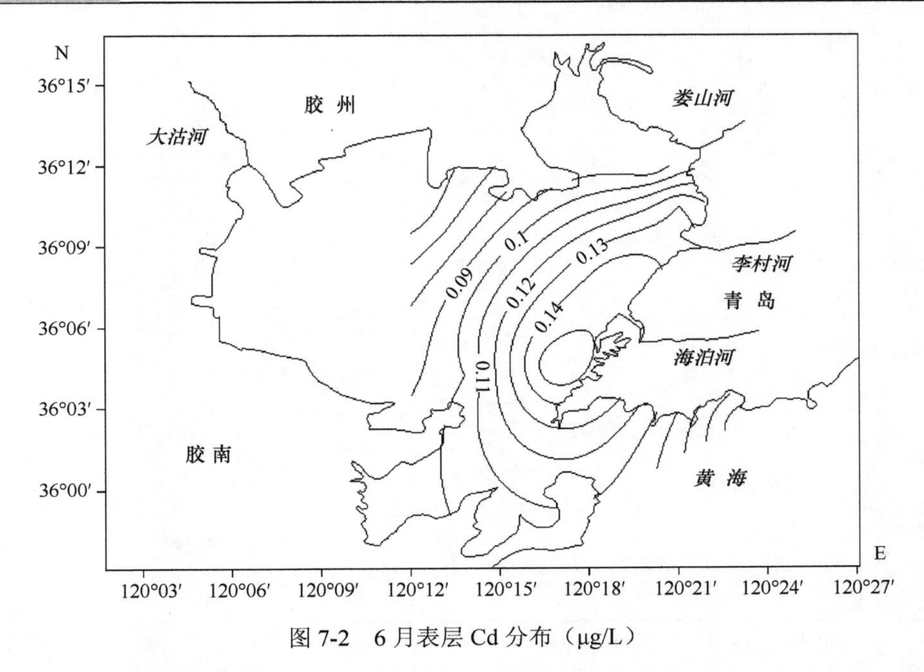

图 7-2　6 月表层 Cd 分布（μg/L）

7 月，Cd 的含量在湾口水域高，以湾口的站位 H35 为中心，形成了一系列不同梯度的同心圆。以站位 H35 为中心形成了 Cd 的高含量区，Cd 含量从中心高含量（0.48μg/L）沿梯度降低。Cd 的含量从湾口水域向湾内和湾外进行扩展递减，从 0.48μg/L 降低到 0（图 7-3）。

9 月，Cd 的含量在湾外水域高，从胶州湾的湾外到湾口和湾内，Cd 含量形成了一系列梯度，沿梯度降低（图 7-4）。在胶州湾湾口外部的 H82 和 H34 站位，表层水体中 Cd 的含量范围为 0.12～0.24μg/L，在胶州湾的湾内和湾口，表层水体中 Cd 的含量为 0。

10 月，在胶州湾的湾内，表层水体中 Cd 的含量为 0。

以 4 月、5 月和 6 月为春季，以 7 月、8 月和 9 月为夏季，以 10 月、11 月和 12 月为秋季。

在春季末期的 6 月，整个胶州湾表层水体中 Cd 的表层含量为 0.05～0.16μg/L。

随着夏季的到来，表层水体中 Cd 的含量明显增加，7 月和 9 月，Cd 在胶州湾表层水体中的含量范围分别为 0～0.48μg/L 和 0～0.24μg/L，明显高于春季。而且，在夏季初期的 7 月，表层水体中 Cd 的表层含量为 0.48μg/L，达到了一年中的最高值。在夏季末期的 9 月，表层水体中 Cd 的含量大幅度减少，在湾内的表层水体中 Cd 的含量都为 0，只有胶州湾的湾口外部，表层水体中 Cd 的含量范围为 0.12～0.24μg/L。说明 Cd 的表层含量在迅速地下降。

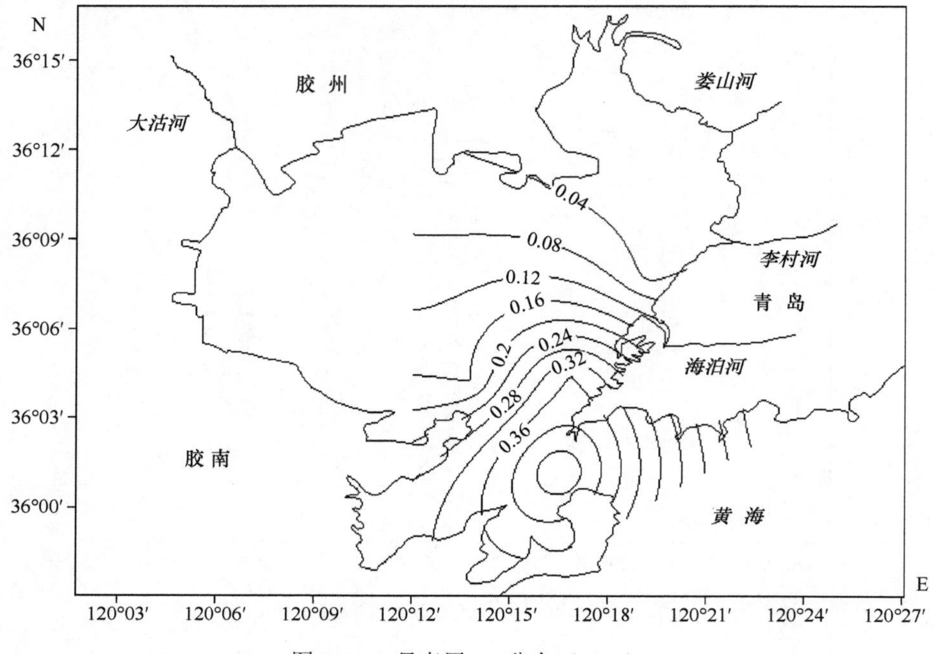

图 7-3　7 月表层 Cd 分布（μg/L）

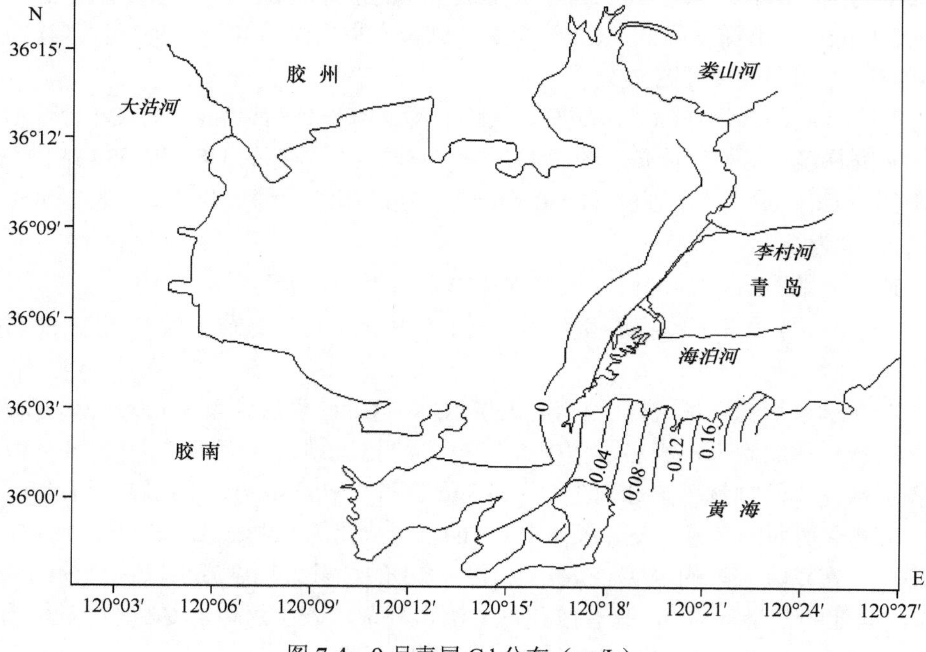

图 7-4　9 月表层 Cd 分布（μg/L）

7.2.3 表层季节变化

到了秋季，Cd的表层含量进一步下降。在秋季初期的10月，胶州湾的湾内、湾口和湾外，表层水体中Cd的含量为0。

春季，表层水体中Cd的含量比较低，为0.05～0.16μg/L，夏季，Cd的含量迅速增长，Cd的含量是一年中最高的，为0～0.48μg/L，秋季，Cd的含量迅速下降，Cd的含量是一年中最低的，为0。Cd的季节变化形成了春季、夏季、秋季的一个峰值曲线。

7.2.4 底层水平分布

在H34、H35、H36、H37和H82站位，这里是湾口水域，水比较深，进行了Cd的底层含量调查。6月，Cd的底层含量为湾外高湾内低，从H82站位到H36站位，Cd的底层含量逐渐递减，从0.32μg/L减少到0.10μg/L（图7-5）。7月，Cd的底层含量仍是湾外高湾内低，从H82站位到H37站位，Cd的底层含量逐渐递减，从0.35μg/L减少到0（图7-6）。9月，Cd的底层含量仍是湾外高湾内低，从H82站位到H37站位，Cd的底层含量逐渐递减，从0.17μg/L减少到0（图7-7）。10月，Cd的底层含量仍是湾外高湾内低，从H82站位到H37站位，Cd的底层含量逐渐递减，从0.11μg/L减少到0（图7-8）。

6月、7月、9月和10月，Cd的底层含量的水平分布为湾外高，湾内低。

7.2.5 底层季节变化

以4月、5月和6月为春季，以7月、8月和9月为夏季，以10月、11月和12月为秋季。

在春季，胶州湾底层水体中，Cd的底层含量为0.10～0.32μg/L。在夏季，Cd的底层含量为0～0.35μg/L，达到了一年中的最高值。然后，Cd的底层含量下降。秋季，表层水体中Cd的含量为0～0.11μg/L，达到了一年中的最低值。Cd底层含量的季节变化形成了春季、夏季、秋季的一个峰值曲线。

7.2.6 垂 直 分 布

在H34、H35、H36、H37和H82站位，春季、夏季、秋季，Cd的表层、底层含量都相近。6月，Cd的表层、底层含量相减，其差为–0.22～0.03μg/L，在3

个站为负值，1 个站为零，1 个站为正值，这表明底层含量较高。7 月，Cd 的表层、底层含量相减，其差为–0.15～0.36μg/L，在 2 个站为负值，3 个站为正值，

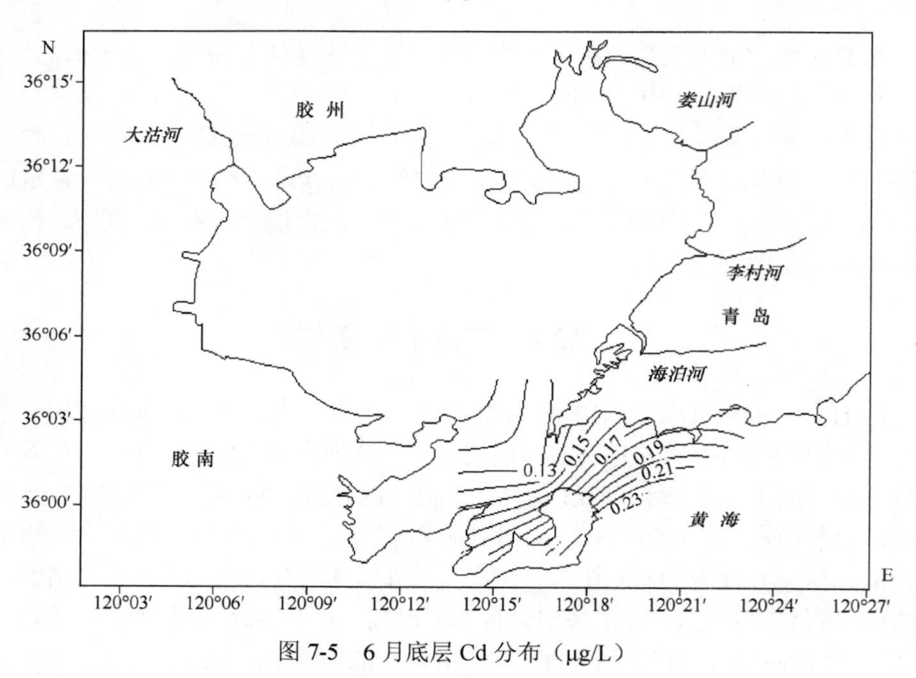

图 7-5　6 月底层 Cd 分布（μg/L）

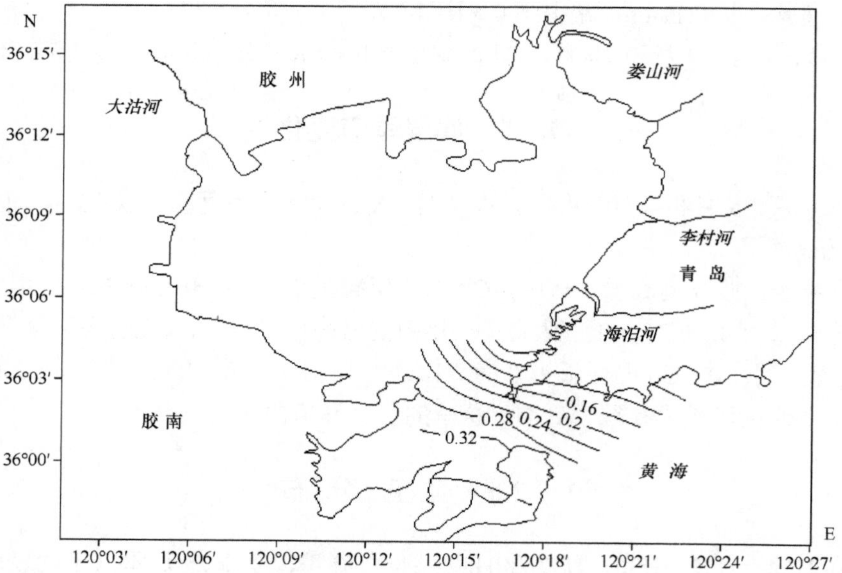

图 7-6　7 月底层 Cd 分布（μg/L）

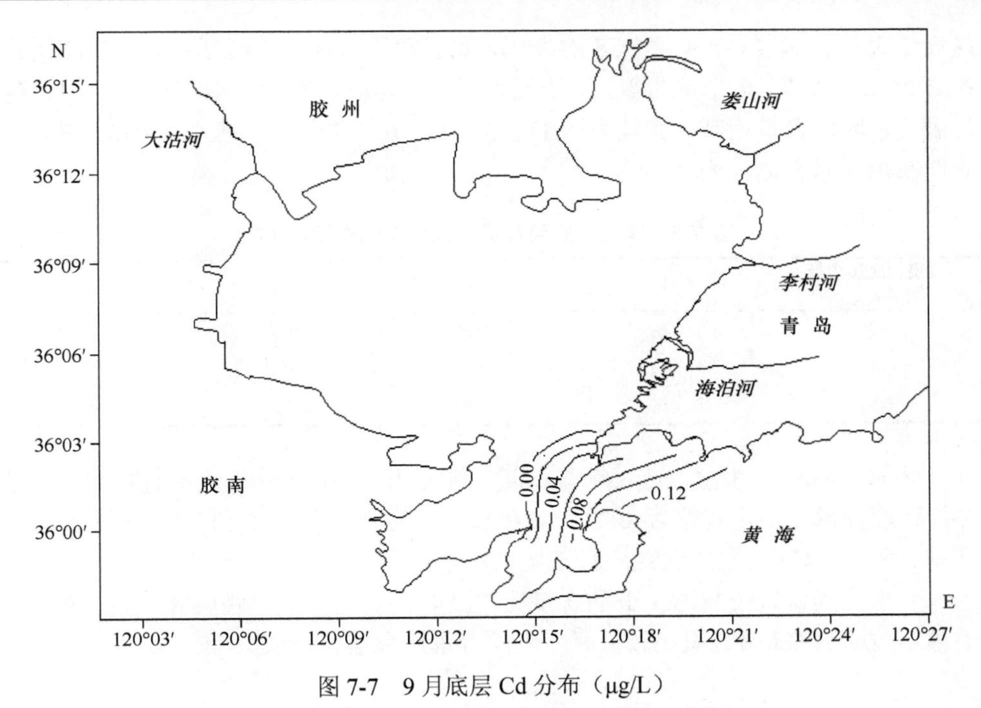

图 7-7　9 月底层 Cd 分布（μg/L）

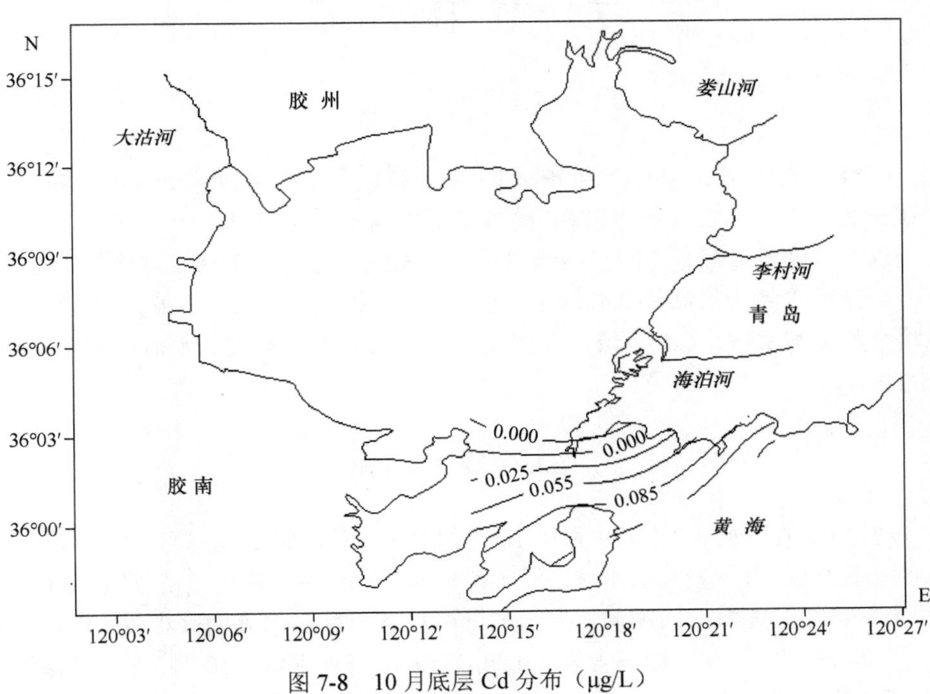

图 7-8　10 月底层 Cd 分布（μg/L）

这表明表层含量较高。9月，Cd的表层、底层含量相减，其差为–0.16～0.11μg/L，在2个站为负值，2个站为零，1个站为正值，这表明底层含量较高。10月，Cd的表层、底层含量相减，其差为–0.11～0μg/L，在4个站为负值，1个站为零，这表明底层含量很高（表7-2）。

表7-2　表层、底层含量相减的差值的站位个数

表层、底层含量相减的差值	6月	7月	9月	10月
正值	1个站	3个站	1个站	无
零	1个站	无	2个站	1个站
负值	3个站	2个站	2个站	4个站

在H36站位，表层、底层含量相减，其差为–0.16～0μg/L。在H82站位，表层、底层含量相减，其差为–0.22～–0.05μg/L。这表明在H36和H82站位，春季、夏季、秋季，Cd的底层含量一直都比表层含量高。

夏季，当输送胶州湾Cd的含量比较高时，表层含量比底层含量高。秋季，当输送胶州湾Cd的含量比较低时，表层含量比底层含量低。

7.3　迁移过程

7.3.1　水　　质

在整个胶州湾水域，一年中Cd含量都达到了国家一类海水的水质标准（1.00μg/L）。7月，表层水体中Cd的含量变化范围为0～0.48μg/L，包含了全年的变化范围。这表明有海洋的自然输送，没有受到人为的Cd污染。而且，在这一年中，Cd的含量为最高值0.48μg/L，也远远优于国家一类海水的水质标准。因此，在整个胶州湾水域，Cd含量优于国家一类海水的水质标准，水质没有受到任何Cd的污染。

7.3.2　来　　源

通过Cd在6月、7月、9月和10月的水平变化，整个胶州湾水域的Cd水平分布展示了Cd含量较高的水域在胶州湾的湾口和湾外。6月，相对较高的Cd含量（0.16μg/L）在海泊河和湾口之间的近岸水域。7月，Cd的高含量（0.48μg/L）在湾口水域。9月，Cd的高含量（0.24μg/L）在湾外水域。10月，在胶州湾的湾内、湾口和湾外，Cd的含量都为0。而且，7月的Cd含量0.48μg/L是一年中最

高的，到了 9 月，在胶州湾的湾内，表层水体中 Cd 的含量都为 0，而在湾外水域，Cd 的含量范围为 0.12～0.24μg/L。因此，胶州湾 Cd 含量只有一个来源：湾口外的水域。

7.3.3　来源的迁移过程

在胶州湾水域，海洋中重金属 Cd 的来源是自然来源。那么，Cd 来源于如海底火山喷发将地壳深处的重金属 Cd 带上海底，经过海洋水流的作用把重金属 Cd 注入海洋，输送到胶州湾的湾口外水域[3~5]。可以进一步输送到胶州湾的湾口水域以及湾口内水域。因此，整个胶州湾水域的 Cd 水平分布展示了海洋输送 Cd 到胶州湾的湾口外水域、湾口水域以及湾口内水域。

10 月，在胶州湾的湾内、湾口和湾外，Cd 的含量都为 0，于是，整个胶州湾水域 Cd 的本身含量为 0。这样，海洋水流输入的 Cd 含量为 0～0.48μg/L。

7.3.4　环境本底值的结构

根据杨东方提出的重金属在水域的环境本底值结构[5]， 建立了重金属环境本底值的结构模型：

$$H=B+L+M$$

式中，B 为基础本底值（the basic background value），表示此水域本身所具有的重金属含量；L 为陆地径流的输入量（the input amount in runoff），表示通过陆地径流输入此水域的重金属含量；M 为海洋水流的输入量（the input amount in marine current），表示通过海洋水流输入此水域的重金属含量；H 为重金属在此水域的环境本底值（the environmental background value）。

通过环境本底值的结构模型，计算得到重金属 Cd 在胶州湾水域的环境本底值（表 7-3）。

表 7-3　重金属 Cd 在胶州湾水域的环境本底值结构　（单位：μg/L）

环境本底值	基础本底值	陆地径流的输入量	海洋水流的输入量
0～0.48	0.00	0.00	0～0.48

在胶州湾水域，重金属 Cd 的来源只有海洋自然来源，构成了胶州湾水域重金属 Cd 的环境本底值。海流输入的 Cd 含量为 0～0.48 μg/L，于是，胶州湾水域 Cd 的环境本底值为 0～0.48μg/L。

7.3.5 水域的迁移过程

从春季 5 月开始，海洋生物大量繁殖，数量迅速增加，到夏季的 8 月，形成了高峰值[6]，且由于浮游生物的繁殖活动，悬浮颗粒物表面形成胶体，此时的吸附力最强，水体中悬浮物和沉积物对镉有较强的吸附能力。悬浮物和沉积物中镉的含量占水体总镉量的 90%以上[7]。在水流和重力的作用下，Cd 沿着水流方向向下迁移。根据 Cd 的垂直分布，当输送胶州湾 Cd 含量比较高时，表层含量比底层含量高；当输送胶州湾 Cd 含量比较低时，表层含量比底层含量低。这与 HCH 的水域迁移过程相一致[8,9]。在春季、夏季、秋季，Cd 的表层、底层含量都相近。因此，Cd 表层、底层含量的季节变化都形成了春季、夏季、秋季的一个峰值曲线：春季，表层、底层水体中 Cd 的含量比较低；夏季，Cd 的含量迅速增长，Cd 的含量是一年中最高的；秋季，Cd 含量迅速下降，Cd 的含量是一年中最低的。这样，从夏季初期的 7 月到夏季末期的 9 月，表层水体中 Cd 含量从一年中的最高值 0.48μg/L 降到 0。这表明在表层水体中 Cd 的含量大幅度减少，Cd 含量向下迅速迁移，而没有留在水体中。

7.3.6 水底的迁移过程

在胶州湾的湾外水域，海流沿着 H34、H35 和 H37 站位进入胶州湾水域。于是，出现了 H34、H35 和 H37 站位，其 Cd 的表层含量比底层含量高，尤其在 7 月，这 3 个站位都出现了 Cd 表层含量比底层含量高。这表明沿着 H34、H35 和 H37 站位，海洋输送 Cd 到胶州湾的湾口外水域、湾口水域以及湾口内水域。然而，在 H36 和 H82 站位，春季、夏季、秋季，Cd 的底层含量一直都比表层含量高。这表明在海洋输送的路径周围水域，由于输送的 Cd 在迅速地、不断地沉降，使得 Cd 的底层含量一直都比表层含量高。

春季，胶州湾底层水体中，Cd 的底层含量为 0.10～0.32μg/L。夏季，Cd 的底层含量达到了一年中的最高值（0.35μg/L），秋季，Cd 的底层含量降低到 0.11μg/L。这表明当没有海洋输送 Cd 时，Cd 的底层含量就会降低，大体与表层含量一致。

Cd 的底层含量的水平分布展示：6 月、7 月、9 月和 10 月，Cd 的底层含量是湾外高，湾内低。根据杨东方的水域迁移过程[8,9]，在胶州湾的湾口外部，有 Cd 的输送来源。这也表明了胶州湾 Cd 含量只有一个来源：湾口外的水域。

7.4　结　　论

（1）在整个胶州湾水域，一年中 Cd 含量都符合国家一类海水的水质标准（1.00μg/L）。7 月，表层水体中 Cd 的含量变化范围为 0～0.48μg/L，包含了全年的变化范围。这表明有海洋的自然输送，没有受到人为的 Cd 污染。因此，在整个胶州湾水域，水质没有受到任何 Cd 的污染。

（2）在胶州湾水域只有一个来源：湾口外的水域。通过 Cd 在 6 月、7 月、9 月和 10 月的水平变化，整个胶州湾水域的 Cd 水平分布展示了 Cd 含量较高的水域在胶州湾的湾口和湾外。作者认为湾口外的水域 Cd 来源于如海底火山喷发将地壳深处的重金属 Cd 带上海底，经过海洋水流的作用把重金属 Cd 注入海洋，输送到胶州湾的湾口外水域。因此，整个胶州湾水域的 Cd 水平分布展示了海洋输送 Cd 到胶州湾的湾口外水域、湾口水域以及湾口内水域。

（3）海流输入 Cd 的含量为 0～0.48μg/L，通过环境本底值的结构模型，计算得到重金属 Cd 在胶州湾水域的环境本底值为 0～0.48μg/L。

（4）在来源的迁移过程中，只有海洋输送 Cd 到胶州湾水域。海洋水流输入 Cd 的量具有季节变化：春季，表层水体中 Cd 的含量比较低，为 0.05～0.16μg/L；夏季，Cd 的含量迅速增长，Cd 的含量是一年中最高的，为 0～0.48μg/L；秋季，Cd 的含量迅速下降，Cd 的含量是一年中最低的，为 0。Cd 的季节变化形成了春季、夏季、秋季的一个峰值曲线。

（5）Cd 的垂直分布展示了：在春季、夏季、秋季，Cd 的表层、底层含量都相近。Cd 的季节变化展示了：Cd 的表层、底层含量的季节变化都形成了春季、夏季、秋季的一个峰值曲线。Cd 的水域迁移过程展示了：在海流输送 Cd 的过程中，沿着海流进入胶州湾水域的路径，由于输送的 Cd 的量增加，Cd 的表层含量比底层含量高。然而，在海洋输送的路径周围水域，由于输送的 Cd 在迅速地、不断地沉降，使得 Cd 的底层含量一直都比表层含量高。Cd 的底层含量的水平分布展示：6 月、7 月、9 月和 10 月，Cd 的底层含量都是湾外高，湾内低。这样，在胶州湾的湾口外部，有 Cd 的输送来源。

1980 年，在胶州湾地区，工农业、养殖业、港口等才刚刚起步发展。在胶州湾水域中，重金属 Cd 主要来源于自然输送，而没有受到人为的 Cd 污染。并且，在没有人类活动的影响下，即在自然状况下，研究结果展示了 Cd 在胶州湾水域的来源、分布和迁移过程，使人类能够清楚地了解 Cd 在自然状况下的迁移规律。

参 考 文 献

[1] Yang D F, Chen Y, Gao Z H, et al. Silicon limitation on primary production and its destiny in Jiaozhou Bay, China Ⅳ Transect offshore the coast with estuaries. Chin J Oceanol Limnol, 2005, 23(1): 72-90.

[2] 国家海洋局. 海洋监测规范. 北京: 海洋出版社, 1991.

[3] 杨东方, 高振会. 海湾生态学. 北京: 中国教育文化出版社, 2006: 1-291.

[4] 杨东方, 苗振清. 海湾生态学(上册). 北京: 海洋出版社, 2010: 1-650.

[5] 杨东方, 陈豫, 王虹, 等. 胶州湾水体镉的迁移过程和本底值结构. 海岸工程, 2010, 29(4): 73-82.

[6] 杨东方, 王凡, 高振会, 等. 胶州湾浮游藻类生态现象.海洋科学, 2004, 28(6): 71-74.

[7] 戴世明, 吕锡武. 镉污染的水处理技术研究进展.安全与环境工程, 2006, 13(3): 63-71.

[8] 杨东方, 高振会, 曹海荣, 等. 胶州湾水域有机农药六六六分布及迁移. 海岸工程, 2008, 27(2): 65-71.

[9] 杨东方, 高振会, 孙培艳, 等. 胶州湾水域有机农药六六六春、夏季的含量及分布. 海岸工程, 2009, 28(2): 69-77.

第 8 章　水体镉的环境本底值的结构

8.1　背　　景

8.1.1　胶州湾自然环境

胶州湾地理位置为东经 120°04′～120°23′，北纬 35°58′～36°18′，在山东半岛南部，面积约为 446km^2，平均水深约 7m，是一个典型的半封闭型海湾。胶州湾入海的河流有大沽河和洋河，其径流量和含沙量较大，河水水文特征有明显的季节性变化[1~7]。除此外还有海泊河、李村河、娄山河等小河流入胶州湾。

8.1.2　数据来源与方法

本研究所使用的 1981 年 4 月、8 月和 11 月胶州湾水体 Cd 的调查资料由国家海洋局北海监测中心提供。以 4 月调查的数据代表春季，以 8 月调查的数据代表夏季，以 11 月调查的数据代表秋季。在胶州湾水域，4 月，有 31 个站位取水样：H34、A1、A2、A3、A4、A5、A6、A7、A8、B1、B2、B3、B4、B5、C1、C2、C3、C4、C5、C6、C7、C8、D1、D2、D3、D4、D5、D6、D7、D8、D9，8 月，有 37 个站位取水样：A1、A2、A3、A4、A5、A6、A7、A8、B1、B3、B4、B5、C1、C2、C3、C4、C5、C6、C7、C8、D1、D2、D3、D4、D5、D6、D7、D8、D9、H34、H35、H36、H37、H38、H39、H40 和 H41；11 月，有 8 个站位取水样：H34、H35、H36、H37、H38、H39、H40 和 H41（图 8-1、图 8-2）。根据水深取水样（＞10m 时取表层和底层，＜10m 时只取表层）进行调查。按照国家标准方法进行胶州湾水体 Cd 的调查，该方法被收录在国家的《海洋监测规范》中（1991 年）[8]。

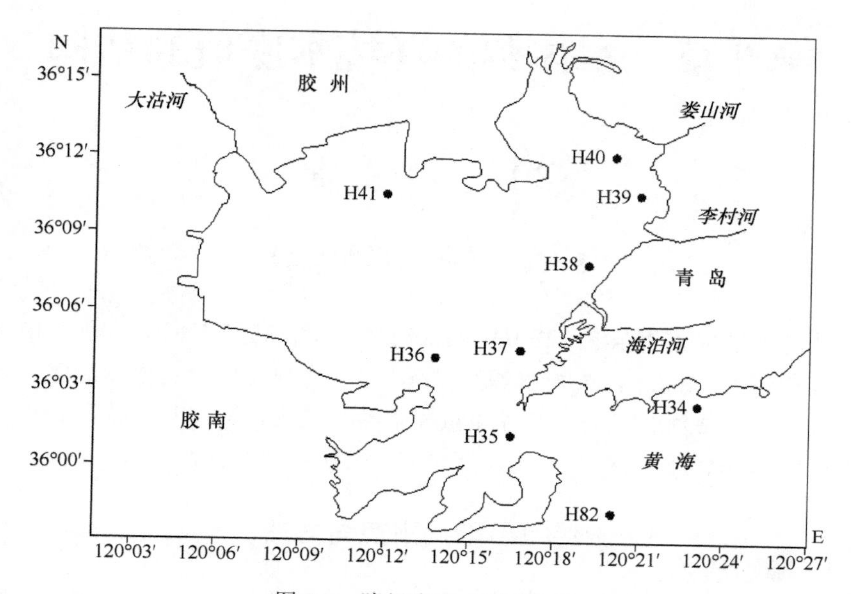

图 8-1　胶州湾 H 点调查站位

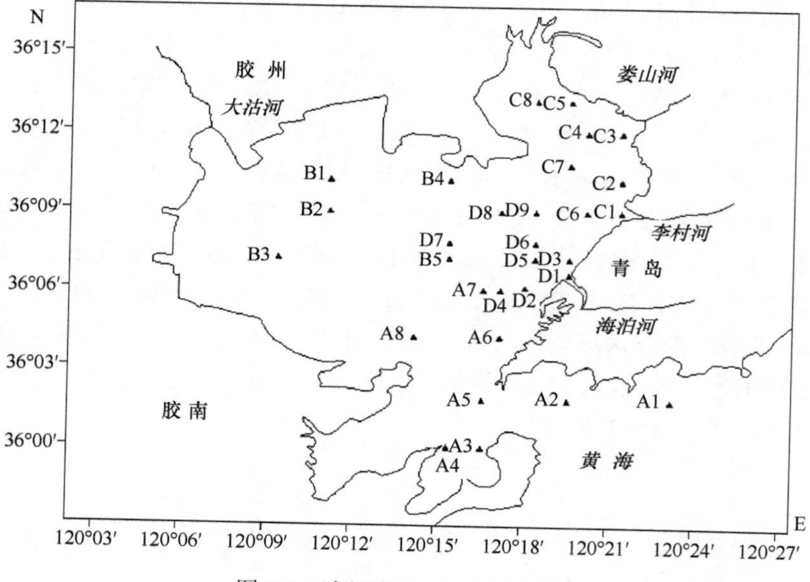

图 8-2　胶州湾 A～D 点调查站位

8.2　本　底　值

8.2.1　环境本底值

海洋中重金属的来源可分为自然来源和人为来源两大类[1,2]。自然来源如海底火山喷发将地壳深处的重金属带上海底，经过海洋水流的作用把重金属及其化合物注入海洋；地壳岩石风化后通过陆地径流、大气沉降等方式也将重金属注入海洋[3,4]。作者称为自然来源的重金属构成了海洋重金属的环境本底值[5,6]。

在胶州湾水域，海洋中重金属的来源是自然来源。那么，作者将胶州湾水域重金属的自然来源分为：陆地径流的输入、海洋水流的输入、大气沉降的输入[5,6]，即这些输入量和此水域所具有含量组成了胶州湾水域重金属的环境本底值。

根据 1981 年的胶州湾水域调查资料，分析重金属 Cd 在胶州湾水域的含量现状、水平分布、垂直分布和季节变化。研究结果表明：在胶州湾和湾外水域有两个来源：来自大气沉降的输入，其输入的 Cd 含量为 0～0.55μg/L；来自陆地径流的输入，其输入的 Cd 含量为 0～0.40μg/L。于是，在 1981 年，胶州湾水域重金属 Cd 的环境本底值为 0～0.55μg/L。

8.2.2　基础本底值

在某个水域本身所具有的重金属含量，作者称为重金属的基础本底值[5,6]。例如，在胶州湾水域，Cd 含量没有陆地径流的输入，也没有海洋水流的输入，也没有大气沉降的输入。这时，重金属 Cd 的含量就是重金属 Cd 的基础本底值。

1981 年的秋季，在胶州湾及附近水域，Cd 含量没有陆地径流的输入，也没有海洋水流的输入，也没有大气沉降的输入。而且，从湾的沿岸水域到湾中心水域以及到湾外水域，Cd 的含量为 0。因此，在胶州湾水域，重金属 Cd 的基础本底值为 0。

8.3　结构及应用

8.3.1　环境本底值的结构

根据上述分析，作者将环境本底值进一步细化，提出了重金属在胶州湾水域的环境本底值结构：

环境本底值=基础本底值+陆地径流的输入量
+海洋水流的输入量+大气沉降的输入量

式中，基础本底值（the basic background value）表示此水域本身所具有的重金属含量；陆地径流的输入量（the input amount in runoff）表示通过陆地径流输入此水域的重金属含量；海洋水流的输入量（the input amount in marine current）表示通过海洋水流输入此水域的重金属含量；大气沉降的输入量（the input amount in atmospheric settlement）表示通过大气沉降输入此水域的重金属含量。它们的和构成了重金属在此水域的环境本底值（the environmental background value）。

环境本底值也称为背景值，那么，基础本底值也称为基础背景值。

将作者提出的重金属在水域的环境本底值的结构理论应用于胶州湾水域，以1981年的重金属Cd为例（表8-1）。

表8-1　1981年重金属Cd在胶州湾水域的环境本底值结构　（单位：μg/L）

环境本底值	基础本底值	陆地径流的输入量	海洋水流的输入量	大气沉降的输入量
0～0.55	0	0～0.48	0	0～0.55

上述分析展示了在胶州湾水域，重金属Cd的来源只有海洋自然来源，构成了胶州湾水域重金属Cd的环境本底值。陆地径流输入Cd的含量为0～0.48μg/L，大气沉降输入Cd的含量为0～0.55μg/L。于是，胶州湾水域Cd的环境本底值为0～0.55μg/L。

将作者提出的重金属在水域的环境本底值的结构理论应用于胶州湾水域，以1979年的重金属Cd为例（表8-2）。

表8-2　1979年重金属Cd在胶州湾水域的环境本底值结构　（单位：μg/L）

环境本底值	基础本底值	陆地径流的输入量	海洋水流的输入量	大气沉降的输入量
0.01～0. 85	0.01～0.10	0.75～0.84	0.15～0.24	—

那么，向胶州湾水域输入重金属Cd，陆地径流的输入量与海洋水流的输入量的比值为3.5～5，即陆地径流输入重金属Cd的量是海洋水流输入重金属Cd的量的3.5～5倍。

将作者提出的重金属在水域的环境本底值的结构理论应用于胶州湾水域，以1980年的重金属Cd为例（表8-3）。

表8-3　1980年重金属Cd在胶州湾水域的环境本底值结构　（单位：μg/L）

环境本底值	基础本底值	陆地径流的输入量	海洋水流的输入量	大气沉降的输入量
0～0.48	0	0	0～0.48	—

上述分析展示了在胶州湾水域，重金属 Cd 的来源只有海洋自然来源，构成了胶州湾水域重金属 Cd 的环境本底值。海洋水流输入 Cd 的含量为 0～0.48μg/L。于是，胶州湾水域 Cd 的环境本底值为 0～0.48μg/L。

8.3.2　输入量及方式

通过 1979 年、1980 年和 1981 年重金属 Cd 的数据分析，研究发现在胶州湾水域，重金属 Cd 的基础本底值为 0～0.10μg/L，陆地径流的重金属 Cd 输入量为 0～0.84μg/L，海洋水流的重金属 Cd 输入量为 0～0.48μg/L，大气沉降的重金属 Cd 输入量为 0～0.55μg/L。而且，在胶州湾水域的一年中，陆地径流的输入、海洋水流的输入和大气沉降的输入并不同时存在。例如，1979 年，有陆地径流的输入和海洋水流的输入，没有大气沉降的输入；1980 年，只有海洋水流的输入，没有陆地径流的输入和大气沉降的输入；1981 年，有陆地径流的输入和大气沉降的输入，没有海洋水流的输入。1981 年的秋季，在胶州湾水域，Cd 没有陆地径流的输入，也没有海洋水流的输入，也没有大气沉降的输入。

8.4　结　　论

（1）在整个胶州湾水域，一年中 Cd 含量没有受到人为的 Cd 污染，而是此水域的 Cd 含量有大自然的输送。

（2）胶州湾水域的 Cd 含量由水域本身所具有的重金属含量以及陆地径流的输入、海洋水流的输入和大气沉降的输入组成。通过对 1979 年、1980 年和 1981 年重金属 Cd 的研究发现，在胶州湾水域，重金属 Cd 的基础本底值为 0～0.10μg/L，陆地径流的重金属 Cd 输入量 0～0.84μg/L，海洋水流的重金属 Cd 输入量为 0～0.48μg/L，大气沉降的重金属 Cd 输入量为 0～0.55μg/L。

（3）在胶州湾水域的一年中，重金属 Cd 输入方式并不是一定要同时存在，即陆地径流的输入、海洋水流的输入和大气沉降的输入并不是一定要同时存在，而是这种输入方式也许由没有、有 1 种、有 2 种、有 3 种的 4 个存在状况组成。

参 考 文 献

[1] 贺亮, 范必威. 海洋环境中的重金属及其对海洋生物的影响. 广州化学, 2006, 31(3): 63-69.
[2] 王静凤. 重金属在海产贝类体内的累积及其影响因素的研究. 青岛: 中国海洋大学博士研究生学位论文, 2004.
[3] 杨东方, 苗振清. 海湾生态学(上册). 北京: 海洋出版社, 2010: 1-320.

[4] 杨东方, 高振会. 海湾生态学(下册). 北京: 海洋出版社, 2010: 1-330.
[5] 杨东方, 陈豫, 王虹, 等. 胶州湾水体镉的迁移过程和本底值结构. 海岸工程, 2010, 29(4): 73-82.
[6] 杨东方, 陈豫, 常彦祥, 等. 胶州湾水体镉的分布及来源. 海岸工程, 2013, 32(3): 68-78.
[7] Yang D F, Chen Y, Gao Z H, et al. Silicon limitation on primary production and its destiny in Jiaozhou Bay, China Ⅳ transect offshore the coast with estuaries. Chin J Oceanol Limnol, 2005, 23(1): 72-90.
[8] 国家海洋局. 海洋监测规范(HY003.4-91). 北京: 海洋出版社, 1991: 205-282.

第 9 章　胶州湾水体镉的来源及输入方式

9.1　背　　景

9.1.1　胶州湾自然环境

胶州湾地理位置为东经 120°04′～120°23′，北纬 35°58′～36°18′，在山东半岛南部，面积约为 446km^2，平均水深约 7m，是一个典型的半封闭型海湾。胶州湾入海的河流有大沽河和洋河，其径流量和含沙量较大，河水水文特征有明显的季节性变化[1~7]，还有海泊河、李村河、娄山河等小河流入胶州湾。

9.1.2　数据来源与方法

本研究所使用的 1981 年 4 月、8 月和 11 月胶州湾水体 Cd 的调查资料由国家海洋局北海监测中心提供。以 4 月调查的数据代表春季，以 8 月调查的数据代表夏季，以 11 月调查的数据代表秋季。在胶州湾水域，4 月，有 31 个站位取水样：H34、A1、A2、A3、A4、A5、A6、A7、A8、B1、B2、B3、B4、B5、C1、C2、C3、C4、C5、C6、C7、C8、D1、D2、D3、D4、D5、D6、D7、D8、D9，8 月，有 37 个站位取水样：A1、A2、A3、A4、A5、A6、A7、A8、B1、B3、B4、B5、C1、C2、C3、C4、C5、C6、C7、C8、D1、D2、D3、D4、D5、D6、D7、D8、D9、H34、H35、H36、H37、H38、H39、H40 和 H41；11 月，有 8 个站位取水样：H34、H35、H36、H37、H38、H39、H40 和 H41（图 9-1、图 9-2）。根据水深取水样（＞10m 时取表层和底层，＜10m 时只取表层）进行调查。按照国家标准方法进行胶州湾水体 Cd 的调查，该方法被收录在国家的《海洋监测规范》中（1991 年）[8]。

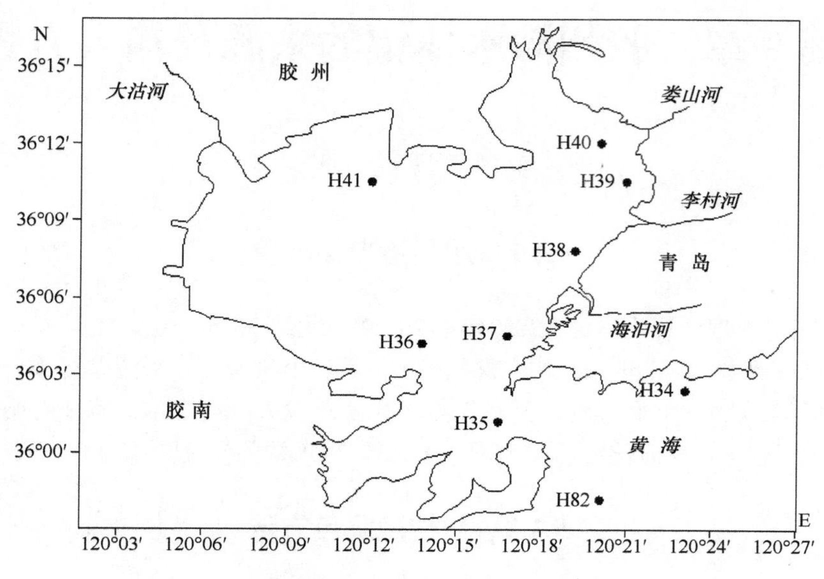

图 9-1　胶州湾 H 点调查站位

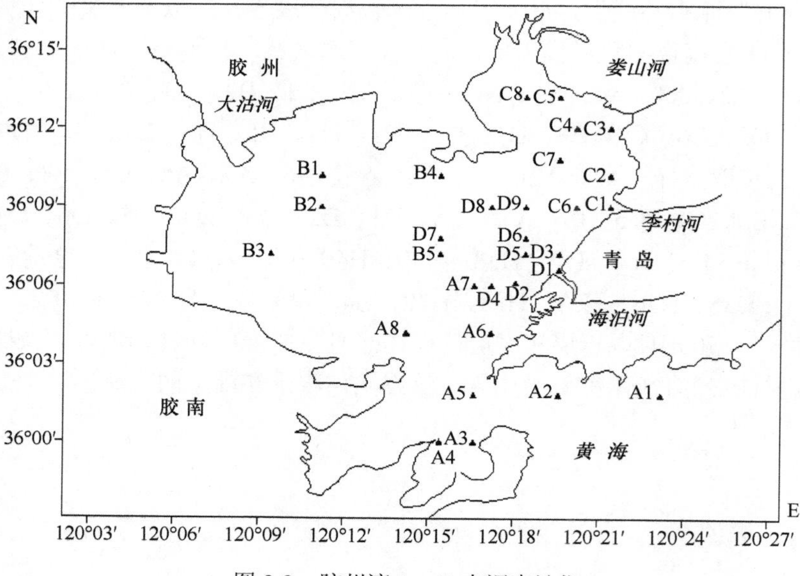

图 9-2　胶州湾 A～D 点调查站位

9.2　水 平 分 布

9.2.1　含 量 大 小

春季，Cd 在胶州湾表层水体中的含量范围为 0～0.55μg/L，在 D4 和 A2 站位 Cd 的含量相对较高，整个水域达到了国家一类海水的水质标准（1.00μg/L）；夏季，表层水体中 Cd 的含量明显下降，含量范围为 0～0.40μg/L，满足国家一类海水的水质标准；秋季，水体中 Cd 的含量继续下降，其值为 0，远远低于国家一类海水的水质标准，水质没有受到任何 Cd 的污染（表 9-1）。

表 9-1　4 月、8 月、11 月的胶州湾表层水质

项目	春季	夏季	秋季
海水中 Cd 含量/（μg/L）	0～0.55	0～0.40	0
国家海水水质标准	一类海水	一类海水	一类海水

9.2.2　表层水平分布

春季，湾内水体中表层 Cd 的分布状况是在湾中心的 D4 站位，Cd 的含量相对较高，为 0.55μg/L，形成闭合高含量区。Cd 含量从湾中心向周围的水域沿梯度递减（图 9-3）。然而，在远离胶州湾中心的近岸水域，甚至包括在海泊河、李村河和娄山河之间的近岸水域，Cd 的含量都为 0。而在湾外的近岸水域 A2 站位 Cd 含量相对比较高，为 0.14μg/L，从近岸水域沿着梯度向大海方向递减（图 9-3）。

夏季，在东北部的中心水域 C7 站位，Cd 含量相对较高，为 0.14μg/L，形成闭合高含量区，由中心 0.14μg/L 向周围水域沿梯度递减到 0（图 9-4）。在西南部的近岸水域 A8 站位处，Cd 含量相对较高，为 0.40μg/L，Cd 含量变化是从湾西南部水域的 0.14μg/L 向湾的中心沿着梯度递减到 0（图 9-4）。

秋季，Cd 的含量为 0。从湾的沿岸水域到湾中心水域以及到湾外水域，Cd 的含量都非常低，都没有监测到。

9.2.3　表层季节变化

春季，整个胶州湾表层水体中 Cd 的表层含量为 0～0.55μg/L，达到了一年中的最高值。然后，Cd 的表层含量下降。夏季，表层水体中 Cd 的表层含量为 0～0.40μg/L。然后，Cd 的表层含量进一步下降。秋季，表层水体中 Cd 的表层含量为 0。Cd 的季节变化形成了春季、夏季、秋季的一个下降曲线。

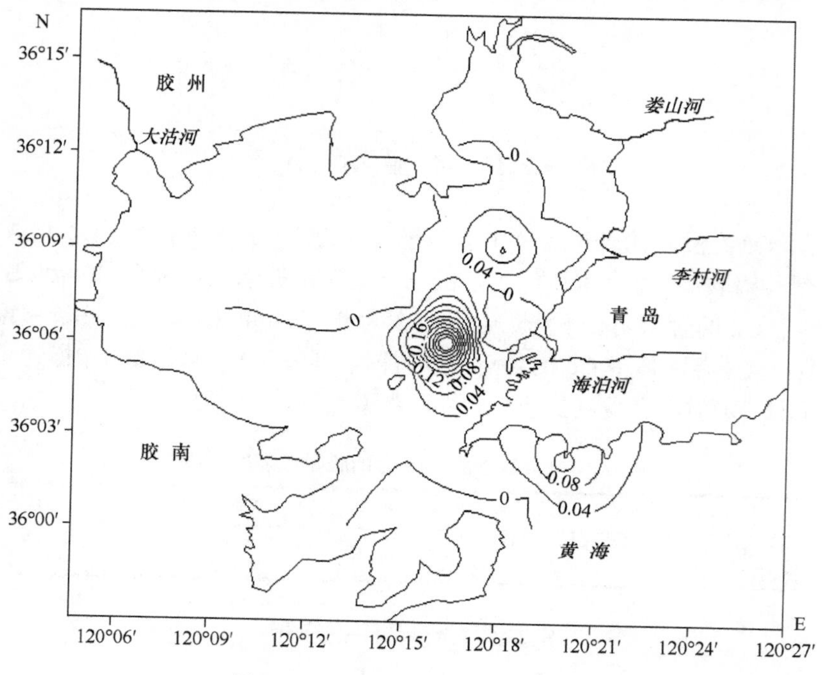

图 9-3　4 月表层 Cd 分布（μg/L）

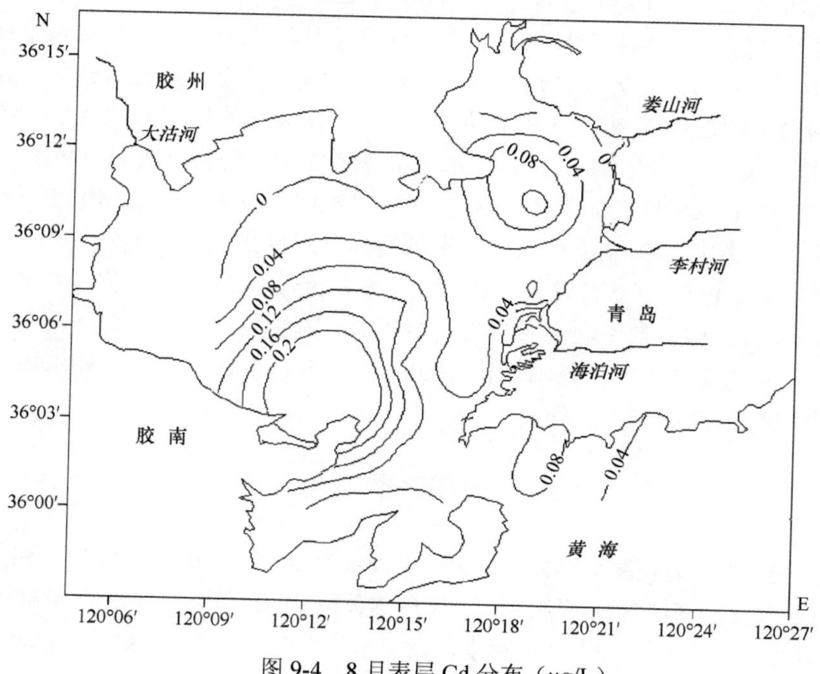

图 9-4　8 月表层 Cd 分布（μg/L）

9.2.4　底层水平分布

春季，Cd 的底层含量从湾内到湾口、到湾外逐渐递增，从 0 增加到 0.02μg/L（图 9-5）。夏季，Cd 的底层含量仍是从湾内到湾口、到湾外逐渐递增，从 0.07μg/L 增加到 0.13μg/L（图 9-6）。秋季，Cd 的底层含量从湾内到湾口、到湾外都为 0。

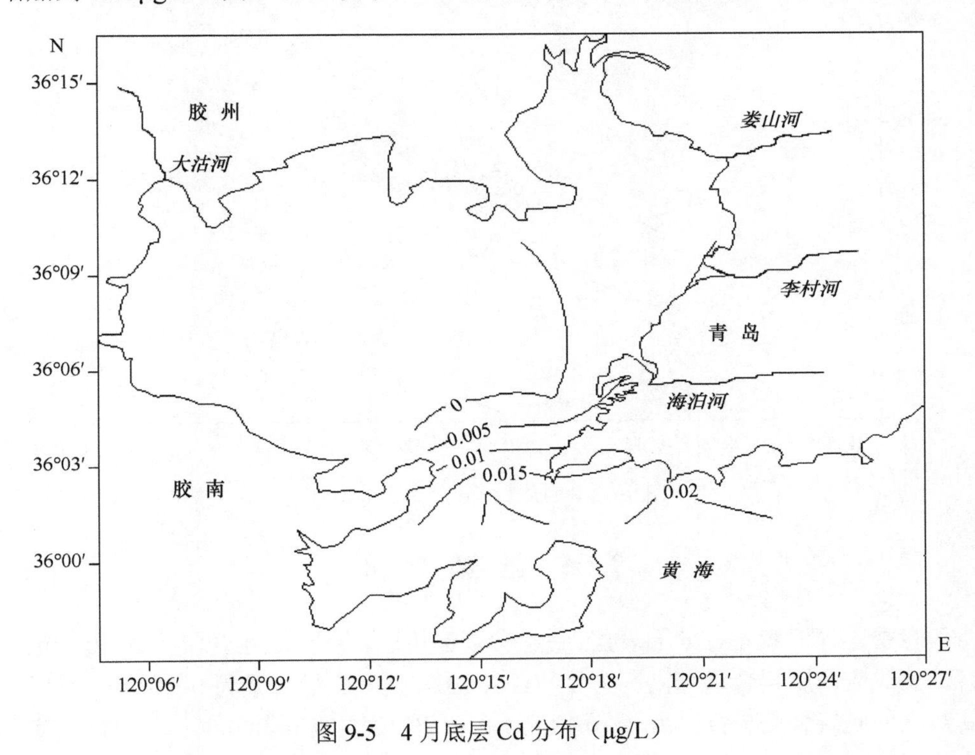

图 9-5　4 月底层 Cd 分布（μg/L）

9.2.5　底层季节变化

春季，胶州湾底层水体中，Cd 的底层含量为 0～0.02μg/L。夏季，Cd 的底层含量为 0.07～0.13μg/L，达到了一年中的最高值。然后，Cd 的表层含量下降。秋季，表层水体中 Cd 的含量为 0，达到了一年中的最低值。Cd 底层含量的季节变化形成了春季、夏季、秋季的一个峰值曲线。

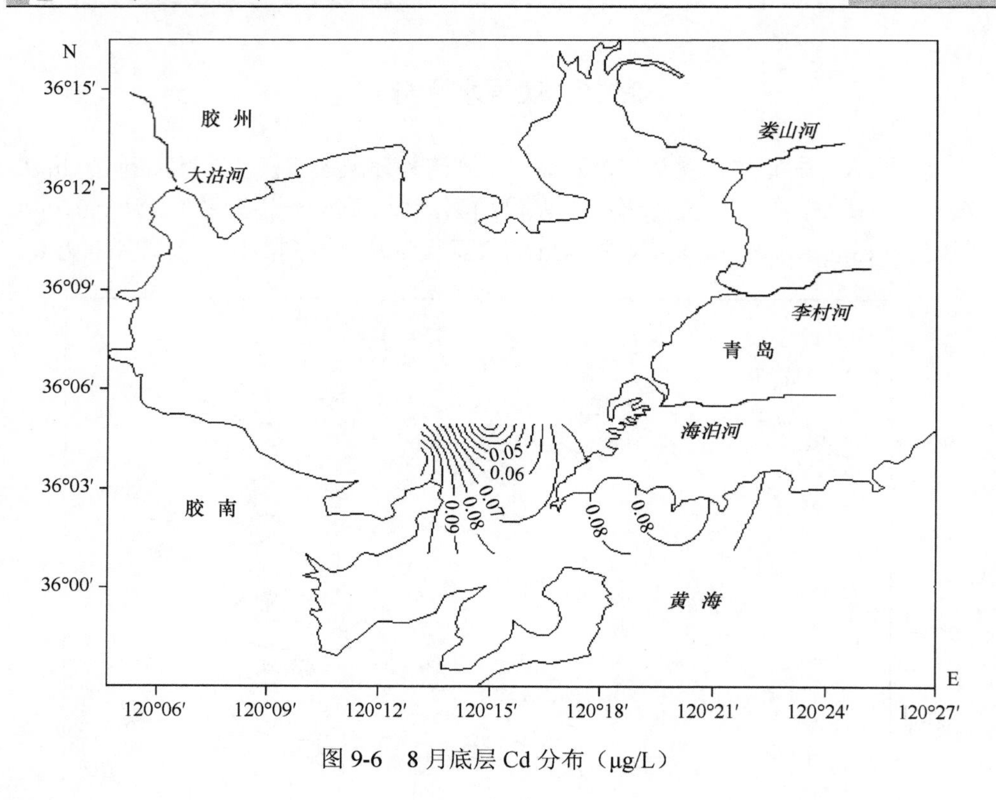

图 9-6 8 月底层 Cd 分布（μg/L）

9.2.6 垂直分布

春季、夏季、秋季，Cd 的表层、底层含量都相近。春季，表层含量为 0～0.14μg/L 时，其对应的底层含量较高，为 0～0.02μg/L。夏季表层含量为 0～0.40μg/L 时，其对应的底层含量最高，为 0～0.13μg/L。秋季，表层含量为 0 时，其对应的底层含量最低，为 0。

9.3 来源及输入方式

9.3.1 水　　质

在整个胶州湾水域，一年中 Cd 含量变化范围为 0～0.55μg/L，这不仅符合国家一类海水的水质标准（1.00μg/L），而且，远远低于国家一类海水的水质标准。春季，表层水体中 Cd 的含量变化范围（0～0.55μg/L）包含了全年变化范围。这表明 Cd 含量非常低，是自然界产生的，没有受到人为的 Cd 污染。因此，在整个胶州湾水域，Cd 含量低于国家一类海水的水质标准，水质没有受到任何 Cd 的污染。

9.3.2 来　　源

春季，在湾中心的水体中，表层 Cd 的分布形成闭合高含量区（0.55μg/L）。可是，在远离胶州湾中心的近岸水域，以及在海泊河、李村河和娄山河之间的近岸水域，Cd 的含量都为 0。而且，在湾中心的水体中，底层 Cd 的含量也为 0。这表明在胶州湾水域，Cd 的高含量既不是来自陆地径流的输入，也不是来自海底的海洋水流的输入。那么，只有一个来源：大气的沉降，并且，大气输入的 Cd 含量为 0～0.55μg/L。在湾外的近岸水域有 Cd 的较高含量，从近岸水域沿着梯度向大海方向递减。这表明在胶州湾的湾外水域只有一个来源：陆地径流的输入。

夏季，在东北部的中心水域，Cd 含量形成闭合高含量区（0.14μg/L），由中心向周围的水域沿梯度递减到 0。这表明在此水域，Cd 的高含量来自大气的输入，其输入的 Cd 的含量为 0～0.14μg/L。在西南部的近岸水域，Cd 的较高含量（0.40μg/L）来自陆地径流的输入，其输入的 Cd 的含量为 0～0.40μg/L。

秋季，Cd 的含量为 0。从湾的沿岸水域到湾中心水域以及到湾外水域，Cd 的含量都非常低，都没有监测到。这表明在整个胶州湾水域以及湾外水域，都没有 Cd 含量的输入，因此，在胶州湾及附近水域，Cd 含量没有陆地径流的输入，也没有海洋水流的输入，也没有大气沉降的输入。

9.4　结　　论

（1）在整个胶州湾水域，一年中 Cd 含量都达到了国家一类海水的水质标准（1.00μg/L），这表明没有受到人为的 Cd 污染。因此，在整个胶州湾水域，水质没有受到任何 Cd 的污染。

（2）在胶州湾和湾外水域有两个来源：一个是湾的中心，来自大气沉降的输入，其输入的 Cd 含量为 0～0.55μg/L；另一个是近岸水域，来自陆地径流的输入，其输入的 Cd 含量为 0～0.40μg/L。

（3）秋季，在胶州湾及附近水域，Cd 含量没有陆地径流的输入，也没有海洋水流的输入，也没有大气沉降的输入。

因此，胶州湾水域中的 Cd 主要来源于自然输送，而没有受到人为的 Cd 污染。

参考文献

[1] 贺亮, 范必威. 海洋环境中的重金属及其对海洋生物的影响. 广州化学, 2006, 31(3): 63-69.

[2] 王静凤. 重金属在海产贝类体内的累积及其影响因素的研究. 青岛: 中国海洋大学博士研究生学位论文, 2004.

[3] 杨东方, 苗振清. 海湾生态学(上册). 北京: 海洋出版社, 2010: 1-320.

[4] 杨东方, 高振会. 海湾生态学(下册). 北京: 海洋出版社, 2010: 1-330.

[5] 杨东方, 陈豫, 王虹, 等. 胶州湾水体镉的迁移过程和本底值结构. 海岸工程, 2010, 29(4): 73-82.

[6] 杨东方, 陈豫, 常彦祥, 等. 胶州湾水体镉的分布及来源. 海岸工程, 2013, 32(3): 68-78.

[7] Yang D F, Chen Y, Gao Z H, et al. Silicon limitation on primary production and its destiny in Jiaozhou Bay, China Ⅳ transect offshore the coast with estuaries. Chin J Oceanol Limnol, 2005, 23(1): 72-90.

[8] 国家海洋局. 海洋监测规范(HY003.4-91). 北京: 海洋出版社, 1991: 205-282.

第 10 章　胶州湾水体镉的无污染

10.1　背　　景

10.1.1　胶州湾自然环境

胶州湾地理位置为东经 120°04′～120°23′，北纬 35°58′～36°18′，在山东半岛南部，面积约为 446km^2，平均水深约 7m，是一个典型的半封闭型海湾。胶州湾入海的河流有大沽河和洋河，其径流量和含沙量较大，河水水文特征有明显的季节性变化[1~5]，还有海泊河、李村河、娄山河等小河流入胶州湾。

10.1.2　数据来源与方法

本研究所使用的 1982 年 4 月、6 月、7 月和 10 月胶州湾水体 Cd 的调查资料由国家海洋局北海监测中心提供。4 月、7 月和 10 月，在胶州湾水域设 5 个站位取水样：083、084、121、122、123；6 月，在胶州湾水域设 4 个站位取水样：H37、H39、H40、H41（图 10-1）。分别于 1982 年 4 月、6 月、7 月和 10 月 4 次进行取

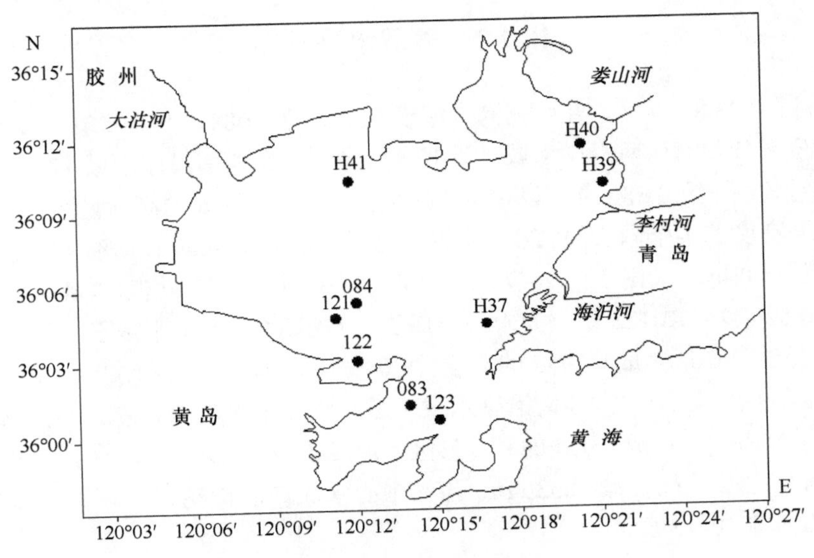

图 10-1　胶州湾调查站位

样，根据水深取水样（>10m 时取表层和底层，<10m 时只取表层）进行调查。按照国家标准方法进行胶州湾水体 Cd 的调查，该方法被收录在国家的《海洋监测规范》中（1991 年）[6]。

10.2 水平分布

10.2.1 含量大小

4 月、7 月和 10 月，胶州湾西南沿岸水域 Cd 的含量范围为 0.11～0.53μg/L。6 月，胶州湾东部和北部沿岸水域 Cd 的含量范围为 0.11～0.21μg/L。4 月、6 月、7 月和 10 月，Cd 在胶州湾水体中的含量范围为 0.11～0.53μg/L，都没有超过国家一类海水的水质标准。这表明 4 月、6 月、7 月和 10 月胶州湾表层水质，在整个水域符合国家一类海水的水质标准（1.00μg/L）（表 10-1）。由于 Cd 含量在胶州湾整个水域都远远小于 1.00μg/L，说明在 Cd 含量方面，在胶州湾整个水域，水质清洁，没有受到 Cd 的污染。

表 10-1　4 月、6 月、7 月和 10 月的胶州湾表层水质

项目	4 月	6 月	7 月	10 月
海水中 Cd 含量/（μg/L）	0.11～0.38	0.11～0.21	0.12～0.52	0.32～0.53
国家海水水质标准	一类海水	一类海水	一类海水	一类海水

10.2.2 表层水平分布

4 月、7 月和 10 月，在胶州湾水域设 5 个站位：083、084、121、122、123，这些站位在胶州湾西南沿岸水域（图 10-1）。4 月，在西南沿岸水域 121 站位，Cd 含量相对较高，为 0.38μg/L，以站位 121 为中心形成了 Cd 的高含量区，形成了一系列不同梯度的半个同心圆。Cd 含量从中心的高含量 0.38μg/L 向湾中心水域沿梯度递减到 0.11μg/L（图 10-2）。7 月，在西南沿岸水域 123 站位，Cd 含量相对较高，为 0.52μg/L，以 123 站位为中心形成了 Cd 的高含量区，形成了一系列不同梯度的平行线。Cd 含量从中心的高含量 0.52μg/L 向湾中心水域沿梯度递减到 0.12μg/L（图 10-3）。10 月，西南沿岸水域 122 站位，Cd 含量相对较高，为 0.53μg/L，以 122 站位为中心形成了 Cd 的高含量区，形成了一系列不同梯度的半个同心圆。Cd 含量从中心的高含量 0.53μg/L 向湾中心水域或者向湾口水域沿梯度递减到 0.32μg/L（图 10-4）。

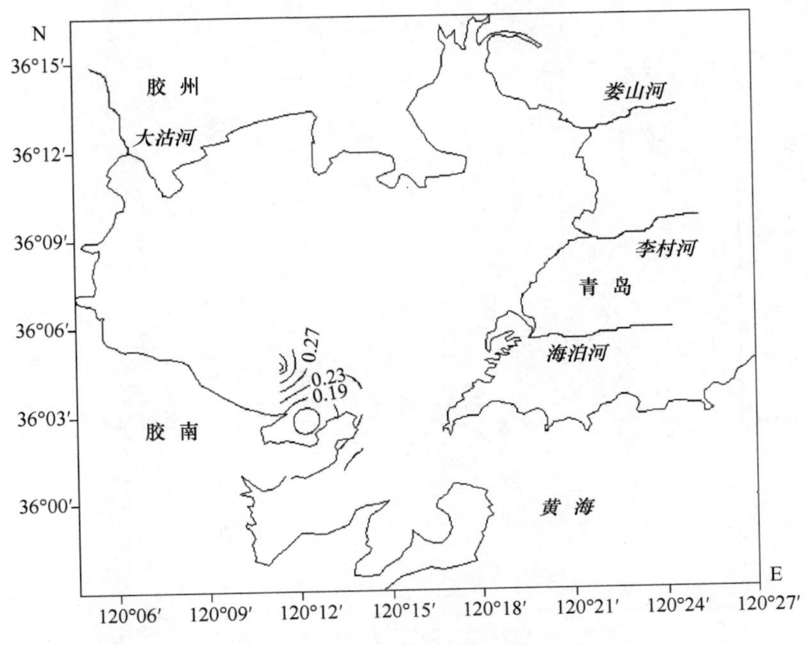

图 10-2　4 月表层 Cd 分布（μg/L）

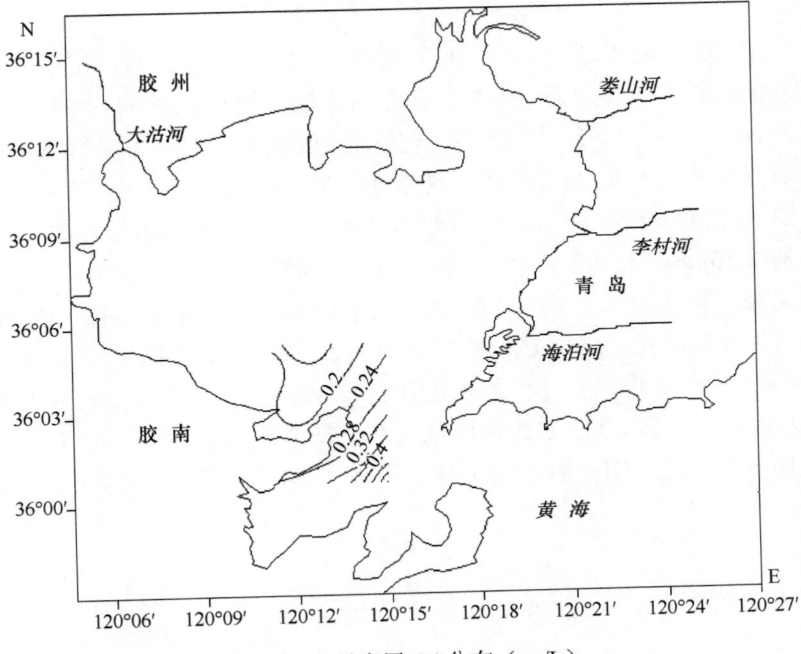

图 10-3　7 月表层 Cd 分布（μg/L）

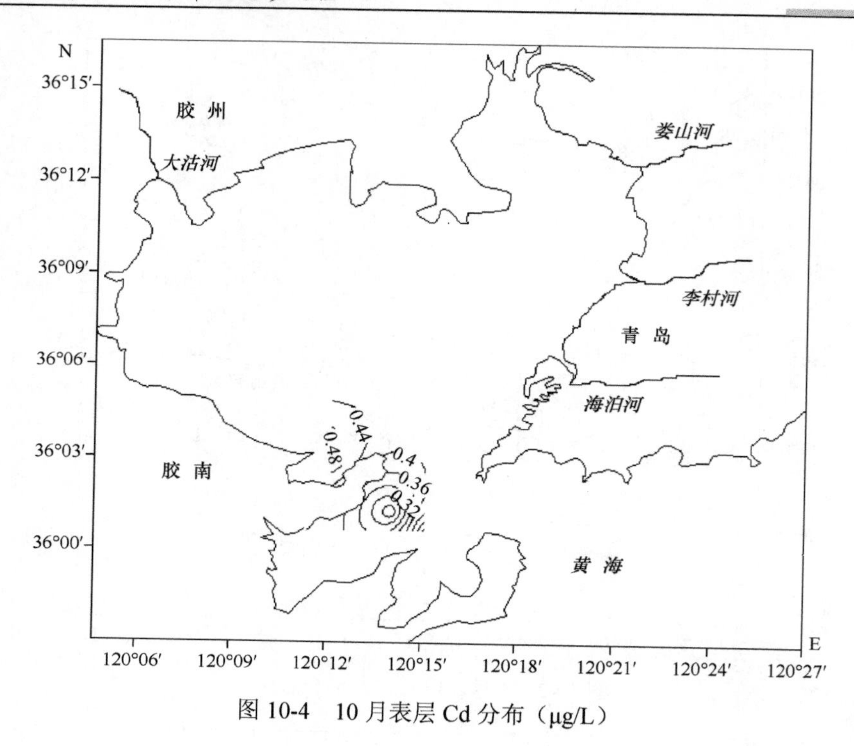

图 10-4　10 月表层 Cd 分布（μg/L）

6 月，在胶州湾水域设 4 个站位：H37、H39、H40、H41，这些站位在胶州湾东部和北部沿岸水域（图 10-1）。在李村河的入海口水域 H39 站位，Cd 的含量达到最高，为 0.21μg/L。表层 Cd 含量的等值线（图 10-5）展示以李村河的入海口水域为中心，形成了一系列不同梯度的半个同心圆。Cd 含量从湾中心的高含量 0.21μg/L 沿梯度下降，Cd 的含量值从李村河的入海口水域 0.21μg/L 降低到湾中心的 0.16μg/L，这说明在胶州湾水体中沿着李村河的河流方向，Cd 含量在不断地递减（图 10-5）。同样，在大沽河的入海口水域 H41 站位，Cd 的含量达到最高，为 0.21μg/L。表层 Cd 含量的等值线（图 10-5）展示以大沽河的入海口水域为中心，形成了一系列不同梯度的半个同心圆。Cd 含量从湾中心的高含量 0.21μg/L 沿梯度下降，Cd 的含量值从大沽河的入海口水域 0.21μg/L 降低到湾中心的 0.16μg/L，这说明在胶州湾水体中沿着大沽河的河流方向，Cd 含量在不断地递减（图 10-5）。

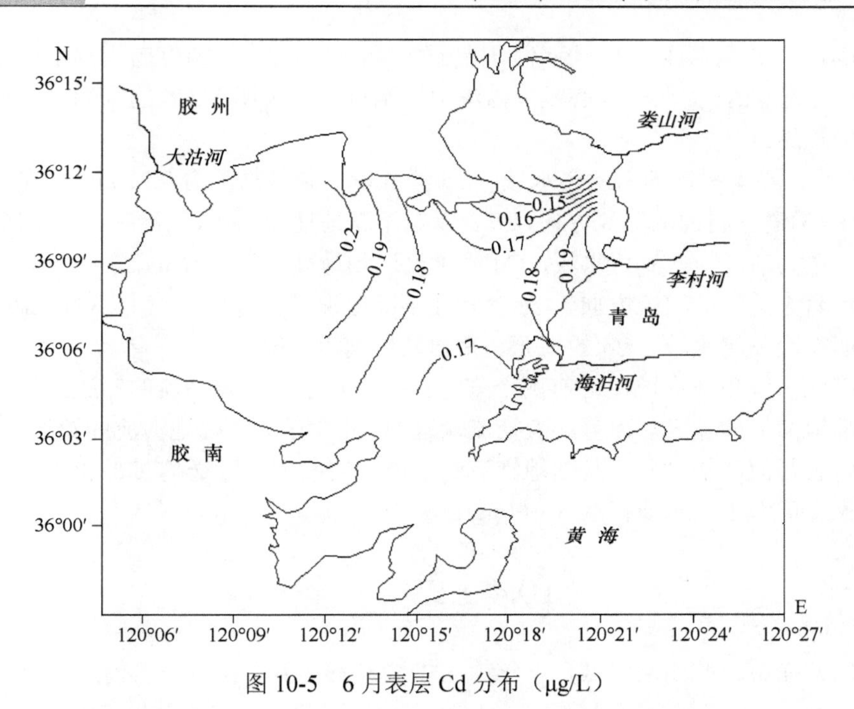

图 10-5 6 月表层 Cd 分布（μg/L）

10.3 镉的无污染

10.3.1 水 质

4 月、7 月和 10 月，胶州湾西南沿岸水域 Cd 的含量范围为 0.11～0.53μg/L，都符合国家一类海水的水质标准（1.00μg/L）。6 月，胶州湾东部和北部沿岸水域 Cd 的含量范围为 0.11～0.21μg/L，也符合国家一类海水的水质标准。这表明在 Cd 的含量方面，胶州湾西南沿岸水域比胶州湾东部和北部沿岸水域在 Cd 的污染程度方面相对要重一些。

4 月、6 月、7 月和 10 月，Cd 在胶州湾水体中的含量范围为 0.11～0.53μg/L，都符合国家一类海水的水质标准（1.00μg/L），而且远远低于国家一类海水的水质标准。这表明 Cd 含量非常低，没有受到人为的 Cd 污染。因此，在整个胶州湾水域，Cd 含量符合国家一类海水的水质标准，水质没有受到任何 Cd 的污染。

10.3.2 来 源

4 月、7 月和 10 月，胶州湾西南沿岸水域，形成了 Cd 的高含量区（0.38～

0.53μg/L），并且形成了一系列不同梯度的半个同心圆，沿梯度向周围水域递减为0.11～0.32μg/L，如向湾中心或者向湾口等水域。这表明了 Cd 的来源是来自地表径流的输送。

6月，在李村河的入海口水域，Cd 的含量达到最高，为 0.21μg/L。在胶州湾水体中，沿着李村河的河流方向，Cd含量在不断地递减，降低到湾中心的0.16μg/L；同样，在大沽河的入海口水域，Cd 的含量达到最高，为 0.21μg/L。在胶州湾水体中，沿着大沽河的河流方向，Cd 含量在不断地递减，降低到湾中心的 0.16μg/L。这表明在胶州湾水域，Cd 的来源是来自陆地河流的输送。

因此，胶州湾水域 Cd 有两个来源：一个是来自地表径流的输送；另一个是来自陆地河流的输送。而且地表径流输送的 Cd 含量大于陆地河流的输送，但是，无论地表径流的输送，还是陆地河流的输送，给胶州湾输送的 Cd 含量都远远小于国家一类海水的水质标准（1.00μg/L）。

10.4 结　　论

（1）在整个胶州湾水域，一年中 Cd 含量都达到了国家一类海水的水质标准（1.00μg/L），这表明没有受到人为的 Cd 污染。因此，在整个胶州湾水域，水质没有受到任何 Cd 的污染。

（2）在胶州湾水域有两个来源：一个是近岸水域，来自地表径流的输入，其输入的 Cd 含量为 0.11～0.53μg/L；另一个是河流的入海口水域，来自陆地河流的输入，其输入的 Cd 含量为 0.11～0.21μg/L。

因此，胶州湾水域中的 Cd 主要来源于自然输送，而没有受到人为的 Cd 污染。

参 考 文 献

[1] 杨东方, 苗振清. 海湾生态学(上册). 北京: 海洋出版社, 2010: 1-320.
[2] 杨东方, 高振会. 海湾生态学(下册). 北京: 海洋出版社, 2010: 1-330.
[3] 杨东方, 陈豫, 王虹, 等. 胶州湾水体镉的迁移过程和本底值结构. 海岸工程, 2010, 29(4): 73-82.
[4] 杨东方, 陈豫, 常彦祥, 等. 胶州湾水体镉的分布及来源. 海岸工程, 2013, 32(3): 68-78.
[5] Yang D F, Chen Y, Gao Z H, et al. Silicon limitation on primary production and its destiny in Jiaozhou Bay, China Ⅳ transect offshore the coast with estuaries. Chin J Oceanol Limnol, 2005, 23(1): 72-90.
[6] 国家海洋局. 海洋监测规范(HY003.4-91). 北京: 海洋出版社, 1991: 205-282.

第 11 章　胶州湾水域镉的垂直变化过程

11.1　背　　景

11.1.1　胶州湾自然环境

胶州湾地理位置为东经 120°04′～120°23′，北纬 35°58′～36°18′，在山东半岛南部，面积约为 446km^2，平均水深约 7m，是一个典型的半封闭型海湾。胶州湾入海的河流有大沽河和洋河，其径流量和含沙量较大，河水水文特征有明显的季节性变化[1~2]，还有海泊河、李村河、娄山河等小河流入胶州湾。

11.1.2　数据来源与方法

本研究所使用的 1982 年 4 月、6 月、7 月和 10 月胶州湾水体镉的调查资料由国家海洋局北海监测中心提供。4 月、7 月和 10 月，在胶州湾水域设 5 个站位取水样：083、084、121、122、123；6 月，在胶州湾水域设 4 个站位取水样：H37、H39、H40、H41（图 11-1）。分别于 1982 年 4 月、6 月、7 月和 10 月 4 次进行取

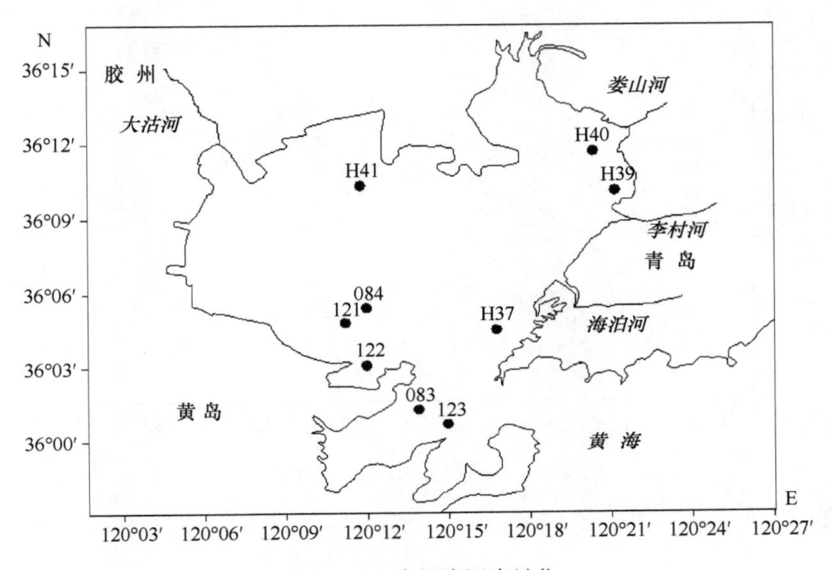

图 11-1　胶州湾调查站位

样，根据水深取水样（>10m 时取表层和底层，<10m 时只取表层）进行调查。按照国家标准方法进行胶州湾水体 Cd 的调查，该方法被收录在国家的《海洋监测规范》中（1991 年）[3]。

11.2 水 平 分 布

11.2.1 底层水平分布

4 月、7 月和 10 月，胶州湾西南沿岸底层水域 Cd 含量范围为 0.13～0.53μg/L。在胶州湾西南沿岸的底层水域，从西南的近岸到湾口，Cd 含量形成了一系列梯度，沿梯度在增加或者减少（图 11-2～图 11-4）。4 月，从西南的近岸到湾口，沿梯度从 0.20μg/L 增加到 0.44μg/L（图 11-2）。7 月，从西南的近岸到湾口，沿梯度从 0.24μg/L 减少到 0.13μg/L（图 11-3）。10 月，从西南的近岸到湾口，沿梯度从 0.53μg/L 减少到 0.21μg/L（图 11-4）。

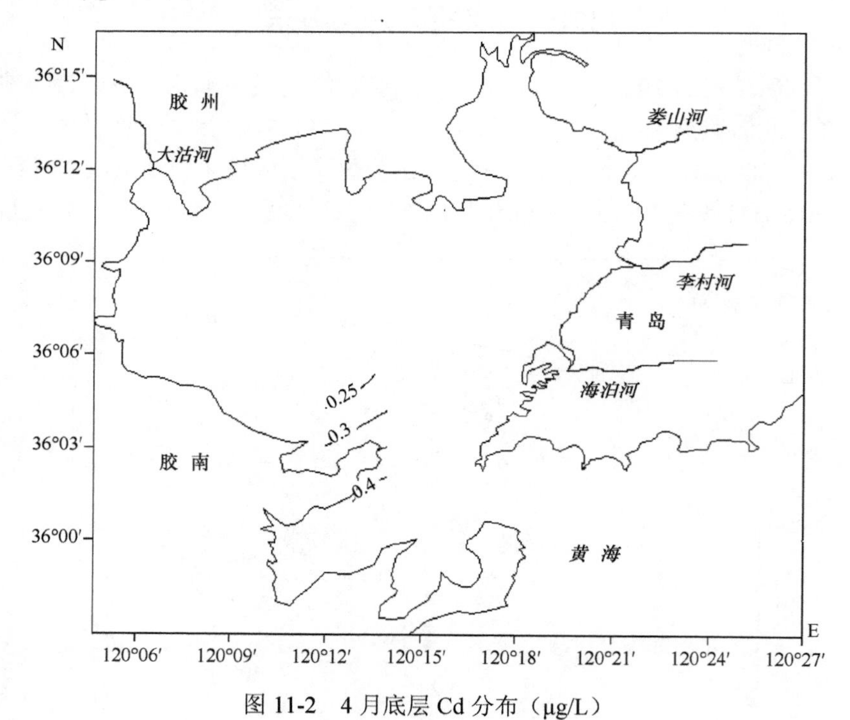

图 11-2 4 月底层 Cd 分布（μg/L）

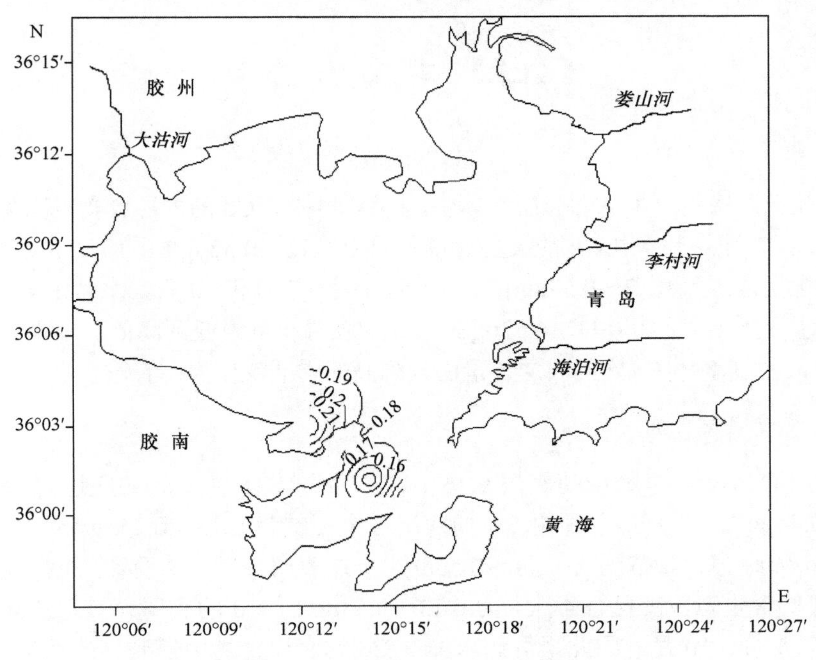

图 11-3　7 月底层 Cd 分布（μg/L）

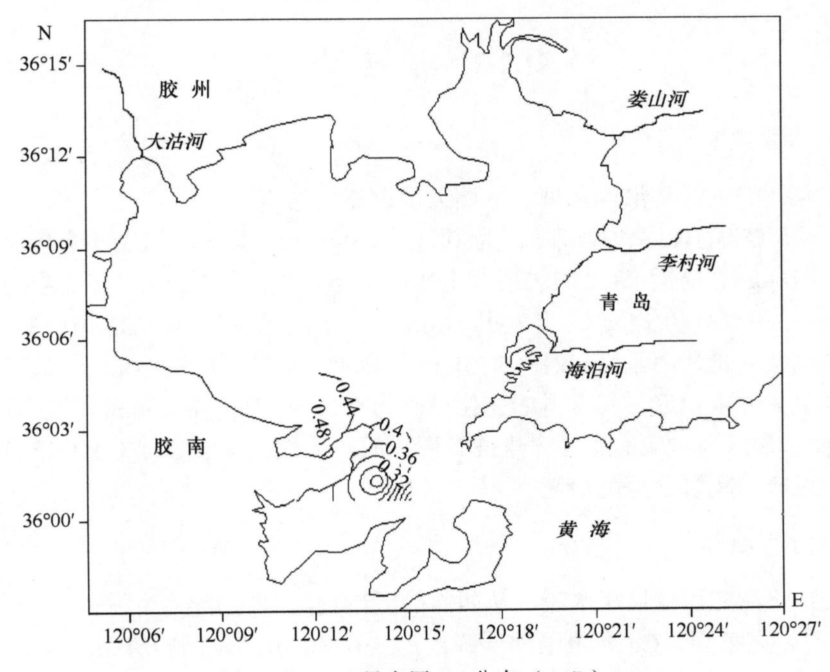

图 11-4　10 月底层 Cd 分布（μg/L）

11.2.2 季节分布

1. 季节表层分布

胶州湾西南沿岸水域的表层水体中，4 月，水体中 Cd 的表层含量范围为 0.11～0.38μg/L；7 月，水体中 Cd 的表层含量范围为 0.12～0.52μg/L；10 月，水体中 Cd 的表层含量范围为 0.32～0.53μg/L。这表明 4 月、7 月和 10 月，水体中 Cd 的表层含量范围变化不大，为 0.11～0.53μg/L，Cd 的表层含量由低到高依次为 4 月、7 月、10 月。故得到水体中 Cd 的表层含量由低到高的季节变化为：春季、夏季、秋季。

2. 季节底层分布

胶州湾西南沿岸水域的底层水体中，4 月，水体中 Cd 的底层含量范围为 0.20～0.44μg/L；7 月，水体中 Cd 的底层含量范围为 0.13～0.24μg/L；10 月，水体中 Cd 的底层含量范围为 0.21～0.53μg/L。这表明 4 月、7 月和 10 月，水体中 Cd 的底层含量范围变化也不大，为 0.13～0.53μg/L，Cd 的底层含量由低到高依次为 7 月、4 月、10 月。因此，得到水体中 Cd 的底层含量由低到高的季节变化为：夏季、春季、秋季。

11.2.3 垂直分布

1. 含量变化

在胶州湾的西南沿岸水域，从西南的近岸到湾口。

4 月，Cd 的表层含量较低，为 0.11～0.38μg/L，其对应的底层含量较高，为 0.20～0.44μg/L；7 月，Cd 的表层含量较高，为 0.12～0.52μg/L，其对应的底层含量较低，为 0.13～0.24μg/L；10 月，Cd 的表层含量最高，为 0.32～0.53μg/L，其对应的底层含量最高，为 0.21～0.53μg/L。因此，4 月、7 月、10 月，Cd 的表层、底层含量都非常相近，其含量的变化范围为 0.11～0.35μg/L。可是，4 月和 7 月，Cd 的表层含量与对应的底层含量没有同样的一致性。而 10 月，Cd 的表层含量最高的，对应的底层含量就最高。

2. 分布趋势

在胶州湾的西南沿岸水域，从西南的近岸到湾口。

4 月，在表层，Cd 含量沿梯度降低，从 0.38μg/L 降低到 0.11μg/L。在底层，Cd 含量沿梯度升高，从 0.20μg/L 升高到 0.44μg/L。这表明表层、底层的水平分布趋势是相反的。

7 月，在表层，Cd 含量沿梯度降低，从 0.52μg/L 降低到 0.12μg/L。在底层，Cd 含量沿梯度降低，从 0.24μg/L 降低到 0.13μg/L。这表明表层、底层的水平分布趋势是一致的。

10 月，在表层，Cd 含量沿梯度降低，从 0.53μg/L 降低到 0.32μg/L。在底层，Cd 含量沿梯度降低，从 0.53μg/L 降低到 0.21μg/L。这表明表层、底层的水平分布趋势也是一致的。

总之，胶州湾西南沿岸水域的水体中，4 月表层 Cd 的水平分布与底层分布趋势是相反的。而 7 月和 10 月，表层 Cd 的水平分布与底层分布趋势是一致的。

11.3　垂直变化过程

11.3.1　季节变化过程

在胶州湾西南沿岸水域的表层水体中，4 月，Cd 含量变化从低值 0.38μg/L 开始，然后开始上升，逐渐增加，到 7 月达到高值 0.52μg/L，然后增加得非常慢，稍微增加，到了 10 月，增加到高峰值 0.53μg/L。于是，Cd 的表层含量由低到高的季节变化为：从春季到夏季和秋季。因此，Cd 含量从春季开始，上升到夏季的高值，然后一直保持到秋季。4 月、7 月和 10 月，Cd 来源是来自地表径流的输送。这表明在胶州湾西南沿岸水域的表层水体中，Cd 含量的变化主要由雨量的变化来确定。因此，Cd 含量的季节变化中，夏季，7～10 月，相对比较高。但由于是地表径流的输送，故与国家水质标准相比 Cd 含量比较低，水质没有受到任何 Cd 的污染。

11.3.2　陆地迁移过程

在胶州湾水域，海洋中重金属 Cd 的来源是自然来源。胶州湾水域有两个来源：地表径流的输入和陆地河流的输入。在近岸水域，输入的 Cd 含量为 0.11～0.53μg/L；在河流的入海口水域，输入的 Cd 的含量为 0.11～0.21μg/L，而且地表径流输送的 Cd 含量大于陆地河流的输送。自然来源输送的 Cd 含量非常低，小于 0.53μg/L。

11.3.3　水域的迁移过程

Cd 含量在水域的迁移过程：从春季 5 月开始，海洋生物大量繁殖，数量迅速增加，到夏季的 8 月，形成了高峰值[4]，且由于浮游生物的繁殖活动，悬浮颗粒物表面形成胶体，此时的吸附力最强，水体中悬浮物和沉积物对镉有较强的吸附能力，在水流和重力作用下，Cd 沿着水流方向向下迁移。因此，在雨季开始前的 4 月，Cd 含量在表层、底层的水平分布趋势是相反的；在雨季开始后的 7 月和 10 月，Cd 含量在表层、底层的水平分布趋势是一致的。而且 4 月、7 月和 10 月，Cd 的表层、底层含量都相近。这些充分揭示了 Cd 在水域的迁移过程。

11.4 结 论

（1）4 月、7 月和 10 月，胶州湾西南沿岸底层水域 Cd 含量范围为 0.13～0.53μg/L。在胶州湾的西南沿岸的底层水域，从西南的近岸到湾口。Cd 含量形成了一系列梯度，沿梯度在增加或者减少。

（2）Cd 的表层含量由低到高依次为 4 月、7 月、10 月，故得到水体中 Cd 的表层含量由低到高的季节变化为：春季、夏季、秋季。Cd 的底层含量由低到高依次为 7 月、4 月、10 月，因此，得到水体中 Cd 的底层含量由低到高的季节变化为：夏季、春季、秋季。

（3）在雨季开始前的 4 月，Cd 含量在表层、底层的水平分布趋势是相反的；在雨季开始后的 7 月和 10 月，Cd 含量在表层、底层的水平分布趋势是一致的。而且 4 月、7 月和 10 月，Cd 的表层、底层含量都相近。这些垂直分布充分揭示了 Cd 含量在水域的迁移过程。

胶州湾水域 Cd 的垂直分布和季节变化证实了水体 Cd 的迁移过程，充分展示了胶州湾水域 Cd 的输送和迁移过程。

参考文献

[1] 杨东方, 高振会, 孙静亚, 等. 胶州湾水域重金属铬的分布及迁移. 海岸工程, 2008, 27(4): 48-53.

[2] Yang D F, Chen Y, Gao Z H, et al. Silicon limitation on primary production and its destiny in Jiaozhou Bay, China Ⅳ Transect offshore the coast with estuaries. Chin J Oceanol Limnol, 2005, 23(1): 72-90.

[3] 国家海洋局. 海洋监测规范(HY003.4-91). 北京: 海洋出版社, 1991: 205-282.

[4] 杨东方, 王凡, 高振会, 等. 胶州湾浮游藻类生态现象. 海洋科学, 2004, 28(6): 71-74.

第 12 章　胶州湾水体镉的不同来源及污染程度

12.1　背　　景

12.1.1　胶州湾自然环境

胶州湾地理位置为东经 120°04′～120°23′，北纬 35°58′～36°18′，在山东半岛南部，面积约为 446km^2，平均水深约 7m，是一个典型的半封闭型海湾。胶州湾入海的河流有大沽河和洋河，其径流量和含沙量较大，河水水文特征有明显的季节性变化[1~8]，还有海泊河、李村河、娄山河等小河流入胶州湾。

12.1.2　数据来源与方法

本研究所使用的 1983 年 5 月、9 月和 10 月胶州湾水体 Cd 的调查资料由国家海洋局北海监测中心提供。5 月、9 月和 10 月，在胶州湾水域设 9 个站位取水样：H34、H35、H36、H37、H38、H39、H40、H41、H82（图 12-1）。分别于 1983

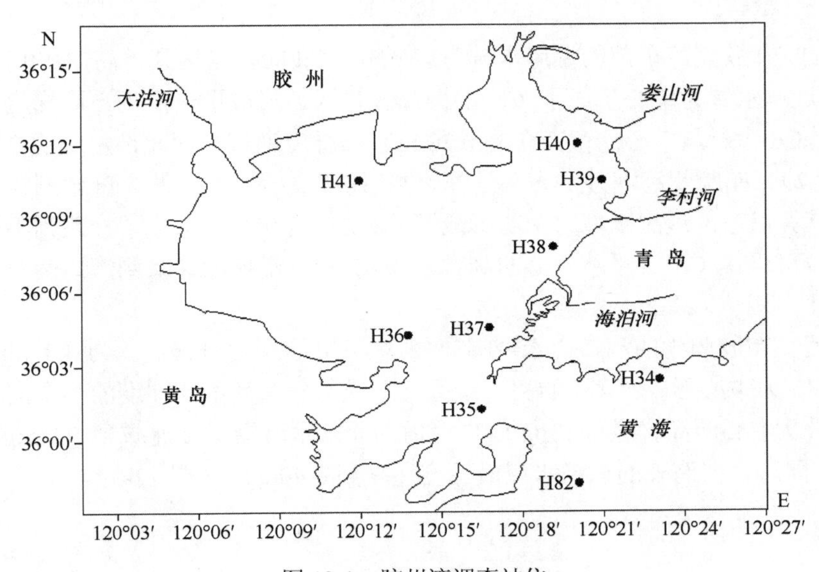

图 12-1　胶州湾调查站位

年5月、9月和10月3次进行取样，根据水深取水样（>10m时取表层和底层，<10m时只取表层）进行调查。按照国家标准方法进行胶州湾水体Cd的调查，该方法被收录在国家的《海洋监测规范》中（1991年）[9]。

12.2 水平分布

12.2.1 含量大小

5月、9月和10月，胶州湾南部沿岸水域Cd的含量比较高，北部沿岸水域Cd的含量比较低。5月、9月和10月，Cd在胶州湾水体中的含量范围为0.09～3.33μg/L，都符合国家一类海水的水质标准（1.00μg/L）和二类海水的水质标准（5.00μg/L）。这表明在Cd含量方面，5月、9月和10月，在胶州湾整个水域，水质受到Cd的轻度污染（表12-1）。

表12-1　5月、9月和10月的胶州湾表层水质

项目	5月	9月	10月
海水中Cd含量/（μg/L）	0.09～0.41	0.40～3.33	0.10～1.50
国家海水水质标准	一类海水	一类、二类海水	一类、二类海水

12.2.2 表层水平分布

5月，在胶州湾东部的近岸水域H37站位，Cd的含量达到微高，为0.20μg/L，以东部近岸水域为中心形成了Cd的微高含量区，形成了一系列不同梯度的半个同心圆。Cd含量从中心的微高含量0.20μg/L沿梯度递减到西北部水域的0.10μg/L（图12-2）。在胶州湾湾外的东部近岸水域H34站位，Cd的含量达到较高，为0.41μg/L，以东部近岸水域为中心形成了Cd的高含量区，形成了一系列不同梯度的半个同心圆。Cd含量从中心的高含量0.41μg/L沿梯度递减到湾口南部水域的0.09μg/L（图12-2）。

9月，在胶州湾的湾口内水域H36站位，Cd含量达到最高，为3.33μg/L，以站位H36为中心形成了Cd的高含量区，形成了一系列不同梯度的半个同心圆。Cd含量从中心的高含量3.33μg/L向湾内的北部水域沿梯度递减到0.40μg/L（图12-3），同时，向湾外的东部水域沿梯度递减到0.40μg/L（图12-3）。

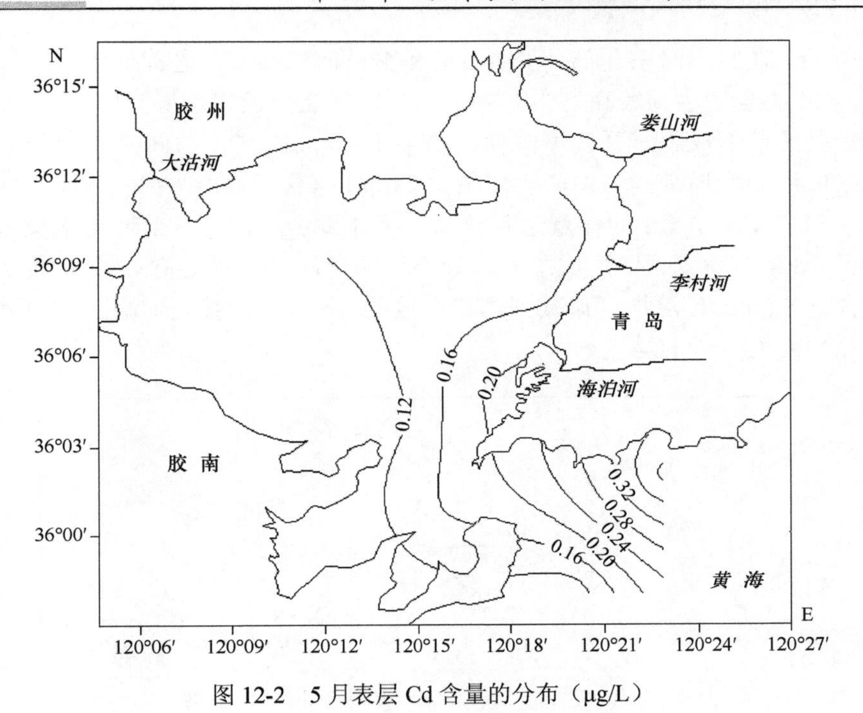

图12-2 5月表层Cd含量的分布（μg/L）

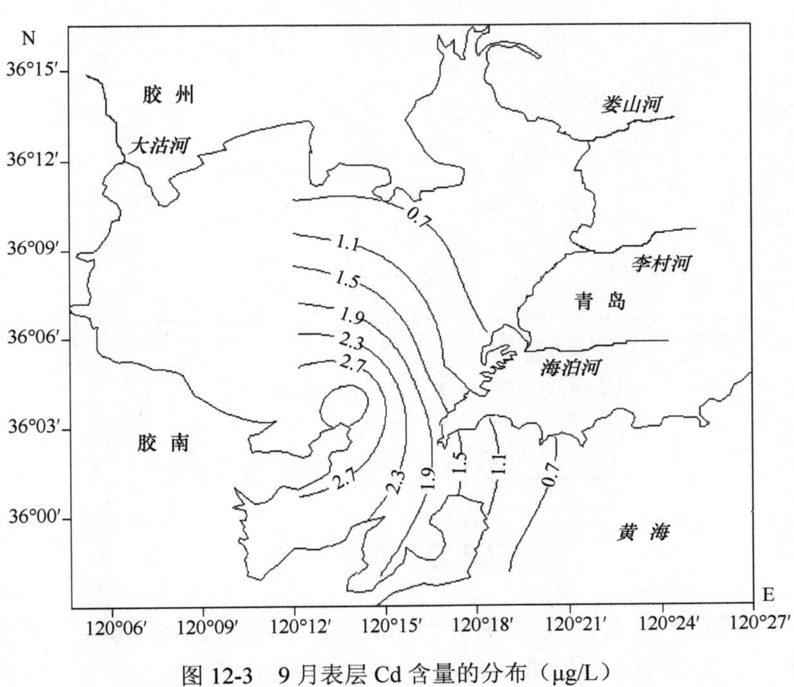

图12-3 9月表层Cd含量的分布（μg/L）

10月，在胶州湾东北部，在娄山河和李村河的入海口之间的近岸水域H39站位，Cd的含量达到较高，为0.80μg/L，以东北部近岸水域为中心形成了Cd的高含量区，形成了一系列不同梯度的半个同心圆。Cd含量从中心的高含量0.80μg/L沿梯度递减到湾中心水域的0.23μg/L（图12-4）。在胶州湾东部的近岸水域H37站位，Cd的含量达到较高，为1.50μg/L，以东部近岸水域为中心形成了Cd的高含量区，形成了一系列不同梯度的半个同心圆。Cd含量从中心的高含量1.50μg/L沿梯度递减到湾口水域的0.50μg/L，甚至递减到湾口外侧水域的0.10μg/L（图12-4）。

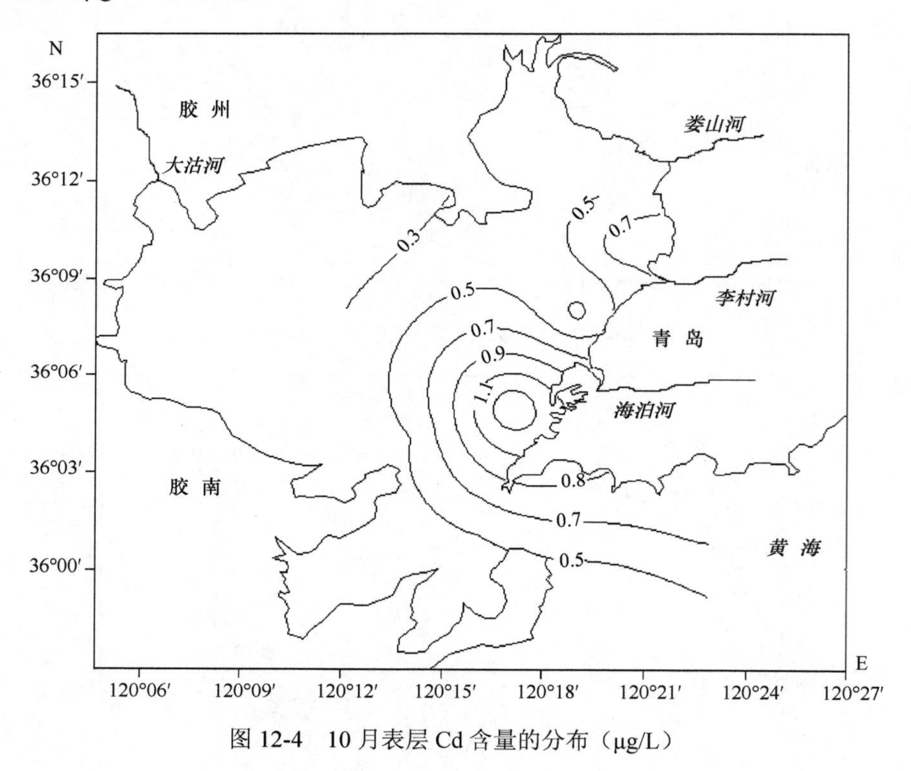

图12-4 10月表层Cd含量的分布（μg/L）

12.3 不同来源及污染程度

12.3.1 水 质

5月、9月和10月，Cd在胶州湾水体中的含量范围为0.09～3.33μg/L，都符合国家一类海水的水质标准（1.00μg/L）和二类海水的水质标准（5.00μg/L）。这表明在Cd含量方面，5月、9月和10月，在胶州湾水域，水质受到Cd的轻度污染。

5 月，Cd 在胶州湾水体中的含量范围为 0.09～0.41μg/L，胶州湾水域没有受到 Cd 的污染。在胶州湾，从湾口到湾内的整个水域，Cd 的含量变化范围为 0.09～0.20μg/L，这表明湾内在 Cd 含量方面，水质清洁，完全没有受到任何污染。在胶州湾外，Cd 含量达到比较高，为 0.41μg/L，也没有受到 Cd 的污染。

9 月，Cd 在胶州湾水体中的含量范围为 0.40～3.33μg/L，胶州湾水域受到 Cd 的污染。在胶州湾的湾口内水域，Cd 含量达到最高，为 3.33μg/L，在胶州湾的湾口内水域，Cd 含量比较高，该水域受到 Cd 的轻度污染比较多。

10 月，Cd 在胶州湾水体中的含量范围为 0.10～1.50μg/L，胶州湾水域受到 Cd 的轻度污染。在胶州湾东北部的近岸水域，Cd 含量比较高，为 0.80μg/L，该水域没有受到 Cd 污染。在胶州湾东部的近岸水域，Cd 含量比较高，为 1.50 μg/L，该水域受到 Cd 的轻度污染。

因此，5 月、9 月和 10 月，胶州湾南部沿岸水域 Cd 含量比较高，北部沿岸水域 Cd 含量比较低。5 月，在胶州湾整个水域，水质没有受到 Cd 的污染。9 月和 10 月，在胶州湾的湾口内水域，水质受到 Cd 的轻度污染。

12.3.2 来　　源

5 月，在胶州湾东部的近岸水域，形成了 Cd 的微高含量区，这表明 Cd 的来源是来自船舶码头的微小含量输送；在胶州湾湾外的东部近岸水域，形成了 Cd 的比较高含量区，这表明 Cd 的来源是来自地表径流的较小含量输送。

9 月，在胶州湾的湾口水域，形成了 Cd 的高含量区，这表明 Cd 的来源是来自近岸岛尖端的高含量输送。

10 月，在胶州湾东北部，娄山河和李村河的入海口之间的近岸水域，形成了 Cd 的较高含量区，这表明 Cd 的来源是来自河流的较高含量输送；在胶州湾东部的近岸水域，形成了 Cd 的高含量区，这表明 Cd 的来源是来自船舶码头的高含量输送。

胶州湾水域 Cd 有 4 个来源，主要来自河流的输送、船舶码头的输送、近岸岛尖端的输送和地表径流的输送。来自河流输送的 Cd 含量为 0.80μg/L，来自船舶码头输送的 Cd 含量为 1.50μg/L，来自近岸岛尖端输送的 Cd 含量为 3.33μg/L，来自地表径流输送的 Cd 含量为 0.41μg/L。因此，无论地表径流的输送，还是陆地河流的输送，给胶州湾输送的 Cd 含量都小于国家一类海水的水质标准（1.00μg/L）。无论近岸岛尖端的输送，还是船舶码头的输送，给胶州湾输送的 Cd 含量都大于国家一类海水的水质标准（1.00μg/L），符合国家二类海水的水质标准（5.00μg/L）。地表径流和陆地河流没有受到Cd的污染，而近岸岛尖端和船舶码头受到Cd含量的轻度污染。

12.4 结　　论

5月、9月和10月，Cd在胶州湾水体中的含量范围为0.09～3.33μg/L，都符合国家一类海水的水质标准（1.00μg/L）和二类海水的水质标准（5.00μg/L）。这表明在Cd含量方面，5月、9月和10月，在胶州湾整个水域，水质受到Cd的轻度污染。胶州湾水域Cd有4个来源，主要来自河流的输送、船舶码头的输送、近岸岛尖端的输送和地表径流的输送。来自河流输送的Cd含量为0.80μg/L，来自船舶码头输送的Cd含量为1.50μg/L，来自近岸岛尖端输送的Cd含量为3.33μg/L，来自地表径流输送的Cd含量为0.41μg/L。因此，地表径流和陆地河流没有受到Cd的污染，而近岸岛尖端和船舶码头受到Cd含量的轻度污染。由此认为，在胶州湾的周围陆地上，还没有受到Cd的轻度污染，而在近岸岛尖端和船舶码头受到Cd的轻度污染。因此，人类需要谨慎应用和生产Cd的产品，从来源就有效地控制Cd的排放和泄漏，这才能够减少Cd的污染。

参考文献

[1] 杨东方，苗振清. 海湾生态学(上册). 北京：海洋出版社, 2010: 1-320.
[2] 杨东方，高振会. 海湾生态学(下册). 北京：海洋出版社, 2010: 1-330.
[3] 杨东方，陈豫，王虹，等. 胶州湾水体镉的迁移过程和本底值结构. 海岸工程, 2010, 29(4): 73-82.
[4] 杨东方，陈豫，常彦祥，等. 胶州湾水体镉的分布及来源. 海岸工程, 2013, 32(3): 68-78.
[5] Yang D F, Zhu S X, Wang F Y, et al. The distribution and content of Cadmium in Jiaozhou Bay. Applied Mechanics and Materials, 2014, 644-650: 5325-5328.
[6] Yang D F, Wang F Y, Wu Y F, et al. The structure of environmental background value of Cadmium in Jiaozhou Bay waters. Applied Mechanics and Materials, 2014, 644-650: 5329-5312.
[7] Yang D F, Chen S T, Li B L, et al. Research on the vertical distribution of Cadmium in Jiaozhou Bay waters. Proceedings of the 2015 international symposium on computers and informatics, 2015: 2667-2674.
[8] Yang D F, Chen Y, Gao Z H, et al. Silicon limitation on primary production and its destiny in Jiaozhou Bay, China Ⅳ transect offshore the coast with estuaries. Chin J Oceanol Limnol, 2005, 23(1): 72-90.
[9] 国家海洋局. 海洋监测规范(HY003.4-91). 北京：海洋出版社, 1991: 205-282.

第13章　胶州湾水域镉的底层分布及聚集过程

13.1　背　　景

13.1.1　胶州湾自然环境

胶州湾地理位置为东经120°04′～120°23′，北纬35°58′～36°18′，在山东半岛南部，面积约为446km^2，平均水深约7m，是一个典型的半封闭型海湾。胶州湾入海的河流有大沽河和洋河，其径流量和含沙量较大，河水水文特征有明显的季节性变化[1~9]，还有海泊河、李村河、娄山河等小河流入胶州湾。

13.1.2　数据来源与方法

本研究所使用的1983年5月、9月和10月胶州湾水体Cd的调查资料由国家海洋局北海监测中心提供。5月、9月和10月，在胶州湾水域设9个站位取水样：H34、H35、H36、H37、H38、H39、H40、H41、H82（图13-1）。分别于1983

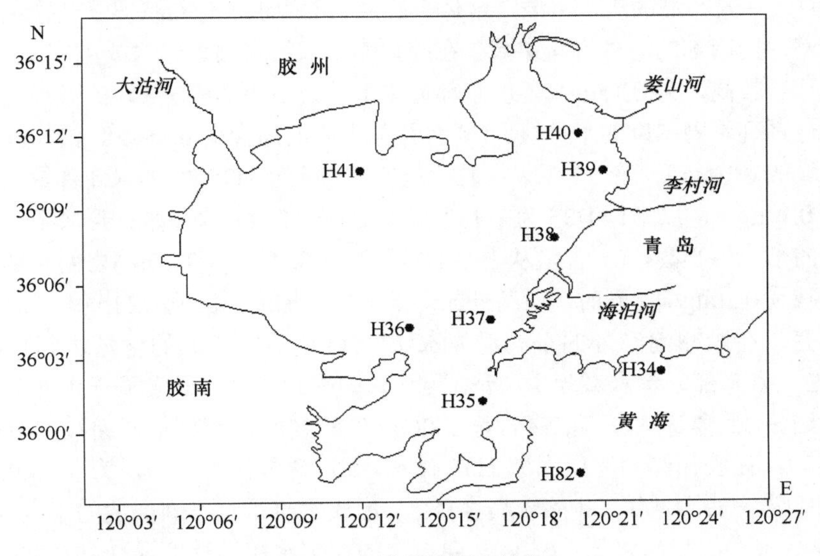

图13-1　胶州湾调查站位

年5月、9月和10月3次进行取样，根据水深取水样（>10m时取表层和底层，<10m时只取表层）进行调查。按照国家标准方法进行胶州湾水体Cd的调查，该方法被收录在国家的《海洋监测规范》中（1991年）[10]。

13.2 底层水平分布

13.2.1 底层含量大小

5月、9月和10月，在胶州湾的湾口底层水域，Cd含量的变化范围为0.03～2.00μg/L，都符合国家一类海水的水质标准（1.00μg/L）和二类海水的水质标准(5.00μg/L)。这表明在Cd含量方面，5月、9月和10月，在胶州湾的湾口底层水域，水质受到Cd的轻度污染（表13-1）。

表13-1 5月、9月和10月的胶州湾底层水质

项目	5月	9月	10月
海水中Cd含量/（μg/L）	0.10～0.15	0.67～2.00	0.03～2.00
国家海水水质标准	一类海水	一类、二类海水	一类、二类海水

13.2.2 底层水平分布

5月，在胶州湾的湾口水域，水体中底层Cd的水平分布状况是其含量大小由东部的湾内向南部的湾外方向递减。在胶州湾东部的底层近岸水域H37站位，Cd的含量达到较高，为0.15μg/L，以东部近岸水域为中心形成了Cd的微高含量区，形成了一系列不同梯度的平行线。Cd含量从中心的高含量0.15μg/L沿梯度递减到湾口水域的0.10μg/L（图13-2）。在胶州湾的湾口水域H35站位，Cd含量相对较微高，为0.14μg/L，以站位H35为中心形成了Cd的较微高含量区，形成了一系列不同梯度的半个同心圆。Cr含量从中心的较微高含量0.14μg/L向湾内的西部水域沿梯度递减到0.10μg/L，同时，向湾外的东部水域沿梯度递减到0.11μg/L（图13-2）。

9月，在胶州湾湾外的东部近岸水域H34站位，Cd的含量达到较高，为2.00μg/L，以东部近岸水域为中心形成了Cd的高含量区，形成了一系列不同梯度的平行线。Cd含量从中心的高含量2.00μg/L沿梯度向南部水域递减到0.67μg/L（图13-3）。在胶州湾的湾口水域H35站位，Cd含量相对较高，为1.63μg/L，以站位H35为中心形成了Cd的较高含量区，形成了一系列不同梯度的半个同心圆。Cd含量从中心的较高含量1.63μg/L向湾内的西部水域沿梯度递减到0.80μg/L，同时，向湾外的东部水域沿梯度递减到0.67μg/L（图13-3）。

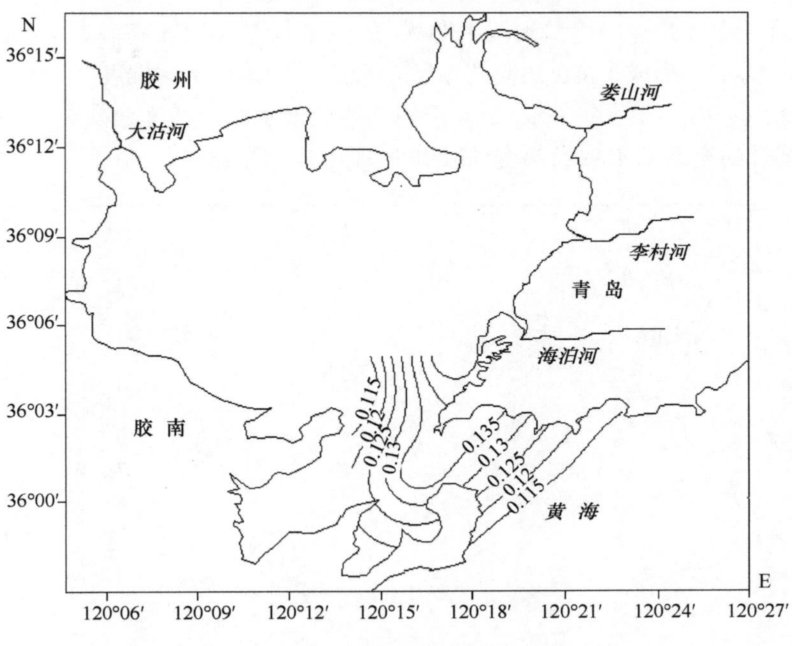

图 13-2　5 月底层 Cd 含量的分布（μg/L）

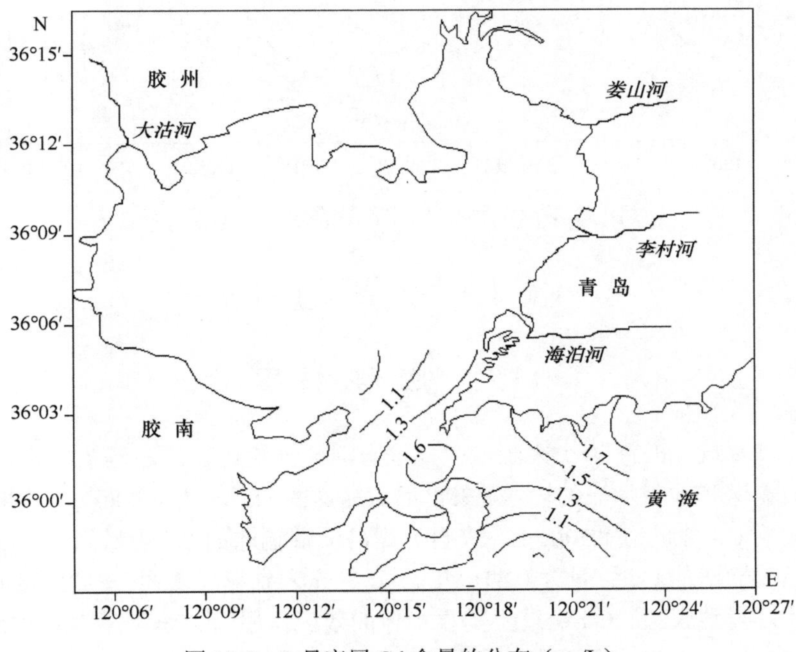

图 13-3　9 月底层 Cd 含量的分布（μg/L）

10 月，在胶州湾的湾口水域 H35 站位，Cd 含量相对较高，为 2.00μg/L，以站位 H35 为中心形成了 Cd 的高含量区，形成了一系列不同梯度的半个同心圆。Cd 含量从中心的高含量 2.00μg/L 向湾内的西北部水域沿梯度递减到 0.50μg/L，同时，向湾外的东南部水域沿梯度递减到 0.03μg/L（图 13-4）。

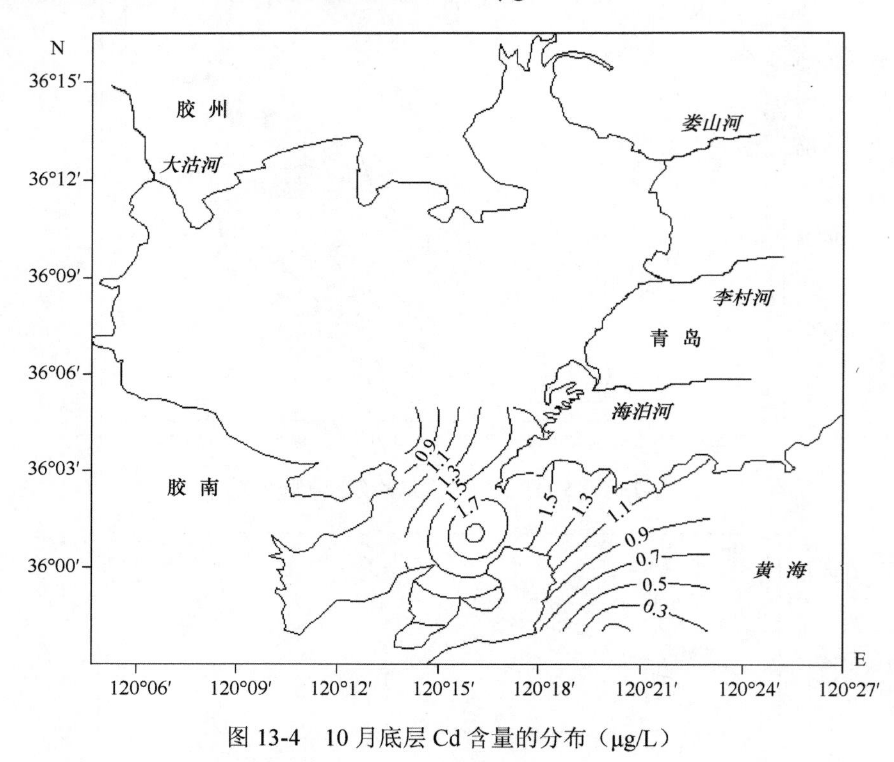

图 13-4 10 月底层 Cd 含量的分布（μg/L）

13.3 聚 集 过 程

13.3.1 底 层 水 质

胶州湾水域 Cd 有 4 个来源，主要来自河流的输送、船舶码头的输送、近岸岛尖端的输送和地表径流的输送。来自河流输送的 Cd 含量为 0.80μg/L，来自船舶码头输送的 Cd 含量为 1.50μg/L，来自近岸岛尖端输送的 Cd 含量为 3.33μg/L，来自地表径流输送的 Cd 含量为 0.41μg/L。Cd 首先来到海洋表面，然后，Cd 从表层穿过水体，来到底层。Cd 经过了垂直水体的效应作用[11]，呈现了 Cd 含量在胶州湾的湾口底层水域变化范围为 0.03～2.00μg/L，这符合国家一类海水的水质标准（1.00μg/L）和二类海水的水质标准（5.00μg/L）。

这展示了在 Cd 含量方面，5 月、9 月和 10 月，在胶州湾的湾口底层水域，水质受到 Cd 的轻度污染。

5 月，Cd 在胶州湾湾口底层水体中的含量范围为 0.10～0.15μg/L，这表明胶州湾湾口底层水质，在 Cd 含量方面，水质清洁，完全没有受到任何污染。

9 月，Cd 在胶州湾湾口底层水体中的含量范围为 0.67～2.00μg/L，这表明胶州湾湾口底层水质，受到 Cd 的轻度污染。

10 月，Cd 在胶州湾湾口底层水体中的含量范围为 0.03～2.00μg/L，这表明胶州湾湾口底层水质，受到 Cd 的轻度污染。

因此，5 月，在胶州湾的湾口底层水域，水质没有受到 Cd 的污染。9 月和 10 月，在胶州湾的湾口底层水域，水质受到 Cd 的轻度污染。

13.3.2 聚集过程

胶州湾是一个半封闭的海湾，东西宽 27.8km，南北长 33.3km。胶州湾具有内、外两个狭窄湾口，形成了胶州湾的湾口水域。内湾口位于团岛与黄岛之间；外湾口是连接黄海的通道，位于团岛与薛家岛之间，宽度仅 3.1km。于是，胶州湾的湾口水域具有一条很深的水道，深度达到 40m 左右。在湾口水道上潮流最强，仅 M_2 分潮流的振幅即达 1m/s，大潮期间观测到的瞬时流速甚至达到 2.01m/s[12]。

5 月，在胶州湾东部的近岸水域，Cd 的来源是来自船舶码头的微小含量输送；在胶州湾湾外的东部近岸水域，Cd 的来源是来自地表径流的较小含量输送。

9 月，在胶州湾的湾口水域，Cd 的来源是来自近岸岛尖端的高含量输送。

10 月，在胶州湾东北部水域，Cd 的来源是来自河流的较高含量输送；在胶州湾东部的近岸水域，Cd 的来源是来自船舶码头的高含量输送。

5 月、9 月和 10 月，不论 Cd 的来源在胶州湾东北部水域、在胶州湾东部的近岸水域、在胶州湾的湾口水域、在胶州湾湾外的东部近岸水域，都展示了：在胶州湾的湾口水域 H35 站位，在水体底层中出现 Cd 的较高含量区。5 月，在水体底层中以站位 H35 为中心形成了 Cd 的微高含量区（0.14μg/L）。9 月，在水体底层中以站位 H35 为中心形成了 Cd 的较高含量区（1.63μg/L）。10 月，在水体底层中以站位 H35 为中心形成了 Cd 的高含量区（2.00μg/L）。

因此，在胶州湾的湾口底层水域，5 月、9 月和 10 月，都出现了 Cd 的较高含量区。然而在此水域水流的速度很快，Cd 的较高含量区的出现表明了水体运动具有将 Cd 聚集的过程。

13.4 结　论

5 月、9 月和 10 月，在胶州湾的湾口底层水域，Cd 含量的变化范围为 0.03～2.00μg/L，符合国家一类海水的水质标准（1.00μg/L）和二类海水的水质标准（5.00μg/L）。这展示了在 Cd 含量方面，5 月、9 月和 10 月，在胶州湾的湾口底层水域，水质受到 Cd 的轻度污染。进一步揭示了：5 月，在胶州湾的湾口底层水域，水质没有受到 Cd 的污染；9 月和 10 月，在胶州湾的湾口底层水域，水质受到 Cd 的轻度污染。

在胶州湾的湾口水域，5 月、9 月和 10 月，在水体中的底层都出现了 Cd 的较高含量区（0.14～2.00μg/L）。并且形成了一系列不同梯度的半个同心圆，Cd 含量从中心的较高含量向湾内的西部水域沿梯度递减，同时，向湾外的东部水域沿梯度递减。在此水域，水流的速度很快，Cd 的较高含量区的出现表明了水体运动具有将 Cd 聚集的过程。

参考文献

[1] 杨东方, 苗振清. 海湾生态学(上册). 北京: 海洋出版社, 2010: 1-320.
[2] 杨东方, 高振会. 海湾生态学(下册). 北京: 海洋出版社, 2010: 1-330.
[3] 杨东方, 陈豫, 王虹, 等. 胶州湾水体镉的迁移过程和本底值结构. 海岸工程, 2010, 29(4): 73-82.
[4] 杨东方, 陈豫, 常彦祥, 等. 胶州湾水体镉的分布及来源. 海岸工程, 2013, 32(3): 68-78.
[5] Yang D F, Zhu S X, Wang F Y, et al. The distribution and content of Cadmium in Jiaozhou Bay. Applied Mechanics and Materials, 2014, 644-650: 5325-5328.
[6] Yang D F, Wang F Y, Wu Y F, et al. The structure of environmental background value of Cadmium in Jiaozhou Bay waters. Applied Mechanics and Materials, 2014, 644-650: 5329-5312.
[7] Yang D F, Chen S T, Li B L, et al. Research on the vertical distribution of Cadmium in Jiaozhou Bay waters. Proceedings of the 2015 international symposium on computers and informatics, 2015: 2667-2674.
[8] Yang D F, Chen Y, Gao Z H, et al. Silicon limitation on primary production and its destiny in Jiaozhou Bay, China Ⅳ transect offshore the coast with estuaries. Chin J Oceanol Limnol, 2005, 23(1): 72-90.
[9] 杨东方, 王凡, 高振会, 等. 胶州湾浮游藻类生态现象. 海洋科学, 2004, 28(6): 71-74.
[10] 国家海洋局. 海洋监测规范(HY003.4-91). 北京: 海洋出版社, 1991: 205-282.
[11] Yang D F, Wang F Y, He H Z, et al. Vertical water body effect of benzene hexachloride. Proceedings of the 2015 international symposium on computers and informatics, 2015: 2655-2660.
[12] 吕新刚, 赵昌, 夏长水. 胶州湾潮汐潮流动边界数值模拟. 海洋学报, 2010, 32(2): 20-30.

第 14 章　胶州湾水域镉的垂直分布及沉降过程

14.1　背　　景

14.1.1　胶州湾自然环境

胶州湾位于山东半岛南部，其地理位置为东经 120°04′～120°23′，北纬 35°58′～36°18′，以团岛与薛家岛连线为界，与黄海相通，面积约为 446km^2，平均水深约 7m，是一个典型的半封闭型海湾。胶州湾入海的河流有十几条，其中径流量和含沙量较大的为大沽河和洋河，青岛市区的海泊河、李村河和娄山河等河流，这些河流均属季节性河流，河水水文特征有明显的季节性变化[1~7]。

14.1.2　数据来源与方法

本研究所使用的 1983 年 5 月、9 月和 10 月胶州湾水体 Cd 的调查资料由国家海洋局北海监测中心提供。5 月、9 月和 10 月，在胶州湾水域设 5 个站位取表层、底层水样：H34、H35、H36、H37、H82（图 14-1）。分别于 1983 年 5 月、9 月和

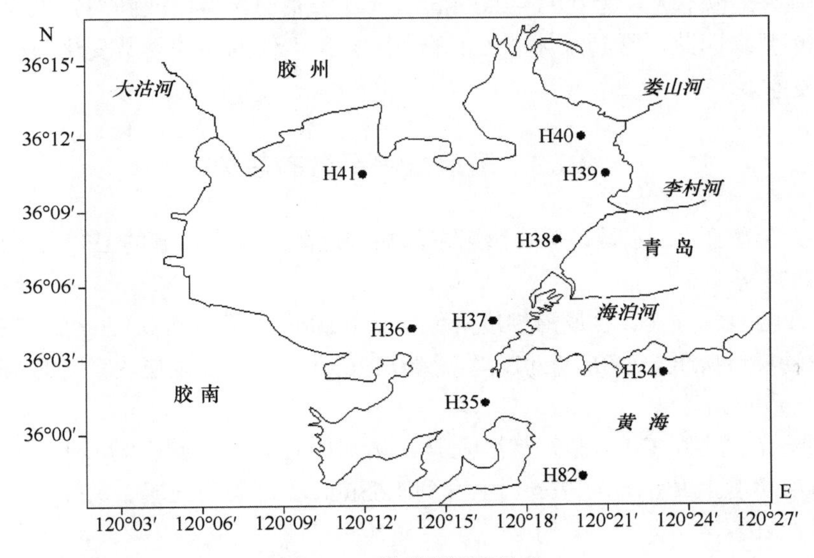

图 14-1　胶州湾调查站位

10 月 3 次进行取样，根据水深取水样（＞10m 时取表层和底层，＜10m 时只取表层）进行调查。按照国家标准方法进行胶州湾水体 Cd 的调查，该方法被收录在国家的《海洋监测规范》中（1991 年）[8]。

14.2 垂 直 分 布

14.2.1 表层季节分布

在胶州湾湾口水域的表层水体中，5 月，水体中 Cd 的表层含量范围为 0.09～0.41μg/L；9 月，水体中 Cd 的表层含量范围为 0.40～3.33μg/L；10 月，水体中 Cd 的表层含量范围为 0.10～1.50μg/L。这表明 5 月、9 月和 10 月，水体中 Cd 的表层含量范围变化不大，为 0.09～3.33μg/L，Cd 的表层含量由低到高依次为 5 月、10 月、9 月。故得到水体中 Cd 的表层含量由低到高的季节变化为：春季、秋季、夏季。

14.2.2 底层季节分布

在胶州湾湾口水域的底层水体中，5 月，水体中 Cd 的底层含量范围为 0.10～0.15μg/L；9 月，水体中 Cd 的底层含量范围为 0.67～2.00μg/L；10 月，水体中 Cd 的底层含量范围为 0.03～2.00μg/L。这表明 5 月、9 月和 10 月，水体中 Cd 的底层含量范围变化也不大，为 0.03～2.00μg/L，Cd 的底层含量由低到高依次为 5 月、10 月、9 月。因此，得到水体中 Cd 的底层含量由低到高的季节变化为：春季、秋季、夏季。

14.2.3 表底层水平分布趋势

在胶州湾的湾口水域，从胶州湾东部的接近湾口近岸水域的 H37 站位到湾口水域的 H35 站位。

5 月，在表层，Cd 含量沿梯度降低，从 0.20μg/L 降低到 0.17μg/L。在底层，Cd 含量沿梯度降低，从 0.15μg/L 降低到 0.14μg/L。这表明表层、底层的水平分布趋势是一致的。

9 月，在表层，Cd 含量沿梯度上升，从 1.10μg/L 上升到 2.00μg/L。在底层，Cd 含量沿梯度上升，从 1.17μg/L 上升到 1.63μg/L。这表明表层、底层的水平分布趋势是一致的。

10 月，在表层，Cd 含量沿梯度降低，从 1.50μg/L 降低到 0.50μg/L。在底层，Cd 含量沿梯度上升，从 1.50μg/L 上升到 2.00μg/L。这表明表层、底层的水平分布趋势是相反的。

5 月和 9 月，胶州湾湾口水域的水体中，表层 Cd 的水平分布与底层的水平分布趋势是一致的。而 10 月，胶州湾湾口水域的水体中，表层 Cd 的水平分布与底层的水平分布趋势是相反的。

14.2.4　表底层变化范围

在胶州湾的湾口水域，5 月，表层含量（0.09～0.41μg/L）较低时，其对应的底层含量就较低（0.10～0.15μg/L）。9 月，表层含量达到最高值 0.40～3.33μg/L 时，其对应的底层含量就最高，为 0.67～2.00μg/L。10 月，表层含量达到较高值 0.10～1.50μg/L 时，其对应的底层含量就较高，为 0.03～2.00μg/L。而且，Cd 的表层含量变化范围（0.09～3.33μg/L）大于底层的含量变化范围（0.03～2.00μg/L），变化量基本一样。因此，Cd 的表层含量高的，对应的底层含量就高；同样，Cd 的表层含量低的，对应的底层含量就低。

14.2.5　表底层垂直变化

5 月、9 月和 10 月，在这些站位：H34、H35、H36、H37、H82，Cd 的表层、底层含量相减，其差为–1.50～2.53μg/L。这表明 Cd 的表层、底层含量都相近。

5 月，Cd 的表层、底层含量差为–0.01～0.30μg/L。在湾口内西南部水域的 H36 站位为正值，在湾口水域和湾口内的东北部水域的 H35、H37 站位为正值。在湾外水域的 H34 为正值。只有在湾外水域的 H82 站位为负值。4 个站为正值，1 个站为负值（表 14-1）。

9 月，Cd 的表层、底层含量差为–1.50～2.53μg/L。在湾口内水域和湾口水域的 H35、H36 站位为正值，湾口内水域的 H37 站位为负值，湾口外的东北部水域 H34 站位和湾口外的南部水域 H82 站位都为负值。2 个站为正值，3 个站为负值（表 14-1）。

10 月，Cd 的表层、底层含量差为–1.50～0.07μg/L。湾口外的南部水域的 H82 站位为正值。湾口的湾口内水域的 H36、H37 站位为零值。在湾口水域的 H35 站位和湾口外的东北部水域 H34 站位都为负值。1 个站为正值，2 个站为零值，2 个站为负值（表 14-1）。

表 14-1　在胶州湾的湾口水域 Cd 的表层、底层含量差

月份＼站位	H36	H37	H35	H34	H82
5 月	正值	正值	正值	正值	负值
9 月	正值	负值	正值	负值	负值
10 月	零值	零值	负值	负值	正值

14.3　沉降过程

14.3.1　季节变化过程

在胶州湾湾口水域的表层水体中，5 月，Cd 含量变化从最低值 0.41μg/L 开始，然后开始上升，逐渐增加，到 9 月达到高峰值 3.33μg/L，然后开始下降，到了 10 月，则下降到较高值 1.50μg/L。于是，Cd 的表层含量由低到高的季节变化为：春季、秋季、夏季。因此，Cd 含量从春季最低值开始，上升到夏季的高峰值，然后开始下降到秋季的较高值。5 月、9 月和 10 月，胶州湾水域 Cd 有 4 个来源，主要来自河流的输送、船舶码头的输送、近岸岛尖端的输送和地表径流的输送。这表明在胶州湾湾口水域的表层水体中，Cd 含量的变化主要由河流输送、船舶码头输送、近岸岛尖端输送和地表径流输送的 Cd 含量变化来确定。Cd 经过了垂直水体的效应作用[9]，Cd 表层含量的变化也决定了 Cd 底层含量的变化。因此，Cd 含量的季节变化中，河流输送、船舶码头输送、近岸岛尖端输送和地表径流输送的 Cd 含量变化决定了 Cd 表层含量的变化，也决定了 Cd 底层含量的变化。

14.3.2　沉降过程

Cd 经过了垂直水体的效应作用[9]，使 Cd 穿过水体后，发生了很大的变化。海水中的浮游动植物以及浮游颗粒结合，具有很强的吸附能力，在夏季，海洋生物大量繁殖，数量迅速增加[7]，且由于浮游生物的繁殖活动，悬浮颗粒物表面形成胶体，此时的吸附力最强，吸附了大量的 Cd 离子，并将其带入表层水体，由于重力和水流的作用，Cd 不断地沉降到海底[2]。这样，展示了 Cd 含量从表层到底层的沉降过程。

在时间尺度上，5 月、9 月和 10 月，Cd 含量随着时间变化也证实了沉降过程。根据 Cd 含量的表层、底层季节分布，水体中 Cd 的表层含量由低到高的季节变化为：春季、秋季、夏季。同样，水体中 Cd 的底层含量由低到高的季节变化为：

春季、秋季、夏季。这表明由于 Cd 离子被吸附于大量悬浮颗粒物表面，在重力和水流的作用下，Cd 不断地沉降到海底。从春季进入夏季时，Cd 的来源提供大量的 Cd，于是，水体中 Cd 的表层含量就不断地上升，这时，水体中 Cd 的底层含量也在不断地上升，表明 Cd 的表层含量增加，经过水体，沉降到海底，导致底层的 Cd 含量增加。当夏季来到时，水体中 Cd 的表层含量达到了最高值，这时，水体中 Cd 的底层含量也达到了最高值。从夏季进入秋季时，水体中 Cd 的表层含量就不断地下降，表明表层含量的 Cd 经过水体，沉降到海底。同时，秋季水体中 Cd 的底层含量维持着夏季底层的高含量，这是由于表层不断的 Cd 沉降来补充底层的 Cd 流失。

在空间尺度上，在胶州湾的湾口水域，5 月和 9 月，胶州湾湾口水域的水体中，表层 Cd 的水平分布与底层的水平分布趋势是一致的。这表明由于 Cd 离子被吸附于大量悬浮颗粒物表面，在重力和水流的作用下，Cd 不断地沉降到海底。于是，Cd 含量在表层、底层沿梯度的变化趋势是一致的。9 月，水体中 Cd 的表层含量达到了最高值，水体中 Cd 的底层含量也达到了最高值。这样，Cd 含量在表层、底层沿梯度的变化趋势是一致的。而 10 月，胶州湾湾口水域的水体中，表层 Cd 的水平分布与底层的水平分布趋势是相反的。这表明 Cd 不断地沉降到海底，虽然 Cd 表层来源的含量在下降，可是，在海底，由于 Cd 底层含量的不断累积，Cd 底层含量却相对在增长。于是，Cd 含量在表层、底层沿梯度的变化趋势是相反的。随着时间的变化，Cd 含量在表层、底层的变化一致性和相反性，充分展示了 Cd 的迅速沉降和累积效应。

在变化尺度上，在胶州湾的湾口水域，5 月、9 月和 10 月，Cd 含量在表层、底层的变化量范围基本一样。而且，Cd 的表层含量高的，对应的底层含量就高；同样，Cd 的表层含量低的，对应的底层含量就低。这展示了 Cd 迅速地、不断地沉降到海底，导致了 Cd 在表层、底层含量变化保持了一致性。

在垂直尺度上，在胶州湾的湾口水域，5 月，Cd 的表层、底层含量差为–0.01～0.30μg/L。因此，当 Cd 的表层、底层含量很低时，其 Cd 的表层、底层含量相差也很小。这表明Cd的表层、底层含量都相近。9月，Cd的表层、底层含量差为–1.50～2.53μg/L。因此，当 Cd 的表层、底层含量很高时，其 Cd 的表层、底层含量相差也很大。10 月，Cd 的表层、底层含量差为–1.50～0.70μg/L。因此，当 Cd 的表层、底层含量较低时，其 Cd 的表层、底层含量相差也较小。5 月、9 月和 10 月，Cd 的表层、底层含量都相近。这展示了 Cd 能够从表层很迅速地到达底层，在垂直水体的效应作用[9]下，Cd 含量几乎没有多少损失，因此，Cd 含量在表层、底层保持了相近，在表层、底层 Cd 含量具有一致性。

在区域尺度上，在胶州湾的湾口水域，随着时间的变化，Cd 的表层、底层含量相减，其差也发生了变化，这个差值表明了 Cd 含量在表层、底层的变化。当 Cd 含量从河流输入后，首先到表层，通过 Cd 迅速地、不断地沉降到海底，呈现了 Cd 含量在表层、底层的变化。

5 月，在湾口内水域、湾口水域和湾口外北部水域，表层的 Cd 含量大于底层的；只有在湾口外南部水域，表层的 Cd 含量小于底层的。这表明 5 月，当雨季到来时，河流输入了大量的 Cd 含量，首先到表层，于是，呈现了在湾口内水域、湾口水域和湾口外北部水域，表层的 Cd 含量大于底层的。只有在湾口外南部水域，表层的 Cd 含量小于底层的。说明从河流输入的 Cd 含量还没有到达湾口外南部水域。

到了 9 月，在湾口内西南水域和湾口水域，表层的 Cd 含量大于底层的；而在湾口内东北水域和湾口外水域，表层的 Cd 含量小于底层的。这表明在 9 月，河流输入的 Cd 含量在减少，Cd 含量首先到表层，只呈现了在湾口内西南水域和湾口水域，表层的 Cd 含量大于底层的。而在湾口内东北水域和湾口外水域，表层的 Cd 含量小于底层的，呈现了 Cd 含量的垂直水体效应[9]，在水体中不断地沉降。

到了 10 月，只有在湾口外南部水域，表层的 Cd 含量大于底层的；在湾口水域和湾口外北部水域，表层的 Cd 含量小于底层的；在湾口内水域，表层和底层的 Cd 含量是一致的。这表明河流输入的 Cd 停止后，由于水体的均匀性[10]，导致了 Cd 含量在湾口内水域的表层和底层是均匀的。在湾口水域和湾口外北部水域，呈现了 Cd 在水体的大量沉降。而在湾口外南部水域，此时 Cd 含量非常低，也没有 Cd 的沉降。

5 月，当雨季到来时，河流输入了大量的 Cd。9 月，河流输入的 Cd 在减少。10 月，河流停止输入 Cd。这揭示了水体中 Cd 的水平迁移过程和垂直沉降过程：Cd 的河流输入和沉降到海底的过程。因此，呈现了 Cd 在水体的变化过程：5 月，表层的 Cd 含量高，9 月，底层的 Cd 含量高，10 月，Cd 含量的表层、底层一致。

14.4 结　　论

Cd 的表层、底层含量由低到高的季节变化为：春季、秋季、夏季。Cd 含量的季节变化中，河流输送 Cd 的变化决定了 Cd 表层含量的变化，也决定了 Cd 底层含量的变化。

在时间尺度上，在胶州湾的湾口水域，5 月、9 月和 10 月，根据 Cd 含量的表层、底层季节分布，随着时间的变化，Cd 含量在表层、底层的变化是一致的。在任何时间过程中，都展示了 Cd 迅速沉降的过程。

在空间尺度上，在胶州湾的湾口水域，5 月和 9 月，胶州湾湾口水域的水体中，表层 Cd 的水平分布与底层的水平分布趋势是一致的。而 10 月，胶州湾湾口水域的水体中，表层 Cd 的水平分布与底层的水平分布趋势是相反的。随着时间的变化，Cd 含量在表层、底层的变化一致性和相反性，充分展示了 Cd 的迅速沉降和累积效应。

在变化尺度上，在胶州湾的湾口水域，5 月、9 月和 10 月，Cd 含量在表层、底层的变化量范围基本一样。这展示了 Cd 迅速地、不断地沉降到海底。

在垂直尺度上，在胶州湾的湾口水域，5 月、9 月和 10 月，Cd 含量在表层、底层保持了相近，在表层、底层 Cd 含量具有一致性。这展示了 Cd 的垂直水体效应作用。

在区域尺度上，在胶州湾的湾口水域，5 月，表层的 Cd 含量高，9 月，底层的 Cd 含量高，10 月，Cd 的表层、底层含量一致。充分表明了 Cd 的河流输入和沉降到海底的过程。

在胶州湾的湾口水域，Cd 的垂直分布和季节变化揭示了水体中 Cd 的水平迁移过程和垂直沉降过程。因此，通过胶州湾的湾口水域研究，确定了 Cd 在水体中的迁移过程和垂直水体对 Cd 的效应作用。

参 考 文 献

[1] 杨东方, 陈豫, 王虹, 等. 胶州湾水体镉的迁移过程和本底值结构. 海岸工程, 2010, 29(4): 73-82.

[2] 杨东方, 陈豫, 常彦祥, 等. 胶州湾水体镉的分布及来源. 海岸工程, 2013, 32(3): 68-78.

[3] Yang D F, Zhu S X, Wang F Y, et al. The distribution and content of Cadmium in Jiaozhou Bay. Applied Mechanics and Materials, 2014, 644-650: 5325-5328.

[4] Yang D F, Wang F Y, Wu Y F, et al. The structure of environmental background value of Cadmium in Jiaozhou Bay waters. Applied Mechanics and Materials, 2014, 644-650: 5329-5312.

[5] Yang D F, Chen S T, Li B L, et al. Research on the vertical distribution of Cadmium in Jiaozhou Bay waters. Proceedings of the 2015 international symposium on computers and informatics, 2015: 2667-2674.

[6] Yang D F, Chen Y, Gao Z H, et al. Silicon limitation on primary production and its destiny in Jiaozhou Bay, China Ⅳ Transect offshore the coast with estuaries. Chin J Oceanol Limnol, 2005, 23(1): 72-90.

[7] 杨东方, 王凡, 高振会, 等. 胶州湾浮游藻类生态现象. 海洋科学, 2004, 28(6): 71-74.

[8] 国家海洋局. 海洋监测规范(HY003.4-91). 北京: 海洋出版社, 1991: 205-282.

[9] Dongfang Yang, Fengyou Wang, Huozhong He, et al. Vertical water body effect of benzene hexachloride. Proceedings of the 2015 international symposium on computers and informatics, 2015: 2655-2660.

[10] 杨东方, 丁咨汝, 郑琳, 等. 胶州湾水域有机农药六六六的分布及均匀性. 海岸工程, 2011, 30(2): 66-74.

第 15 章　胶州湾水域镉含量的年份变化

15.1　背　　景

15.1.1　胶州湾自然环境

胶州湾位于山东半岛南部，其地理位置为东经 120°04′～120°23′，北纬 35°58′～36°18′，以团岛与薛家岛连线为界，与黄海相通，面积约为 446km^2，平均水深约 7m，是一个典型的半封闭型海湾（图 15-1）。胶州湾入海的河流有十几条，其中径流量和含沙量较大的为大沽河和洋河，青岛市区的海泊河、李村河和娄山河等河流，这些河流均属季节性河流，河水水文特征有明显的季节性变化[1~12]。

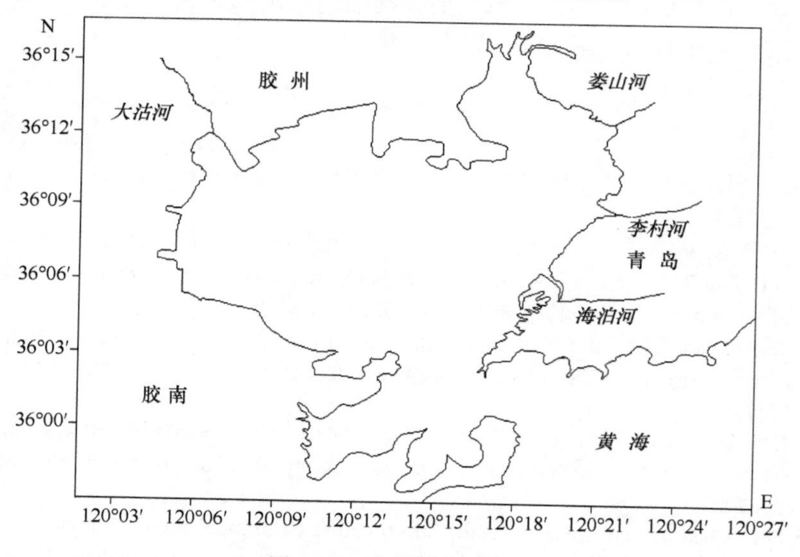

图 15-1　胶州湾地理位置

15.1.2　数据来源与方法

本研究所使用的调查数据由国家海洋局北海监测中心提供。胶州湾水体 Cd 的调查[1~10]按照国家标准方法进行，该方法被收录在国家的《海洋监测规范》中（1991 年）[13]。

1979 年 5 月、8 月和 11 月，1980 年 6 月、7 月、9 月和 10 月，1981 年 4 月、

8 月和 11 月，1982 年 4 月、6 月、7 月和 10 月，1983 年 5 月、9 月和 10 月，进行胶州湾水体 Cd 的调查[1~10]。其站位如图 15-2～图 15-6 所示。

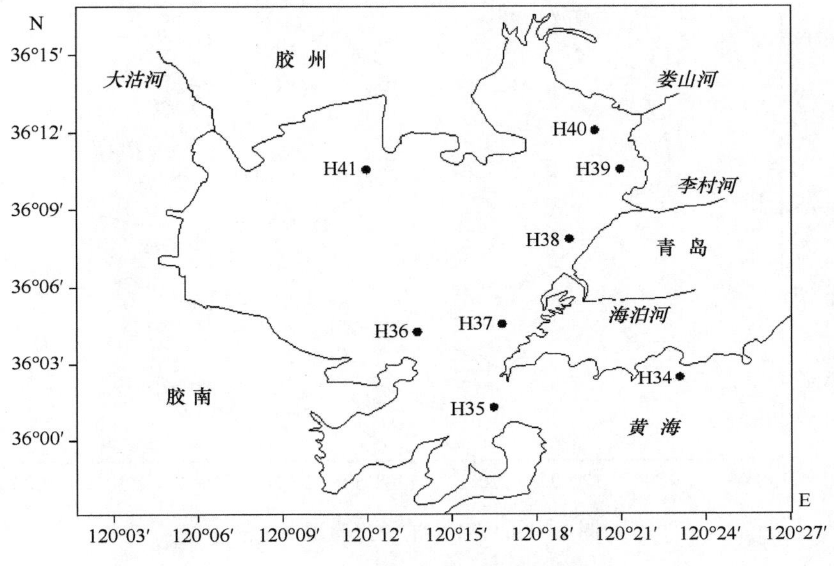

图 15-2 1979 年的胶州湾调查站位

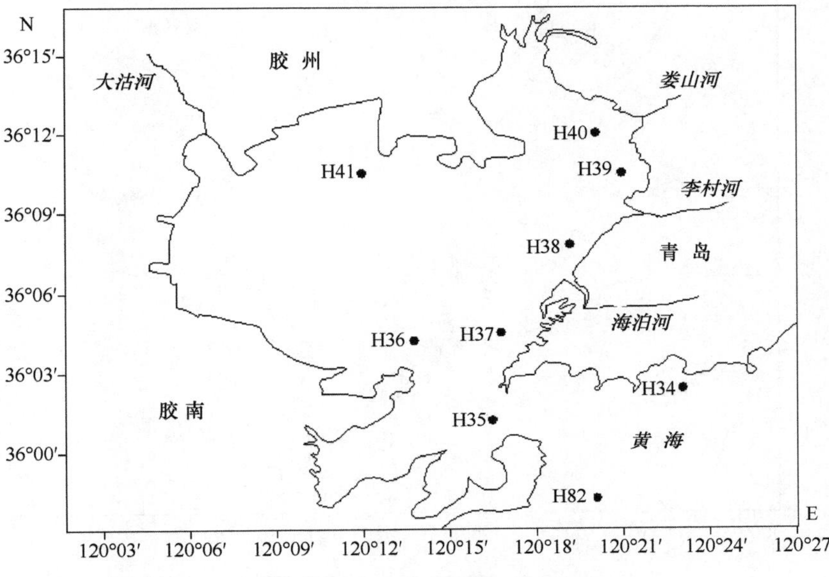

图 15-3 1980 年的胶州湾调查站位

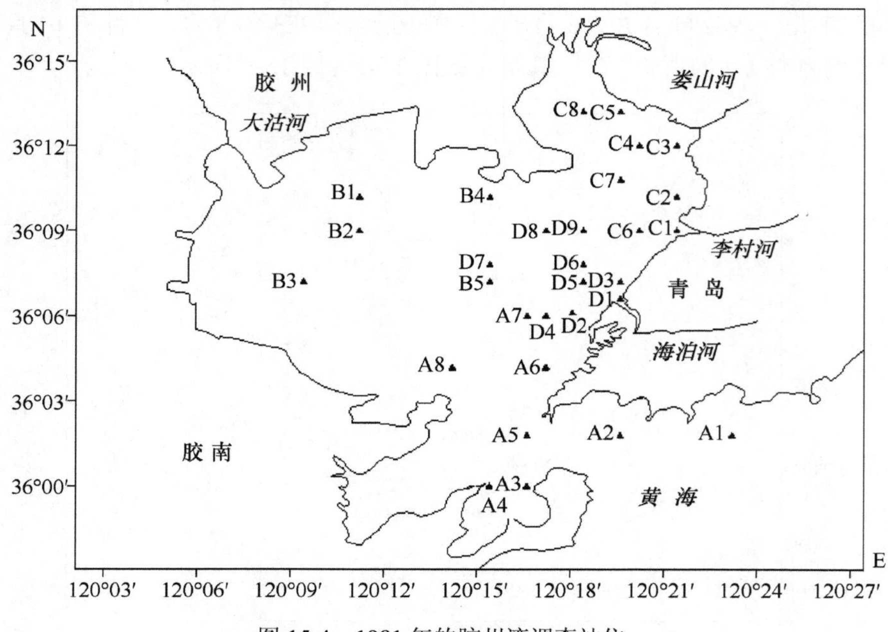

图 15-4　1981 年的胶州湾调查站位

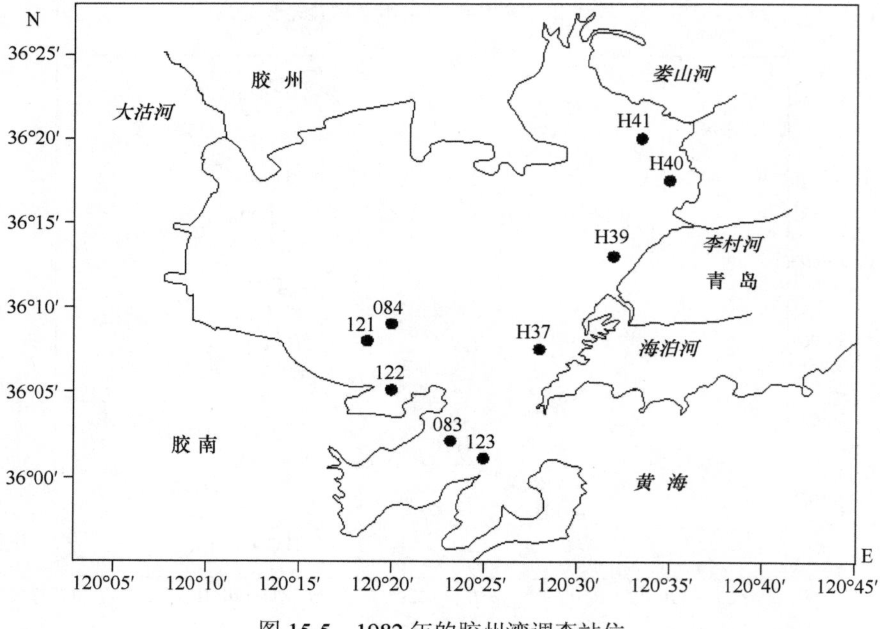

图 15-5　1982 年的胶州湾调查站位

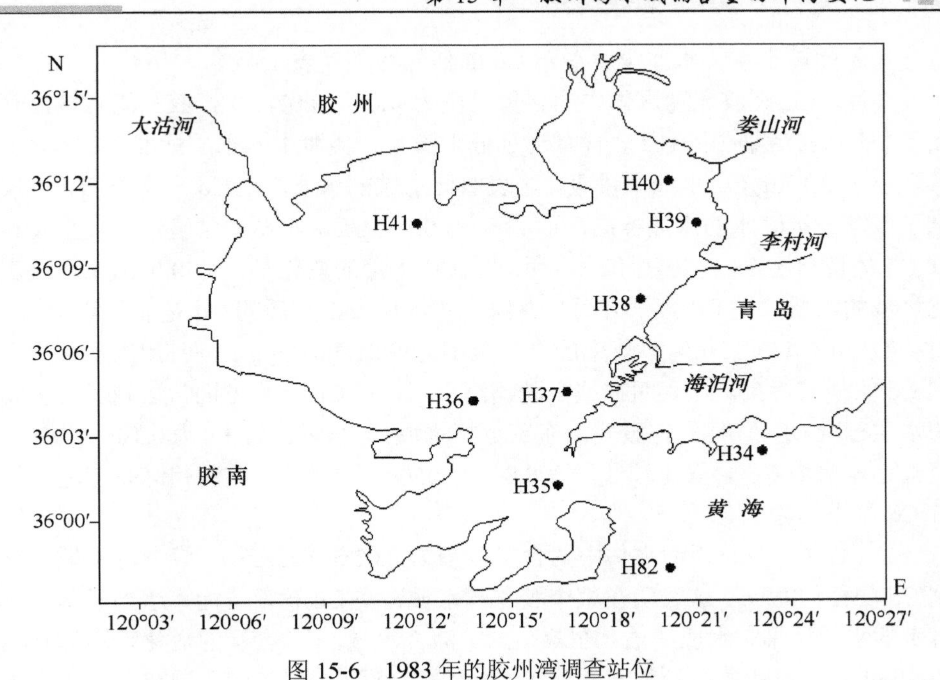

图 15-6　1983 年的胶州湾调查站位

15.2 镉的含量

15.2.1 含量大小

1979 年、1980 年、1981 年、1982 年、1983 年，对胶州湾水体中的 Cd 进行调查，其含量的变化范围如表 15-1 所示。

表 15-1　4～11 月在胶州湾水体中的 Cd 含量　（单位：μg/L）

年份	4 月	5 月	6 月	7 月	8 月	9 月	10 月	11 月
1979 年		0.04～0.07			0.01～0. 85			0.02～0.25
1980 年			0.05～0.16	0～0.48		0～0.24	0	
1981 年	0～0.55				0～0.40			0
1982 年	0.11～0.38		0.11～0.21	0.12～0.52			0.32～0.53	
1983 年		0.09～0.41				0.40～3.33	0.10～1.50	

1. 1979 年

5 月、8 月和 11 月，Cd 在胶州湾水体中的含量范围为 0.01～0.85μg/L，符合国家一类海水的水质标准（1.00μg/L）。这表明在 Cd 含量方面，5 月、8 月和 11

月，在胶州湾水域，水质没有受到Cd的任何污染（表15-1）。

5月，Cd在胶州湾水体中的含量范围为0.04～0.07μg/L，胶州湾水域没有受到Cd的任何污染。而且Cd含量远远低于国家一类海水的水质标准（1.00μg/L），甚至小于0.10μg/L，小一个量级。这表明此水域的水质，在Cd含量方面，不仅达到了国家一类海水的水质标准，而且小于0.10μg/L，水质非常清洁，完全没有受到Cd的任何污染。在整个胶州湾水域，Cd含量的变化量值为0.03μg/L，这表明此水域的水质，在Cd含量方面，在海水的水体中，水质的Cd是非常均匀的。

8月，Cd在胶州湾水体中的含量范围为0.01～0.85μg/L，胶州湾水域没有受到Cd的任何污染。这表明在整个胶州湾水域，在Cd含量方面，达到了一类海水的水质标准，水质清洁。在胶州湾东部近岸水域Cd含量比较高，为0.10～0.85μg/L，西部近岸水域Cd含量比较低，为0.01～0.05μg/L。因此，在胶州湾东部近岸水域有Cd微小的输入。

11月，Cd在胶州湾水体中的含量范围为0.02～0.25μg/L，胶州湾水域没有受到Cd的任何污染。这表明在整个胶州湾水域，在Cd含量方面，达到了国家一类海水的水质标准，水质清洁。在胶州湾的湾内水域，Cd含量的变化范围为0.02～0.04μg/L，这表明此水域的水质，在Cd含量方面，不仅达到了国家一类海水的水质标准，而且小于0.10μg/L，水质非常清洁，完全没有受到Cd的任何污染。在整个胶州湾的湾内水域，Cd含量的变化量值为0.02μg/L，这表明此水域的水质，在Cd含量方面，在海水的水体中，水质的Cd是非常均匀的。在胶州湾的湾外水域，Cd含量的变化范围为0.25μg/L以内。这表明此水域的水质，在Cd含量方面，有Cd微小的输入。

5月、8月和11月，在胶州湾的整个水域，Cd含量非常低，Cd的含量变化范围为0.01～0.85μg/L，小于国家一类海水的水质标准。因此，5月、8月和11月，在胶州湾的整个水域，水质清洁，完全没有受到Cd的任何污染。

2. 1980年

6月、7月、9月和10月，在胶州湾整个表层水域Cd的含量范围为0～0.48μg/L，都符合国家一类海水的水质标准（1.00μg/L）。这表明在Cd含量方面，6月、7月、9月和10月，在胶州湾水域，水质没有受到Cd的任何污染（表15-1）。

6月，Cd在胶州湾表层水体中的含量范围为0.05～0.16μg/L，胶州湾水域没有受到Cd的任何污染。这表明在整个胶州湾水域，在Cd含量方面，达到了国家一类海水的水质标准，水质清洁。在胶州湾东部近岸水域Cd含量比较高，为0.10～0.16μg/L，西部近岸水域Cd含量比较低，为0.05～0.10μg/L。因此，在胶州湾东部近岸水域受到Cd微小的输入。

7 月，表层水体中 Cd 的含量明显增加，Cd 在胶州湾表层水体中的含量范围为 0～0.48μg/L。胶州湾水域没有受到 Cd 的任何污染。这表明在整个胶州湾水域，在 Cd 含量方面，达到了国家一类海水的水质标准，水质清洁。在胶州湾的湾口水域 Cd 含量比较高，为 0.16～0.48μg/L，在东北部的近岸水域 Cd 含量比较低，为 0～0.04μg/L。因此，在胶州湾的湾口水域受到 Cd 含量微小的增强。

9 月，Cd 在胶州湾表层水体中的含量范围为 0～0.24μg/L，胶州湾水域没有受到 Cd 的任何污染。这表明在整个胶州湾水域，在 Cd 含量方面，达到了国家一类海水的水质标准，水质清洁。在胶州湾的湾口外部水域，表层水体中 Cd 的含量范围为 0.12～0.24μg/L，在胶州湾的湾内水域，表层水体中 Cd 的含量范围为 0。因此，在胶州湾的湾内水域，水体中不含有任何 Cd。只有湾外水域，受到海流的输送。

10 月，Cd 在胶州湾表层水体中的含量为 0，整个水域达到了国家一类海水的水质标准，胶州湾水域没有受到 Cd 的任何污染。这表明在整个胶州湾水域，在 Cd 含量方面，达到了国家一类海水的水质标准，水质清洁。因此，在胶州湾的湾内水域和湾外水域，水体中都不含有任何 Cd。

6 月、7 月、9 月和 10 月，在胶州湾的整个水域，Cd 含量非常低，Cd 的含量变化范围为 0～0.48μg/L，Cd 含量都符合国家一类海水的水质标准（1.00μg/L）。甚至在这一年中，Cd 的含量最高值（0.48μg/L）也远远优于国家一类海水的水质标准，说明水质没有受到任何 Cd 的污染。而且在有些时间段，在胶州湾的湾内水域和湾外水域，水体中都不含有任何 Cd。因此，6 月、7 月、9 月和 10 月，在胶州湾的整个水域，水质清洁，完全没有受到 Cd 的任何污染。

3. 1981 年

4 月、8 月和 11 月，在胶州湾整个表层水域 Cd 的含量范围为 0～0.55μg/L，都符合国家一类海水的水质标准（1.00μg/L）。这表明在 Cd 含量方面，4 月、8 月和 11 月，在胶州湾水域，水质清洁，水质没有受到 Cd 的任何污染（表 15-1）。

4 月，Cd 在胶州湾表层水体中的含量范围为 0～0.55μg/L，胶州湾水域没有受到 Cd 的任何污染。这表明在整个胶州湾水域，在 Cd 含量方面，达到了国家一类海水的水质标准，水质清洁。在胶州湾的湾中心水域，表层水体中 Cd 的含量范围为 0.03～0.55μg/L，而在胶州湾的近岸水域，表层水体中 Cd 的含量范围为 0。因此，在胶州湾的近岸水域，水体中不含有任何 Cd 含量。只有湾中心水域，Cd 含量比较高。

8 月，Cd 在胶州湾表层水体中的含量范围为 0～0.40μg/L，胶州湾水域没有受到 Cd 的任何污染。这表明在整个胶州湾水域，在 Cd 含量方面，达到了国家一类海水的水质标准，水质清洁。在胶州湾的湾西南水域，表层水体中 Cd 的含量范围为 0.09～0.40μg/L，而在胶州湾的其他近岸水域，表层水体中 Cd 的含量范围为 0。因此，在胶州湾的近岸水域，水体中不含有任何 Cd。只有湾西南水域，Cd 含量比较高。

11 月，Cd 在胶州湾表层水体中的含量范围为 0，整个水域达到了国家一类海水的水质标准，胶州湾水域没有受到 Cd 的任何污染。这表明在整个胶州湾水域，在 Cd 含量方面，达到了国家一类海水的水质标准，水质清洁。因此，在胶州湾的湾内水域和湾外水域，水体中都不含有任何 Cd。

4 月、8 月和 11 月，在胶州湾的整个水域，Cd 含量非常低，Cd 的含量变化范围为 0～0.55μg/L，Cd 含量都符合国家一类海水的水质标准。甚至在这一年中，Cd 的含量为最高值 0.55μg/L 时也远远优于国家一类海水的水质标准，说明水质没有受到任何 Cd 的污染。而且在有些时间段，在胶州湾的湾内水域和湾外水域，水体中都不含有任何 Cd 含量。因此，4 月、8 月和 11 月，在胶州湾的整个水域，水质清洁，完全没有受到 Cd 的任何污染。

4. 1982 年

4 月、6 月、7 月和 10 月，胶州湾西南沿岸水域 Cd 含量范围为 0.11～0.53μg/L。6 月，胶州湾东部和北部沿岸水域 Cd 含量范围为 0.11～0.21μg/L。4 月、6 月、7 月和 10 月，Cd 在胶州湾水体中的含量范围为 0.11～0.53μg/L，都没有超过国家一类海水的水质标准（1.00μg/L）。这表明在 Cd 含量方面，4 月、6 月、7 月和 10 月，在胶州湾整个水域，水质清洁，没有受到 Cd 的污染（表 15-1）。

4 月，在胶州湾西南沿岸水体中的 Cd 含量范围为 0.11～0.38μg/L，胶州湾西南沿岸水域 Cd 含量达到了国家一类海水的水质标准。这表明在整个胶州湾西南沿岸水域，在 Cd 含量方面，没有受到 Cd 的任何污染，水质清洁。

6 月，胶州湾东部和北部沿岸水域 Cd 含量范围为 0.11～0.21μg/L，胶州湾东部和北部沿岸水域 Cd 含量达到了国家一类海水的水质标准。这表明在整个胶州湾东部和北部沿岸水域，在 Cd 含量方面，没有受到 Cd 的任何污染，水质清洁。

7 月，在胶州湾西南沿岸水体中的 Cd 含量范围为 0.12～0.52μg/L，胶州湾西南沿岸水域 Cd 含量达到了国家一类海水的水质标准。这表明在整个胶州湾西南沿岸水域，在 Cd 含量方面，没有受到 Cd 的任何污染，水质清洁。

10 月，在胶州湾西南沿岸水体中的 Cd 含量范围为 0.32～0.53μg/L，胶州湾西南沿岸水域 Cd 含量达到了国家一类海水的水质标准。这表明在整个胶州湾西南沿岸水域，在 Cd 含量方面，没有受到 Cd 的任何污染，水质清洁。

4 月、6 月、7 月和 10 月，胶州湾西南沿岸水域 Cd 的含量范围为 0.11～0.53μg/L，都符合国家一类海水的水质标准。6 月，胶州湾东部和北部沿岸水域 Cd 的含量范围为 0.11～0.21μg/L，也符合国家一类海水的水质标准。这表明在 Cd 的含量方面，胶州湾西南沿岸水域比胶州湾东部和北部沿岸水域在 Cd 的污染程度方面相对要重一些。

4 月、6 月、7 月和 10 月，Cd 在胶州湾水体中的含量范围为 0.11～0.53μg/L，都符合国家一类海水的水质标准，而且远远低于国家一类海水的水质标准。这表明 Cd 含量非常低，没有受到人为的 Cd 污染。因此，在整个胶州湾水域，Cd 含量符合国家一类海水的水质标准，水质没有受到任何 Cd 的污染。

5. 1983 年

5 月、9 月和 10 月，胶州湾南部沿岸水域 Cd 含量比较高，北部沿岸水域 Cd 含量比较低。5 月、9 月和 10 月，Cd 在胶州湾水体中的含量范围为 0.09～3.33μg/L，都符合国家一类海水的水质标准（1.00μg/L）和二类海水的水质标准（5.00μg/L）。这表明在 Cd 含量方面，5 月、9 月和 10 月，在胶州湾整个水域，水质受到 Cd 的轻度污染（表 15-1）。

5 月，Cd 在胶州湾水体中的含量范围为 0.09～0.41μg/L，胶州湾水域没有受到 Cd 的污染。在胶州湾，从湾口到湾内的整个水域，Cd 的含量变化范围为 0.09～0.20μg/L，这表明湾内水质，在 Cd 含量方面，水质清洁，完全没有受到任何污染。在胶州湾外，Cd 含量达到比较高（0.41μg/L），也没有受到 Cd 的污染。

9 月，Cd 在胶州湾水体中的含量范围为 0.40～3.33μg/L，胶州湾水域受到 Cd 的污染。在胶州湾的湾口内水域，Cd 含量达到最高（3.33μg/L），在胶州湾的湾口内水域，Cd 含量比较高，该水域受到 Cd 的轻度污染比较多。

10 月，Cd 在胶州湾水体中的含量范围为 0.10～1.50μg/L，胶州湾水域受到 Cd 的轻度污染。在胶州湾东北部的近岸水域，Cd 的含量比较高（0.80μg/L），但该水域没有受到 Cd 污染。在胶州湾东部的近岸水域，Cd 含量比较高（1.50 μg/L），该水域受到 Cd 的轻度污染。

因此，5 月、9 月和 10 月，胶州湾南部沿岸水域 Cd 含量比较高，北部沿岸水域 Cd 含量比较低。5 月，在胶州湾整个水域，水质没有受到 Cd 的污染。9 月和 10 月，在胶州湾的湾口内水域，水质受到 Cd 的轻度污染。

15.2.2　年份变化

4 月，1981～1982 年 Cd 含量在胶州湾水体中，高值在减少，而低值在增加。

5 月，1979～1983 年 Cd 含量在胶州湾水体中，无论高值或者低值都在增加。6 月，1980～1982 年 Cd 含量在胶州湾水体中，无论高值或者低值都在增加。同样，7 月，1980～1982 年 Cd 含量在胶州湾水体中，无论高值或者低值都在增加。8 月，1979～1981 年 Cd 含量在胶州湾水体中，无论高值或者低值都在减少。9 月，1980～1983 年 Cd 含量在胶州湾水体中，无论高值或者低值都在大幅度地增加。10 月，1980～1983 年 Cd 含量在胶州湾水体中，无论高值或者低值都在增加。11 月，1980～1981 年 Cd 含量在胶州湾水体中，无论高值或者低值都在减少。

1979～1983 年，在胶州湾水体中，5 月、6 月、7 月、9 月和 10 月 Cd 含量都在增加，尤其在 9 月 Cd 含量有大幅度的增加。4 月，Cd 含量的高值在减少，而低值在增加。8 月和 11 月 Cd 含量都在减少。因此，在一年的 8 个月份中，Cd 含量几乎有 6 个月份都在增加，2 个月份在减少。

15.2.3 季节变化

以每年 4 月、5 月、6 月代表春季，7 月、8 月、9 月代表夏季，10 月、11 月、12 月代表秋季。1979～1983 年，在胶州湾水体中的 Cd 含量在春季比较低，为 0～0.55μg/L，在胶州湾水体中的 Cd 含量在夏季很高，为 0～3.33μg/L，在胶州湾水体中的 Cd 含量在秋季比较高，为 0～1.50μg/L。相比春季、夏季和秋季，在胶州湾水体中的 Cd 含量在夏季很高，秋季较高，春季较低。在春季、夏季和秋季，在胶州湾水体中 Cd 含量的低值都达到最低值（0），这表明在春季、夏季和秋季，都曾经有某一段时间在胶州湾水体中不含有任何 Cd。

1979 年的 8 月，表层水体中 Cd 的含量变化范围（0.01～0.85μg/L）包含了全年变化范围；1980 年的 7 月，表层水体中 Cd 的含量变化范围（0～0.48μg/L）包含了全年变化范围；1981 年的 4 月，表层水体中 Cd 的含量变化范围（0～0.55μg/L）包含了全年变化范围。因此，1979～1981 年，Cd 含量都非常小，在胶州湾水体中的 Cd 含量没有季节变化。

1982 年，Cd 含量稍微有增长，在胶州湾水体中的 Cd 含量在春季比较低，夏季和秋季含量相对较高。

1983 年，Cd 含量大幅度增长，在胶州湾水体中的 Cd 含量在春季比较低，在夏季很高，在秋季较高。

1979～1983 年，在整个胶州湾水域，随着 Cd 含量的不断增长，Cd 含量的变化从没有季节变化到逐渐出现了季节变化。

15.3　镉的年份变化

15.3.1　水　　质

以每年 4 月、5 月、6 月代表春季，7 月、8 月、9 月代表夏季，10 月、11 月、12 月代表秋季。1979～1983 年，在春季，水体中 Cd 的含量一直维持在国家一类海水的水质；在夏季和秋季，水体中 Cd 的含量从国家一类海水的水质降低到二类海水的水质。这表明 Cd 的含量随着时间的变化，夏季、秋季的输入在增长，而春季的输入却一直保持不变（表 15-2）。因此，1979～1983 年，在早期的夏季、秋季胶州湾没有受到 Cd 的任何污染，而到了晚期，夏季、秋季胶州湾受到 Cd 的轻度污染；春季，1979～1983 年，一直保持着胶州湾没有受到 Cd 的任何污染，在 Cd 含量方面，水质非常清洁。

表 15-2　春季、夏季、秋季的胶州湾表层水质

年份	春季	夏季	秋季
1979 年	一类	一类	一类
1981 年	一类	一类	一类
1982 年	一类	一类	一类
1983 年	一类	一类、二类	一类、二类

15.3.2　含 量 变 化

1979～1983 年，在前 4 年中，胶州湾水体中 Cd 含量的高值一直在 0～0.85μg/L 区间内摆动，到了第五年，Cd 含量的高值增加的幅度比较大（图 15-7）。这表明在前 4 年中胶州湾水体中 Cd 一直受到自然界的输送。到了第五年，胶州湾水体中 Cd 开始受到人类活动的输送。

1979～1983 年，在前 3 年，胶州湾水体中 Cd 含量的低值一直在 0 区间内摆动，到了后 2 年，Cd 含量的低值大于 0.09μg/L。这表明在胶州湾水体中，Cd 含量环境背景值在提高。整个胶州湾水域输入的 Cd 在累积增长。

因此，1979～1983 年，在胶州湾水体中 Cd 含量的变化展示了，最初，在 Cd 含量方面，整个胶州湾的水体是非常清洁的。在前 3 年期间，随着向胶州湾水域不断地输入 Cd，于是，在后 2 年期间，在胶州湾水域累积的 Cd 含量在增长。在前 4 年期间，胶州湾水体中 Cd 一直受到自然界的输送。到了第五年，胶州湾水体中 Cd 开始受到人类活动的输送。

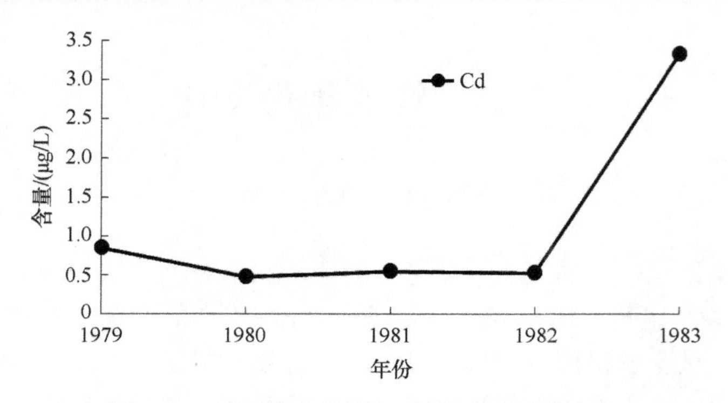

图 15-7　胶州湾水体中 Cd 的最高含量的变化

15.4　结　　论

1979～1983 年，Cd 含量发生了很大的变化。

在水质的尺度上，在早期的夏季、秋季胶州湾没有受到 Cd 的任何污染，而到了晚期，夏季、秋季胶州湾受到 Cd 含量的轻度污染。在春季，一直保持着胶州湾没有受到 Cd 的任何污染，在 Cd 含量方面，水质非常清洁。因此，1979～1983 年，胶州湾受到 Cd 的输入在逐渐增加，水质在逐渐变差。

在月份的尺度上，1979～1983 年，在胶州湾水体中，5 月、6 月、7 月、9 月和 10 月 Cd 含量都在增加，尤其在 9 月的 Cd 含量有大幅度的增加。4 月，Cd 含量的高值在减少，而低值在增加。8 月和 11 月 Cd 含量都在减少。

在季节的尺度上，1979～1981 年，Cd 含量都非常小，在胶州湾水体中的 Cd 含量没有季节变化。1982～1983 年，Cd 含量大幅度增长，在胶州湾水体中的 Cd 含量在春季比较低，在夏季很高，在秋季较高。因此，1979～1983 年，在整个胶州湾水域，随着 Cd 含量的不断增长，Cd 含量的变化从没有季节变化到逐渐出现了季节变化。

在年际的尺度上，1979～1983 年，在胶州湾水体中 Cd 含量的变化展示了，最初，在 Cd 含量方面，整个胶州湾的水体是非常清洁的。在前 3 年期间，随着向胶州湾水域不断地输入 Cd，于是，在后 2 年期间，在胶州湾水域累积的 Cd 含量在增长。在前 4 年期间，胶州湾水体中 Cd 一直受到自然界的输送。到了第五年，胶州湾水体中 Cd 开始受到人类活动的输送。这样，向胶州湾水域输入 Cd，从最初自然界的输送转换为人类活动的输送。

在经济迅速发展的过程中，Cd 在工农业和日常生活中也得到广泛应用。在自然环境中非常清洁的水域，逐渐受到了 Cd 的输入，水体中 Cd 含量环境背景值在提高。于是，整个水域 Cd 含量都在增长。

参考文献

[1] 杨东方, 陈豫, 王虹, 等. 胶州湾水体镉的迁移过程和本底值结构. 海岸工程, 2010, 29(4): 73-82.

[2] 杨东方, 陈豫, 常彦祥, 等. 胶州湾水体镉的分布及来源. 海岸工程, 2013, 32(3): 68-78.

[3] Yang D F, Zhu S X, Wang F Y, et al. The distribution and content of Cadmium in Jiaozhou Bay. Applied Mechanics and Materials, 2014, 644-650: 5325-5328.

[4] Yang D F, Wang F Y, Wu Y F, et al. The structure of environmental background value of Cadmium in Jiaozhou Bay waters. Applied Mechanics and Materials, 2014, 644-650: 5329-5312.

[5] Yang D F, Chen S T, Li B L, et al. Research on the vertical distribution of Cadmium in Jiaozhou Bay waters. Proceedings of the 2015 international symposium on computers and informatics, 2015: 2667-2674.

[6] Yang D F, Zhu S X, Yang X Q, et al. Pollution level and Sources of Cd in Jiaozhou Bay. Materials Engineering and Information Technology Apllication, 2015: 558-561.

[7] Yang D F, Zhu S X, Wang F Y, et al. Distribution and aggregation process of Cd in Jiaozhou Bay. Advances in Computer Science Research, 2015, 2352: 194-197.

[8] Yang D F, Wang F Y, Sun Z H, et al. Research on Vertical distribution and settling process of Cd in Jiaozhou Bay. Advances in Engineering Research, 2015, 40: 776-781.

[9] Yang D F, Yang D F, Zhu S X, et al. Spatial-temporal variations of Cd in Jiaozhou Bay. Advances in Engineering Research, 2016, Part B: 403-407.

[10] Yang D F, Yang X Q, Wang M, et al. The slight impacts of marine current to Cd contents in bottom waters in Jiaozhou Bay. Advances in Engineering Research, 2016, Part B: 412-415.

[11] Yang D F, Chen Y, Gao Z H, et al. Silicon limitation on primary production and its destiny in Jiaozhou Bay, China Ⅳ transect offshore the coast with estuaries. Chin J Oceanol Limnol, 2005, 23(1): 72-90.

[12] 杨东方, 王凡, 高振会, 等. 胶州湾浮游藻类生态现象. 海洋科学, 2004, 28(6): 71-74.

[13] 国家海洋局. 海洋监测规范. 北京: 海洋出版社, 1991.

第16章　胶州湾水域镉来源变化过程

16.1　背　　景

16.1.1　胶州湾自然环境

胶州湾位于山东半岛南部，其地理位置为东经 120°04′～120°23′，北纬 35°58′～36°18′，以团岛与薛家岛连线为界，与黄海相通，面积约为 446km^2，平均水深约 7m，是一个典型的半封闭型海湾（图 16-1）。胶州湾入海的河流有十几条，其中径流量和含沙量较大的为大沽河和洋河，青岛市区的海泊河、李村河和娄山河等河流，这些河流均属季节性河流，河水水文特征有明显的季节性变化[1~12]。

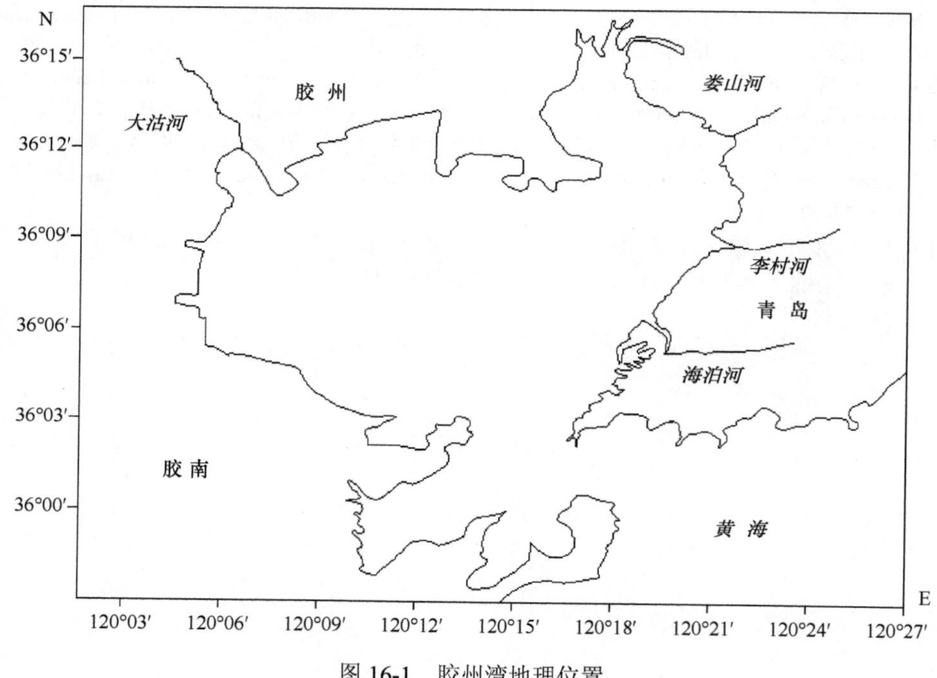

图 16-1　胶州湾地理位置

16.1.2　数据来源与方法

本研究所使用的调查数据由国家海洋局北海监测中心提供。胶州湾水体 Cd 的调查[1~10]按照国家标准方法进行，该方法被收录在国家的《海洋监测规范》中（1991 年）[13]。

1979 年 5 月、8 月和 11 月，1980 年 6 月、7 月、9 月和 10 月，1981 年 4 月、8 月和 11 月，1982 年 4 月、6 月、7 月和 10 月，1983 年 5 月、9 月和 10 月，进行胶州湾水体 Cd 的调查[1~10]。

16.2　水 平 分 布

16.2.1　1979 年 5 月、8 月和 11 月水平分布

5 月，在胶州湾东北部，李村河的入海口近岸水域形成了 Cd 的高含量区，展示了一系列不同梯度的半个同心圆。Cd 含量从中心的高含量 0.07μg/L 沿梯度递减到湾南部湾口内侧水域的 0.04μg/L（图 16-2）。8 月，在胶州湾湾内东部，李村河

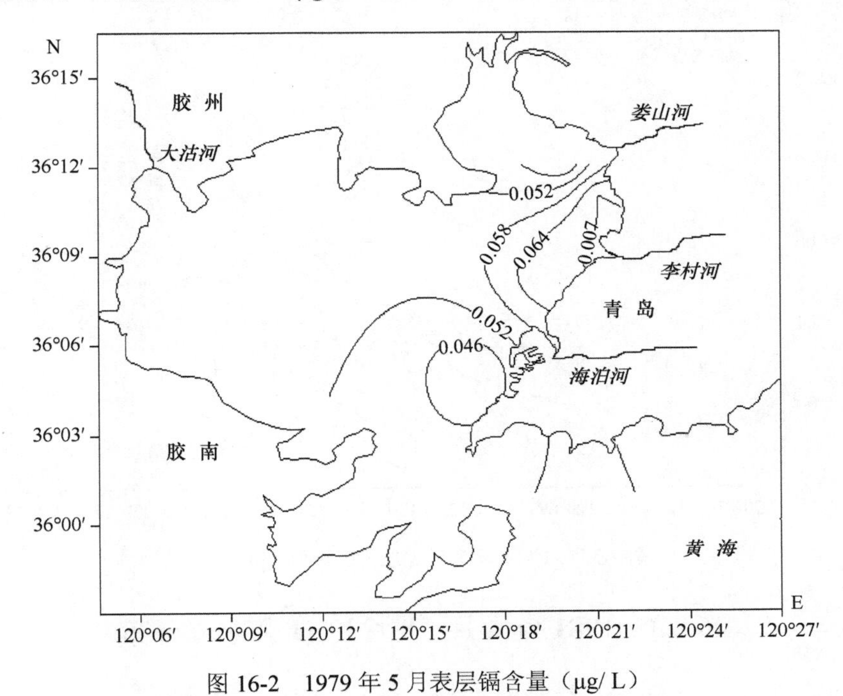

图 16-2　1979 年 5 月表层镉含量（μg/ L）

和海泊河入海口之间的近岸水域形成了 Cd 的高含量区，展示了一系列不同梯度的半个同心圆。Cd 含量从中心的高含量 0.85μg/L 向四周沿梯度递减到 0.01μg/L。11 月，在胶州湾湾外的东部近岸水域，形成了 Cd 的高含量区，展示了一系列不同梯度的平行线。Cd 含量从中心的高含量 0.25μg/L 沿梯度递减到胶州湾湾内东部近岸水域的 0.02μg/L。

16.2.2　1980 年 6 月、7 月和 9 月水平分布

6 月，在海泊河和湾口之间的近岸水域，形成了 Cd 的高含量区，展示了一系列不同梯度的半个同心圆。Cd 从此水域向整个湾扩展递减，Cd 含量沿梯度从 0.16μg/L 降低到 0.05μg/ L。7 月，在湾口水域形成了 Cd 的高含量区，展示了一系列不同梯度的同心圆。Cd 的含量从湾口水域（0.48μg/L）沿梯度降低，向湾内和湾外进行扩展递减（图 16-3）。9 月，在湾外水域形成了 Cd 的高含量区，展示了一系列不同梯度的平行线。从胶州湾的湾外水域（0.12～0.24μg/L）沿梯度降低到湾口和湾内水域的 0。

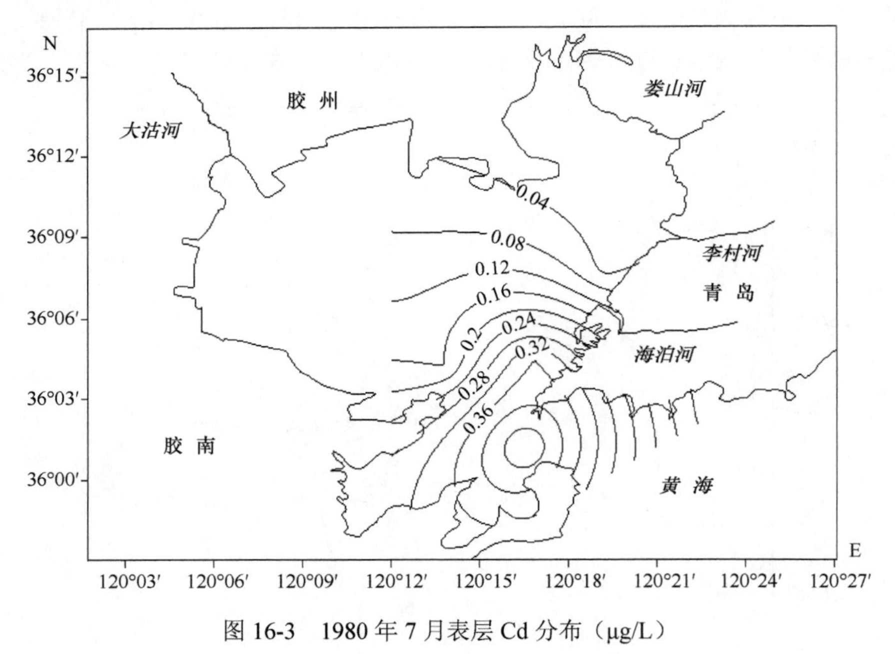

图 16-3　1980 年 7 月表层 Cd 分布（μg/L）

16.2.3　1981 年 4 月、8 月和 11 月水平分布

4 月，在湾中心水域形成了 Cd 的闭合高含量区，展示了一系列不同梯度的同

心圆，Cd 含量从湾中心水域（0.55μg/L）沿梯度向周围水域递减。而在湾外的近岸水域形成了 Cd 的高含量区，展示了一系列不同梯度的半个同心圆，Cd 含量从近岸水域（0.14μg/L）沿着梯度向大海方向递减（图 16-4）。8 月，在东北部的中心水域形成 Cd 的闭合高含量区，Cd 含量由中心（0.14μg/L）向周围的水域沿梯度递减到 0。在西南部的近岸水域，形成了 Cd 的高含量区，展示了一系列不同梯度的半个同心圆，Cd 含量变化是从湾西南部水域的 0.14μg/L 向湾的中心沿着梯度递减到 0。11 月，Cd 的含量为 0。从湾的沿岸水域到湾中心水域以及到湾外水域，Cd 的含量都非常低。

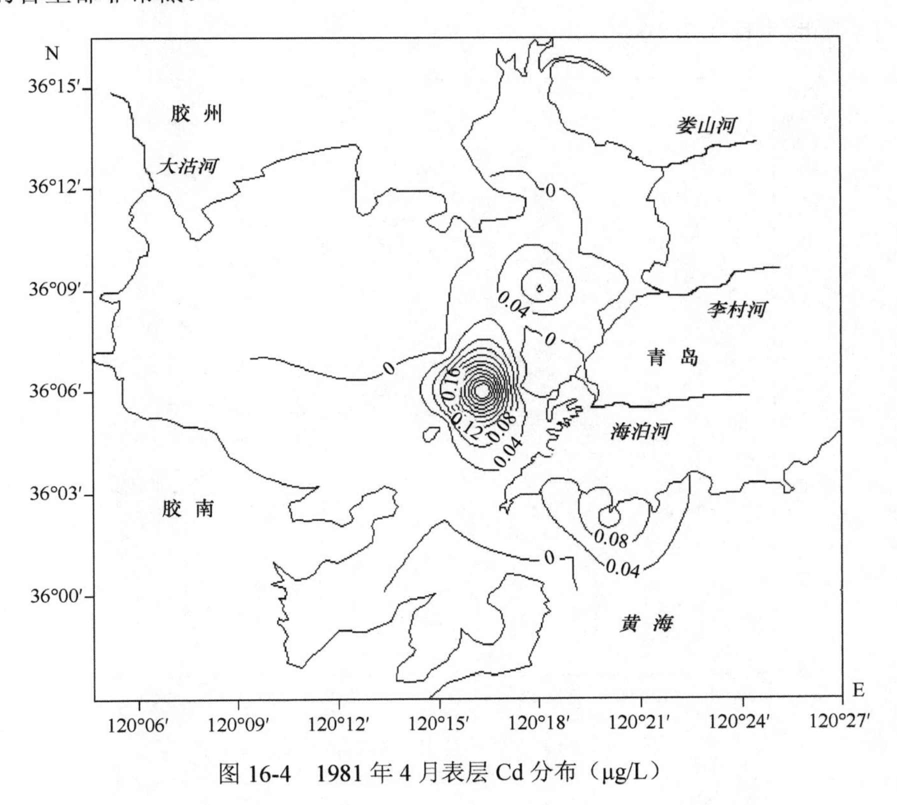

图 16-4　1981 年 4 月表层 Cd 分布（μg/L）

16.2.4　1982 年 4 月、6 月、7 月和 10 月水平分布

4 月，在西南沿岸水域形成了 Cd 的高含量区，展示了一系列不同梯度的半个同心圆。Cd 含量从高含量（0.38μg/L）向湾中心水域沿梯度递减到 0.11μg/L。7 月，在西南沿岸水域形成了 Cd 的高含量区，展示了一系列不同梯度的平行线。Cd 含量从中心的高含量（0.52μg/L）向湾中心水域沿梯度递减到 0.12μg/L。10 月，西南沿

岸水域形成了 Cd 的高含量区，展示了一系列不同梯度的半个同心圆。Cd 含量从中心的高含量（0.53μg/L）向湾中心水域或者向湾口水域沿梯度递减到 0.32μg/L。

6 月，在李村河的入海口水域形成了 Cd 的高含量区，展示了一系列不同梯度的半个同心圆，Cd 的含量从李村河的入海口水域（0.21μg/L）沿梯度降低到湾中心的 0.16μg/L，这说明在胶州湾水体中沿着李村河的河流方向，Cd 含量在不断地递减（图 16-5）。同样，在大沽河的入海口水域形成了 Cd 的高含量区，展示了一系列不同梯度的半个同心圆。Cd 的含量值从大沽河入海口水域的 0.21μg/L 沿梯度降低到湾中心的 0.16μg/L，这说明在胶州湾水体中沿着大沽河的河流方向，Cd 含量在不断地递减（图 16-5）。

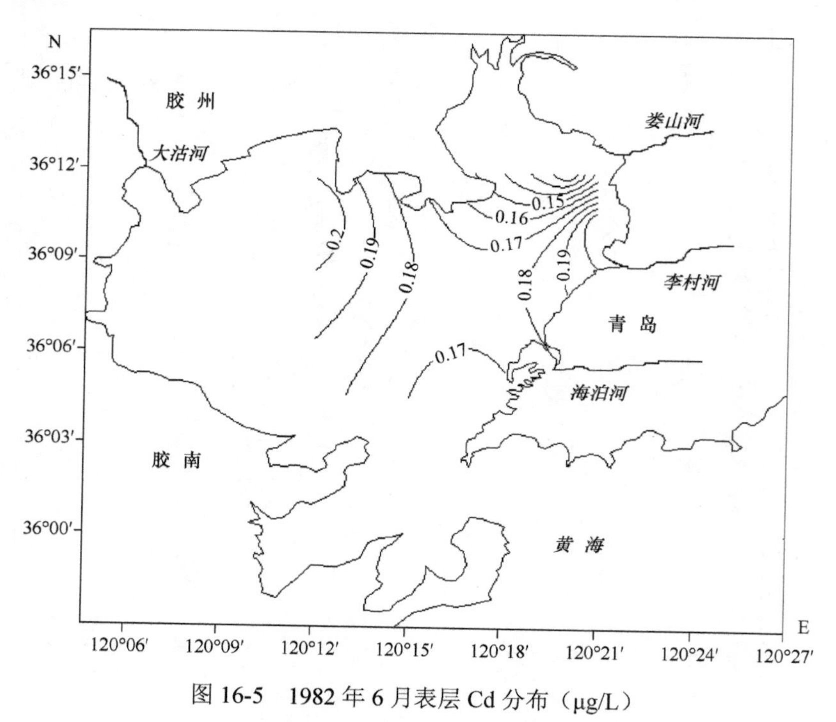

图 16-5　1982 年 6 月表层 Cd 分布（μg/L）

16.2.5　1983 年 5 月、9 月和 10 月水平分布

5 月，在胶州湾东部的近岸水域形成了 Cd 的微高含量区，呈现了一系列不同梯度的半个同心圆。Cd 从中心的微高含量（0.20μg/L）沿梯度递减到西北部水域的 0.10μg/L。在胶州湾湾外的东部近岸水域形成了 Cd 的高含量区，呈现了一系列不同梯度的半个同心圆。Cd 从中心的高含量（0.41μg/L）沿梯度递减到湾口南部水域的 0.09μg/L。9 月，在胶州湾的湾口内水域形成了 Cd 的高含量区，呈现了一系列

不同梯度的半个同心圆。Cd 从中心的高含量（3.33μg/L）向湾内的北部水域沿梯度递减到 0.40μg/L，同时，向湾外的东部水域沿梯度递减到 0.40μg/L。10 月，在胶州湾东北部，娄山河和李村河入海口之间的近岸水域形成了 Cd 的高含量区，呈现了一系列不同梯度的半个同心圆。Cd 从中心的高含量（0.80μg/L）沿梯度递减到湾中心水域的 0.23μg/L（图 16-6）。在胶州湾东部的近岸水域，形成了 Cd 的高含量区，呈现了一系列不同梯度的半个同心圆。Cd 含量从中心的高含量（1.50μg/L）沿梯度递减到湾口水域的 0.50μg/L，甚至递减到湾口外侧水域的 0.10μg/L（图 16-6）。

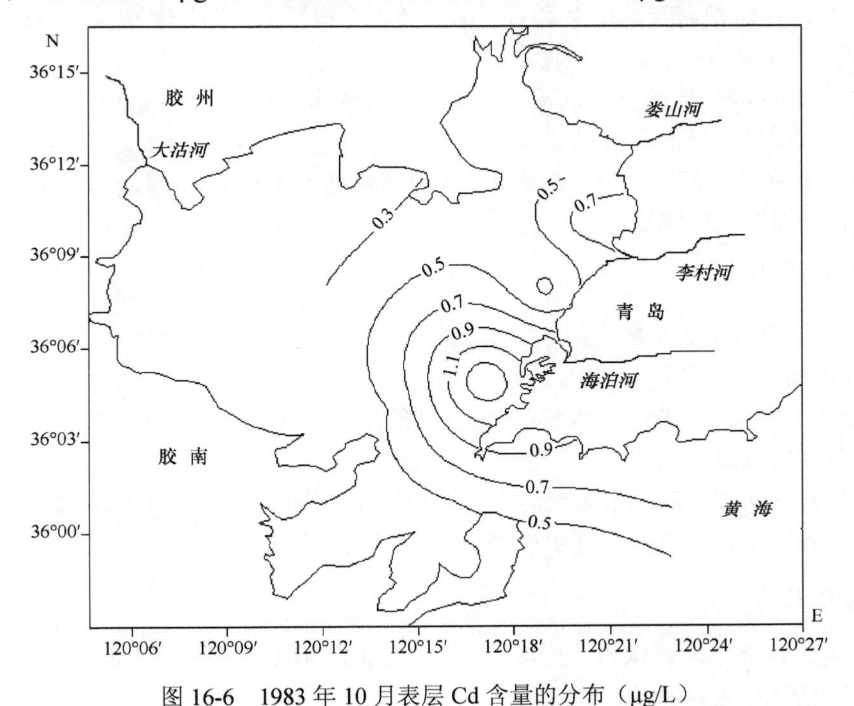

图 16-6　1983 年 10 月表层 Cd 含量的分布（μg/L）

16.3　镉的来源

16.3.1　来源的位置

1979～1983 年，每一年中胶州湾出现了 Cd 含量最高值的位置，展示了向胶州湾输送 Cd 的来源和大小。

1. 1979 年

5 月，在李村河的入海口近岸水域，形成了 Cd 的高含量区（0.07μg/L），这表明了 Cd 来自河流输送。

8 月，在李村河和海泊河入海口之间的近岸水域，形成了 Cd 的高含量区（0.85μg/L），这表明了 Cd 来自河流输送。

11 月，在胶州湾的湾外，形成了 Cd 的高含量区（0.25μg/L），这表明了 Cd 的污染源是外海海流的输送。

2. 1980 年

6 月，在海泊河和湾口之间的近岸水域，形成了 Cd 的高含量区（0.16μg/L），这表明了 Cd 来自船舶码头的输送。

7 月，在胶州湾的湾口水域，形成了 Cd 的高含量区（0.48μg/L），这表明了 Cd 来自近岸岛尖端的高含量输送。

9 月，在胶州湾的湾外，形成了 Cd 的高含量区（0.12～0.24μg/L），这表明了 Cd 来自外海海流的输送。

3. 1981 年

4 月，在湾中心水域，形成了 Cd 的闭合高含量区（0.55μg/L），这表明了 Cd 来自大气沉降。

8 月，在东北部的中心水域，形成 Cd 的闭合高含量区（0.14μg/L），这表明了 Cd 来自大气沉降。

11 月，从湾的沿岸水域到湾中心水域以及到湾外水域，Cd 的含量都非常低（0）。这表明了在整个胶州湾水域，没有 Cd 的任何来源。

4. 1982 年

4 月，在西南沿岸水域，形成了 Cd 的高含量区（0.38μg/L），这表明 Cd 来自胶州湾的近岸地表径流输送。

6 月，在李村河的入海口水域，形成了 Cd 的高含量区（0.21μg/L），这表明 Cd 来自胶州湾的河流输送；在大沽河的入海口水域，形成了 Cd 的高含量区（0.21μg/L），这表明 Cd 来自胶州湾的河流输送。

7 月，在西南沿岸水域，形成了 Cd 的高含量区（0.52μg/L），这表明 Cd 来自胶州湾的近岸地表径流输送。

10 月，在西南沿岸水域，形成了 Cd 的高含量区（0.53μg/L），这表明 Cd 来自胶州湾的近岸地表径流输送。

5. 1983 年

5 月，在胶州湾东部的近岸水域，形成了 Cd 的微高含量区（0.20μg/L），这表明了 Cd 来自船舶码头的微小含量输送；在胶州湾湾外的东部近岸水域，形成了 Cd 的比较高含量区（0.41μg/L），这表明了 Cd 来自地表径流的较小含量输送。

9 月，在胶州湾的湾口水域，形成了 Cd 的高含量区（3.33μg/L），这表明了 Cd 来自近岸岛尖端的高含量输送。

10 月，在胶州湾东北部，娄山河和李村河的入海口之间的近岸水域，形成了 Cd 的较高含量区（0.80μg/L），这表明了 Cd 来自河流的较高含量输送；在胶州湾东部的近岸水域，形成了 Cd 的高含量区（1.50μg/L），这表明了 Cd 来自船舶码头的高含量输送。

16.3.2　来源的范围

1979～1983 年，胶州湾水域 Cd 有 6 个来源，主要来自外海海流的输送、河流的输送、近岸岛尖端的输送、大气沉降的输送、地表径流的输送和船舶码头的输送。这 6 种途径给胶州湾整个水域带来了 Cd，其 Cd 含量范围为 0.07～3.33μg/L，于是，胶州湾整个水域的 Cd 含量水平分布展示，在河流的入海口、湾中心、湾口、沿岸、码头和湾外都出现了 Cd 的高含量区，形成了一系列不同梯度，从中心沿梯度降低，扩展到胶州湾整个水域。

16.3.3　来源的变化过程

1979～1983 年，胶州湾水域 Cd 有 6 个来源，主要来自外海海流的输送、河流的输送、近岸岛尖端的输送、大气沉降的输送、地表径流的输送和船舶码头的输送（表 16-1）。

表 16-1　胶州湾不同来源的 Cd 含量　　（单位：μg/L）

年份＼不同来源	外海海流	地表径流	河流	船舶码头	近岸岛尖端	大气沉降
1979 年	0.25		0.07～0.85			
1980 年	0.12～0.24			0.16	0.48	
1981 年						0.14～0.55
1982 年		0.38～0.53	0.21			
1983 年		0.41	0.80	0.20～1.50	3.33	

来自外海海流输送的 Cd 含量为 0.12～0.25μg/L。1979～1980 年，外海海流输送 Cd 含量的高值为 0.24～0.25μg/L，都远远小于 1.00μg/L，Cd 含量都符合国家一类海水的水质标准（1.00μg/L）。这表明外海海流没有受到 Cd 的任何污染，而且，只有两年才向胶州湾水域输送低含量的 Cd。1979～1983 年，外海海流向胶

州湾水域输送的Cd含量比较低。在前两年出现外海海流向胶州湾水域输送Cd含量。随着胶州湾水域Cd含量的增加，就再也没有呈现外海海流向胶州湾水域输送Cd。

来自河流输送的Cd含量为0.07～0.85μg/L。1979～1983年，河流输送的Cd含量几乎一直没有变化，Cd含量都符合国家一类海水的水质标准（1.00μg/L）。这表明1979～1983年，河流没有受到Cd的任何污染，向胶州湾水域输送的Cd含量比较低。于是，1979～1983年，河流一直向胶州湾水域输送Cd含量，河流没有受到Cd的任何污染，向胶州湾水域输送的Cd含量一直比较低。

来自近岸岛尖端输送的Cd含量为0.48～3.33μg/L。1979年、1981年和1982年，没有发现来自近岸岛尖端的Cd含量。1980年和1983年，出现了来自近岸岛尖端输送的Cd含量，为0.48～3.33μg/L，Cd含量都符合国家一类、二类海水的水质标准。这表明1979年、1981年和1982年，近岸岛尖端没有任何Cd含量，也没有向胶州湾水域输送任何Cd。1980年，近岸岛尖端开始向胶州湾水域输送比较低的Cd含量，近岸岛尖端没有受到Cd的任何污染。到了1983年，近岸岛尖端受到Cd的轻度污染，向胶州湾水域输送的Cd含量比较高。于是，1979～1982年，三年近岸岛尖端没有任何Cd含量，有一年才有低的Cd含量出现，一直到1983年，近岸岛尖端才开始受到Cd的轻度污染，近岸岛尖端从没有Cd的污染转变为受到Cd的轻度污染，向胶州湾水域输送的Cd含量从没有转变为比较高。

来自大气沉降输送的Cd含量为0.14～0.55μg/L。1979～1980年和1982～1983年，没有发现来自大气沉降的Cd。只有1981年，出现了来自大气沉降输送的Cd含量为0.14～0.55μg/L，Cd含量都符合国家一类海水的水质标准。这表明1979～1980年和1982～1983年，大气沉降没有任何Cd含量，也没有向胶州湾水域输送任何Cd。只有在1981年，大气沉降含有Cd含量，向胶州湾水域输送的Cd含量比较低。这表明1979～1983年的5年期间，只有一年1981年才出现大气沉降向胶州湾水域输送Cd含量，大气沉降输送的Cd的频率非常低，而且大气沉降输送的Cd的程度也非常低，为0.14～0.55μg/L。

来自地表径流输送的Cd含量为0.38～0.53μg/L。1979～1981年，都没有发现来自地表径流的Cd含量。1982～1983年，出现了来自地表径流输送的Cd含量，为0.38～0.53μg/L，Cd含量都符合国家一类海水的水质标准。这表明1979～1983年，在前3年地表径流没有任何Cd含量，一直到后2年，地表径流才开始输送比较低的Cd含量，地表径流从没有Cd的污染转变为具有Cd含量，向胶州湾水域输送的Cd含量从没有转变为比较低。在1981年出现了大气沉降向胶州湾水域输送Cd含量，在这之前，没有地表径流输送Cd含量。在这之后，地表径流开始输送Cd含量，如在1982年和1983年。1981年，大气沉降输送的Cd含量为0.14～

0.55μg/L，1982 年和 1983 年，出现了来自地表径流输送的 Cd 含量为 0.38～0.53μg/L，这表明了大气沉降输送的 Cd 含量（0.14～0.55μg/L）来到陆地上，Cd 含量高值得到了一些稀释，而 Cd 含量低值得到了一些积累，于是，呈现了地表径流输送的 Cd 含量为 0.38～0.53μg/L。

来自船舶码头输送的 Cd 含量为 0.16～1.50μg/L。1979～1983 年，有 3 年都没有发现来自船舶码头的 Cd 含量。只有 1981 年，出现了来自船舶码头输送的 Cd 含量，为 0.16μg/L，Cd 含量都符合国家一类海水的水质标准。到了第五年（1983 年），出现了来自船舶码头输送的 Cd 含量，为 0.20～1.50μg/L，Cd 含量符合国家二类海水的水质标准。这表明 1979～1983 年的 5 年期间，只有 2 年出现船舶码头向胶州湾水域输送 Cd。1981 年，船舶码头向胶州湾水域输送 Cd 含量比较低，到了 1983 年出现了船舶码头向胶州湾水域输送 Cd 含量比较高。这展示了船舶码头受到了从没有 Cd 的污染转变为受到 Cd 的轻度污染，向胶州湾水域输送的 Cd 含量从没有转变为比较高。由此认为，随着海上交通繁忙，船只增加，Cd 的排放也在迅速增加。

1979～1983 年，向胶州湾水域输送的 Cd 含量，一直有河流的输送，河流输送的 Cd 含量一直都比较低。在最初两年，有外海海流的输送，而且输送的 Cd 含量一直都很低，由于外海海流输送的 Cd 含量太低，随着水域 Cd 含量的增加，就无法显示外海海流输送的 Cd 含量。到了第三年（1981 年），出现了来自大气沉降的输送，于是，到了第四年和第五年，就出现了地表径流的输送，其输送的 Cd 含量与大气沉降输送的 Cd 含量的变化范围是一致的。近岸岛尖端输送的 Cd 含量从没有到比较低，然后到输送的 Cd 含量比较高。同样，船舶码头输送的 Cd 含量从没有到比较低，然后到输送的 Cd 含量比较高。因此，1979～1983 年，外海海流的输送、河流的输送、近岸岛尖端的输送、大气沉降的输送、地表径流的输送和船舶码头的输送展示了随着时间的变化，环境领域 Cd 含量在不断的增加（表 16-1）。人类活动所产生的 Cd 几乎没有对河流有很大的影响，只是对环境影响的途径多样化，如近岸岛尖端的输送、大气沉降的输送、地表径流的输送和船舶码头的输送。

16.4　结　　论

1979～1983 年，胶州湾水域 Cd 有 6 个来源，主要来自外海海流的输送、河流的输送、近岸岛尖端的输送、大气沉降的输送、地表径流的输送和船舶码头的输送。这 6 种途径给胶州湾整个水域带来了 Cd，其 Cd 含量的变化范围为 0.07～3.33μg/L。随着时间的变化，胶州湾水域 Cd 的污染源发生了很大变化。

来自外海海流输送的Cd含量为0.12～0.25μg/L。1979～1983年，外海海流向胶州湾水域输送Cd的含量比较低。在前2年出现外海海流向胶州湾水域输送Cd。随着胶州湾水域Cd含量的增加，就再也没有呈现外海海流向胶州湾水域输送Cd含量。

来自河流输送的Cd含量为0.07～0.85μg/L。1979～1983年，河流一直向胶州湾水域输送Cd，河流没有受到Cd的任何污染，向胶州湾水域输送的Cd含量一直比较低。

来自近岸岛尖端输送的Cd含量为0.48～3.33μg/L。1979～1982年近岸岛尖端没有任何Cd含量，仅有一年有低的Cd含量出现，一直到1983年，近岸岛尖端才开始受到Cd的轻度污染，近岸岛尖端从没有Cd的污染转变为受到Cd的轻度污染，向胶州湾水域输送的Cd含量从没有转变为比较高。

来自大气沉降输送的Cd含量为0.14～0.55μg/L。1979～1983年的5年期间，只有一年，即1981年才出现大气沉降向胶州湾水域输送Cd，大气沉降输送Cd的频率非常低，而且大气沉降输送的Cd的程度也非常低，为0.14～0.55μg/L。

来自地表径流输送的Cd含量为0.38～0.53μg/L。1979～1983年，在前3年地表径流没有任何Cd含量，一直到后2年，地表径流才开始输送比较低的Cd含量，地表径流从没有Cd的污染转变为具有Cd含量，向胶州湾水域输送的Cd含量从没有转变为比较低。有了大气沉降向胶州湾水域输送Cd之后，就出现了地表径流开始输送Cd。

来自船舶码头输送的Cd含量为0.16～1.50μg/L。1979～1983年的5年期间，只有2年出现船舶码头向胶州湾水域输送Cd。1981年，船舶码头向胶州湾水域输送Cd的含量比较低，到了1983年出现了船舶码头向胶州湾水域输送Cd的含量比较高。这展示了船舶码头从没有受到Cd的污染转变为受到Cd的轻度污染，向胶州湾水域输送的Cd含量从没有转变为比较高。由此认为，随着海上交通繁忙，船只增加，Cd的排放也在迅速增加。

因此，1979～1983年，外海海流的输送、河流的输送、近岸岛尖端的输送、大气沉降的输送、地表径流的输送和船舶码头的输送展示了随着时间的变化，环境领域Cd含量在不断增加。人类活动所产生的Cd几乎没有对河流有很大的影响，只是对环境影响的输送途径多样化，如近岸岛尖端的输送、大气沉降的输送、地表径流的输送和船舶码头的输送。

参考文献

[1] 杨东方，陈豫，王虹，等. 胶州湾水体镉的迁移过程和本底值结构. 海岸工程，2010，29(4): 73-82.

[2] 杨东方, 陈豫, 常彦祥, 等. 胶州湾水体镉的分布及来源. 海岸工程, 2013, 32(3): 68-78.
[3] Yang D F, Zhu S X, Wang F Y, et al. The distribution and content of Cadmium in Jiaozhou Bay. Applied Mechanics and Materials, 2014, 644-650: 5325-5328.
[4] Yang D F, Wang F Y, Wu Y F, et al. The structure of environmental background value of Cadmium in Jiaozhou Bay waters. Applied Mechanics and Materials, 2014, 644-650: 5329-5312.
[5] Yang D F, Chen S T, Li B L, et al. Research on the vertical distribution of Cadmium in Jiaozhou Bay waters. Proceedings of the 2015 international symposium on computers and informatics, 2015: 2667-2674.
[6] Yang D F, Zhu S X, Yang X Q, et al. Pollution level and sources of Cd in Jiaozhou Bay. Materials Engineering and Information Technology Apllication, 2015: 558-561.
[7] Yang D F, Zhu S X, Wang F Y, et al. Distribution and aggregation process of Cd in Jiaozhou Bay. Advances in Computer Science Research, 2015, 2352: 194-197.
[8] Yang D F, Wang F Y, Sun Z H, et al. Research on vertical distribution and settling process of Cd in Jiaozhou Bay. Advances in Engineering Research, 2015, 40: 776-781.
[9] Yang D F, Yang D F, Zhu S X, et al. Spatial-temporal variations of Cd in Jiaozhou Bay. Advances in Engineering Research, 2016, Part B: 403-407.
[10] Yang D F, Yang X Q, Wang M, et al. The slight impacts of marine current to Cd contents in bottom waters in Jiaozhou Bay. Advances in Engineering Research, 2016, Part B: 412-415.
[11] Yang D F, Chen Y, Gao Z H, et al. Silicon limitation on primary production and its destiny in Jiaozhou Bay, China Ⅳ transect offshore the coast with estuaries. Chin J Oceanol Limnol, 2005, 23(1): 72-90.
[12] 杨东方, 王凡, 高振会, 等. 胶州湾浮游藻类生态现象. 海洋科学, 2004, 28(6): 71-74.
[13] 国家海洋局. 海洋监测规范. 北京: 海洋出版社, 1991.

第 17 章　胶州湾水域镉从来源到水域的迁移过程

17.1　背　　景

17.1.1　胶州湾自然环境

胶州湾位于山东半岛南部，其地理位置为东经 120°04′～120°23′，北纬 35°58′～36°18′，以团岛与薛家岛连线为界，与黄海相通，面积约为 446km^2，平均水深约 7m，是一个典型的半封闭型海湾（图 17-1）。胶州湾入海的河流有十几条，其中径流量和含沙量较大的为大沽河和洋河，青岛市区的海泊河、李村河和娄山河等河流，这些河流均属季节性河流，河水水文特征有明显的季节性变化[1~14]。

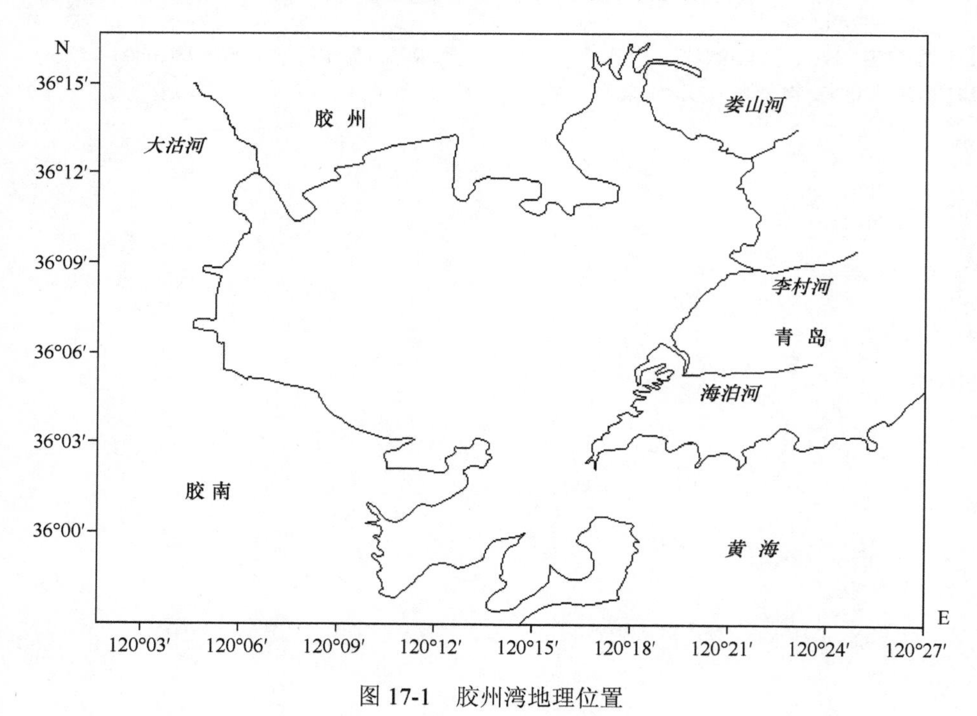

图 17-1　胶州湾地理位置

17.1.2 数据来源与方法

本研究所使用的调查数据由国家海洋局北海监测中心提供。胶州湾水体 Cd 的调查[1~10]按照国家标准方法进行，该方法被收录在国家的《海洋监测规范》中（1991 年）[15]。

1979 年 5 月、8 月和 11 月，1980 年 6 月、7 月、9 月和 10 月，1981 年 4 月、8 月和 11 月，1982 年 4 月、6 月、7 月和 10 月，1983 年 5 月、9 月和 10 月，进行胶州湾水体 Cd 的调查[1~12]。以 4 月、5 月和 6 月为春季，以 7 月、8 月和 9 月为夏季，以 10 月、11 月和 12 月为秋季。

17.2 季节分布及输入量

17.2.1 季 节 分 布

1. 1979 年

在胶州湾水域的表层水体中，春季的 5 月，表层水体中 Cd 的含量最低，为 0.04～0.07μg/L。夏季的 8 月，Cd 的含量迅速增长，Cd 的含量是一年中最高的，为 0.01～0.85μg/L。秋季的 11 月，Cd 的含量迅速下降，Cd 的含量是一年中比较低的，为 0.02～0.25μg/L。Cd 的季节变化形成了春季、夏季、秋季的一个峰值曲线。

2. 1980 年

春季的 6 月，表层水体中 Cd 的含量比较低，为 0.05～0.16μg/L。随着夏季的到来，表层水体中 Cd 的含量明显增加，夏季的 7 月和 9 月，Cd 的含量迅速增长，Cd 的含量是一年中最高的，为 0～0.48μg/L。秋季的 10 月，Cd 的含量迅速下降，Cd 的含量是一年中最低的，为 0。Cd 的季节变化形成了春季、夏季、秋季的一个峰值曲线。

3. 1981 年

春季，整个胶州湾表层水体中 Cd 的表层含量为 0～0.55μg/L，达到了一年中的最高值。然后，Cd 的表层含量下降。夏季，表层水体中 Cd 的表层含量为 0～0.40μg/L。然后，Cd 的表层含量进一步下降。秋季，表层水体中 Cd 的表层含量为 0。Cd 的季节变化形成了春季、夏季、秋季的一个下降曲线。

4. 1982 年

胶州湾西南沿岸水域的表层水体中，4 月，水体中 Cd 的表层含量范围为 0.11～

0.38μg/L；7 月，水体中 Cd 的表层含量范围为 0.12～0.52μg/L；10 月，水体中 Cd 的表层含量范围为 0.32～0.53μg/L。这表明 4 月、7 月和 10 月，水体中 Cd 的表层含量范围变化不大，为 0.11～0.53μg/L，Cd 的表层含量由低到高依次为 4 月、7 月、10 月。故得到水体中 Cd 的表层含量由低到高的季节变化为：春季、夏季、秋季。

5. 1983 年

在胶州湾湾口水域的表层水体中，5 月，水体中 Cd 的表层含量范围为 0.09～0.41μg/L；9 月，水体中 Cd 的表层含量范围为 0.40～3.33μg/L；10 月，水体中 Cd 的表层含量范围为 0.10～1.50μg/L。这表明 5 月、9 月和 10 月，水体中 Cd 的表层含量范围变化不大，为 0.09～3.33μg/L，Cd 的表层含量由低到高依次为 5 月、10 月、9 月。故得到水体中 Cd 的表层含量由低到高的季节变化为：春季、秋季、夏季。

17.2.2 季节的输入量

1. 1979 年

5 月，Cd 含量的来源是来自河流输送，为 0.07μg/L。
8 月，Cd 含量的来源是来自河流输送，为 0.85μg/L。
11 月，Cd 含量的来源是来自外海海流的输送，为 0.25μg/L。

2. 1980 年

6 月，Cd 含量的来源是来自船舶码头的输送，为 0.16μg/L。
7 月，Cd 含量的来源是来自近岸岛尖端的高含量输送，为 0.48μg/L。
9 月，Cd 含量的来源是来自外海海流的输送，为 0.12～0.24μg/L。

3. 1981 年

4 月，Cd 含量的来源是来自大气沉降的输送，为 0.55μg/L。
8 月，Cd 含量的来源是来自大气沉降的输送，为 0.14μg/L。
11 月，在整个胶州湾水域，没有 Cd 的任何来源。

4. 1982 年

4 月，Cd 含量的来源是来自胶州湾近岸地表径流的输送，为 0.38μg/L。
7 月，Cd 含量的来源是来自胶州湾近岸地表径流的输送，为 0.52μg/L。
10 月，Cd 含量的来源是来自胶州湾近岸地表径流的输送，为 0.53μg/L。

6 月，Cd 含量的来源是来自胶州湾河流的输送，为 0.21μg/L。

5. 1983 年

5 月，Cd 含量的来源是来自船舶码头的微小含量输送，为 0.20μg/L；Cd 含量的来源是来自地表径流的较小含量输送，为 0.41μg/L。

9 月，Cd 含量的来源是来自近岸岛尖端的高含量输送，为 3.33μg/L。

10 月，Cd 含量的来源是来自河流的较高含量输送，为 0.80μg/L；Cd 含量的来源是来自船舶码头的高含量输送，为 1.50μg/L。

17. 3　从来源到水域的迁移过程

17.3.1　季 节 变 化

春季、夏季、秋季的季节变化过程中，水体中 Cd 含量的大小都是依赖 Cd 来源的输入量大小。这样，1979～1983 年，在每一年中，胶州湾季节的输入 Cd 含量展示了向胶州湾输送 Cd 含量的来源和大小。因此，水体中 Cd 含量的季节变化都是由 Cd 来源的输入量来决定的。

1979～1983 年，在胶州湾水体中，胶州湾水域 Cd 有 6 个来源，主要来自外海海流的输送（0.12～0.25μg/L）、河流的输送（0.07～0.85μg/L）、近岸岛尖端的输送（0.48～3.33μg/L）、大气沉降的输送（0.14～0.55μg/L）、地表径流的输送（0.38～0.53μg/L）和船舶码头的输送（0.16～1.50μg/L）（图 17-2）。因此，水体中 Cd 含量的季节变化就是由 6 个 Cd 来源决定的。

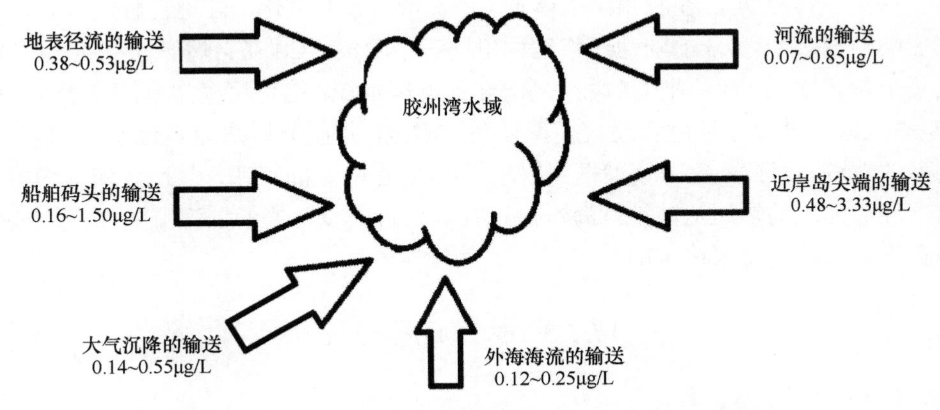

图 17-2　1979～1983 年的胶州湾水域 Cd 的 6 个来源

17.3.2 陆地迁移过程

1. 输送的来源

含镉类产品众多，包括杀虫剂、电池、农药、半导体材料、聚氯乙烯（PVC）、电视机、计算机、照相材料、光电材料、杀菌剂等，镉产品已遍及工业、农业、国防、交通运输和人们日常生活的各个领域中。因此，在日常的生活中处处都离不开镉的产品。

在生产和冶炼含镉产品的过程中，向大气、陆地和大海大量排放镉，使空气、土壤、地表、河流等任何地方都有镉的残留，以各种不同的化学产品和污染物质形式存在。而且经过地面水和地下水都将镉的残留量汇集到河流中，最后迁移到海洋的水体中。

2. 河流的输送

来自河流输送的 Cd 含量为 0.07～0.85μg/L。1979～1983 年，河流输送的 Cd 含量几乎一直没有变化，河流没有受到 Cd 的任何污染，向胶州湾水域输送的 Cd 含量比较低。于是，1979～1983 年，河流一直向胶州湾水域输送 Cd，河流没有受到 Cd 的任何污染，向胶州湾水域输送的 Cd 含量一直比较低。

自然地表水镉含量通常为 0.01～3μg/L，因此，向胶州湾水域输送 Cd 的河流没有受到人类活动的影响，输送的 Cd 来源于自然界存在的 Cd。

3. 模型框图

1979～1983 年，在胶州湾水体中 Cd 含量的季节变化，陆地迁移过程是其主要影响因素之一，Cd 的陆地迁移过程出现三个阶段：Cd 在自然界的存在、Cd 析出于土壤和地表、河流把 Cd 输入到海洋的近岸水域。这可用模型框图来表示（图 17-3）。Cd 的陆地迁移过程通过模型框图来确定，就能分析知道 Cd 经过的路径和留下的轨迹。对此，这个模型框图展示了：Cd 在陆地的存在，从地表和土壤中析出，经过河流的输送从陆地到海洋。这样，就进一步地展示了河流的 Cd 主要是由自然界的存在量来决定的。

17.3.3 大气迁移过程

1. 输送的来源

镉在地壳中的含量比锌少得多，常常以少量赋存于锌矿中。由于金属镉比锌

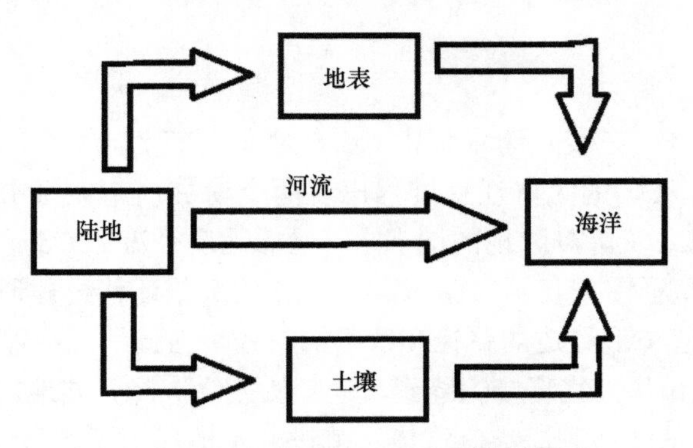

图 17-3　Cd 的陆地迁移过程模型框图

更易挥发，因此在用高温冶炼锌时，它比锌更早逸出，逃避了人们的觉察。大气排放镉包含火山爆发、风力扬尘、森林火灾、植物排放、海浪飞溅等自然过程释放。这样，大气沉降输送 Cd 到陆地的地表和海洋的表面。到了地面的 Cd 经过地表水被带到海洋水体中。

2. 大气沉降的输送

来自大气沉降输送的 Cd 含量为 0.14～0.55μg/L。197～1980 年和 1982～1983 年，没有发现来自大气沉降的 Cd 含量。只有在 1981 年，出现了来自大气沉降输送的 Cd 含量为 0.14～0.55μg/L。1979～1983 年的 5 年期间，只有一年，即 1981 年才出现大气沉降向胶州湾水域输送 Cd，大气沉降输送 Cd 的频率非常低，而且大气沉降输送 Cd 的程度也非常低，为 0.14～0.55μg/L。

3. 地表径流的输送

来自地表径流输送的 Cd 含量为 0.38～0.53μg/L。1979～1981 年，都没有发现来自地表径流的 Cd。1982～1983 年，出现了来自地表径流输送的 Cd 含量为 0.38～0.53μg/L。因此，1979～1983 年，在前 3 年地表径流没有任何 Cd 含量，一直到后 2 年，地表径流才开始输送比较低的 Cd 含量。

4. 大气沉降对地表径流的影响

在 1981 年出现了大气沉降向胶州湾水域输送 Cd，在这之前，没有地表径流输送 Cd。在这之后，地表径流开始输送 Cd，如 1982 年和 1983 年。1981 年，大气沉降输送的 Cd 含量为 0.14～0.55μg/L，1982 年和 1983 年，出现了来自地表径流输送的 Cd 含量为 0.38～0.53μg/L，这表明了大气沉降输送的 Cd 含量（0.14～0.55μg/L）来到陆地上，Cd 含量高值得到了一些稀释，而 Cd 含量低值得到了一些积累，于是，呈现了地表径流输送的 Cd 含量为 0.38～0.53μg/L。

5. 模型框图

1979～1983 年，在胶州湾水体中 Cd 含量的季节变化，大气迁移过程是其主要影响因素之一，Cd 的大气迁移过程出现两个途径：①大气中 Cd 直接沉降到海洋；②大气中 Cd 沉降到陆地的地表上，然后地表径流把 Cd 输入到海洋的近岸水域。这可用模型框图来表示（图 17-4）。Cd 的大气迁移过程通过模型框图来确定，就能分析知道 Cd 经过的路径和留下的轨迹。对此，三个模型框图展示了：Cd 在大气的存在，从大气直接沉降到海洋；从大气沉降到陆地的地表，经过地表径流的输送，Cd 从陆地到海洋。这样，就进一步地展示了大气的 Cd 主要是由自然界的存在量来决定的。

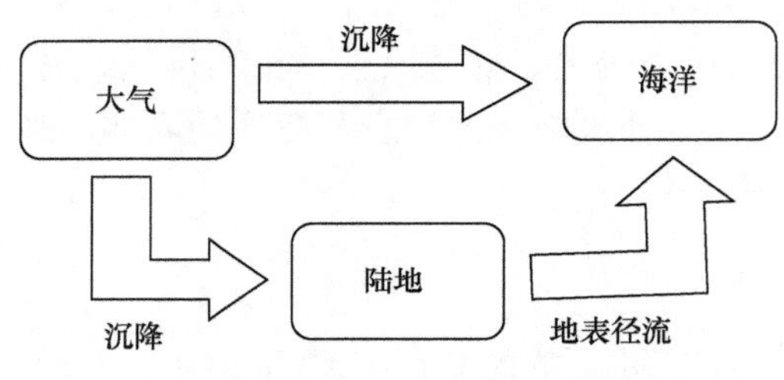

图 17-4　Cd 的大气迁移过程模型框图

17.3.4　海洋迁移过程

1. 输送的来源

随着工农业的发展，在许多领域重金属镉得到广泛的应用，如在颜料、涂层、电镀，以及塑料生产的过程中，甚至可充电的镍镉电池的生产，也需要大量的镉。因此，在人类的活动中，将含有镉及其化合物的物质排放到海洋，也带来了海洋环境的污染。在自然界，海底火山喷发将地壳深处的重金属带上海底，经过海洋水流的作用把重金属及其化合物注入海洋。海上交通的发达，使海上的船舰数量不断增加。在船舰上，由于有大量的涂层、电镀和颜料，于是，船舰上就含有大量的镉，当船舰在海上行驶和停靠码头时，就会给水域带来镉含量。

2. 外海海流输送

来自外海海流输送的 Cd 含量为 0.12～0.25μg/L。1979～1980 年，外海海流输送 Cd 含量的高值为 0.24～0.25μg/L，外海海流没有受到 Cd 的任何污染，而且，只有 2 年才向胶州湾水域输送低含量的 Cd。1979～1983 年，外海海流向胶州湾水域输送 Cd 含量比较低。在前 2 年出现外海海流向胶州湾水域输送 Cd 含量。随着胶州湾水域 Cd 含量的增加，就再也没有呈现外海海流向胶州湾水域输送 Cd 含量。

3. 近岸岛尖端输送

来自近岸岛尖端输送的 Cd 含量为 0.48～3.33μg/L。1979 年、1981 年和 1982 年，没有发现来自近岸岛尖端的 Cd。1980 年和 1983 年，出现了来自近岸岛尖端输送的 Cd 含量为 0.48～3.33μg/L。这表明 1979 年、1981 年和 1982 年，近岸岛尖端没有任何 Cd 含量，也没有向胶州湾水域输送任何 Cd 含量。1980 年，近岸岛尖端开始向胶州湾水域输送比较低的 Cd 含量，近岸岛尖端没有受到 Cd 的任何污染。到了 1983 年，近岸岛尖端受到 Cd 含量的轻度污染，向胶州湾水域输送的 Cd 含量比较高。于是，1979～1982 年，3 年近岸岛尖端没有任何 Cd 含量，有一年才有低的 Cd 含量出现，一直到 1983 年，近岸岛尖端才开始受到 Cd 的轻度污染，近岸岛尖端从没有 Cd 的污染转变为受到 Cd 的轻度污染，向胶州湾水域输送的 Cd 含量从没有转变为比较高。

4. 船舶码头输送

来自船舶码头输送的 Cd 含量为 0.16～1.50μg/L。1979～1983 年，有 3 年，都没有发现来自船舶码头的 Cd。只有在 1981 年，来自船舶码头输送的 Cd 含量为 0.16μg/L。到了第五年 1983 年，来自船舶码头输送的 Cd 含量为 0.20～1.50μg/L。这表明 1979～1983 年的 5 年期间，只有 2 年出现船舶码头向胶州湾水域输送 Cd。在 1981 年，船舶码头向胶州湾水域输送 Cd 含量比较低，到了 1983 年出现了船舶码头向胶州湾水域输送 Cd 含量比较高。由此认为，随着海上交通繁忙，船只增加，Cd 的排放也在迅速增加。

5. 模型框图

1979～1983 年，在胶州湾水体中 Cd 含量的季节变化，海洋迁移过程是其主要影响因素之一，Cd 的海洋迁移过程出现三个途径：①在海洋水域中 Cd 的高含量通过外海海流输送到 Cd 的低含量的海洋水域；②近岸岛尖端把 Cd 输入到海洋的近岸水域；③在船舶码头附近的海洋水域，船舰在海上行驶和停靠码头，就会给水域带来 Cd。这可用模型框图来表示（图 17-5）。Cd 的海洋迁移过程通过模型框图来确定，就能分析知道 Cd 经过的路径和留下的轨迹。对此，模型框图展示了：海洋水域的高含量 Cd 通过外海海流输送到 Cd 的低含量的海洋水域；Cd 在近岸岛尖端存在，直接排放到海洋；船舰在海上往来行驶和停靠码头，就会给海洋水域带来 Cd。这样，就进一步地展示了海洋的 Cd 含量是由自然界的存在量和人类活动来决定的。

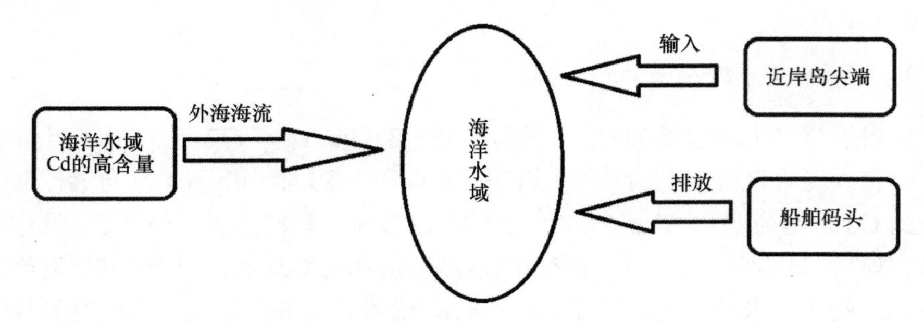

图 17-5　Cd 的海洋迁移过程模型框图

17.4　结　　论

春季、夏季、秋季的季节变化过程中，水体中 Cd 含量的大小都是依赖 Cd 来源的输入量大小。这样，1979～1983 年，在每一年中，胶州湾季节的输入 Cd 展示了向胶州湾输送 Cd 含量的来源和大小。因此，水体中 Cd 含量的季节变化都是 Cd 来源的输入量来决定的。

1979～1983 年，在胶州湾水体中，胶州湾水域 Cd 有 6 个来源，主要来自外海海流的输送（0.12～0.25μg/L）、河流的输送（0.07～0.85μg/L）、近岸岛尖端的输送（0.48～3.33μg/L）、大气沉降的输送（0.14～0.55μg/L）、地表径流的输送（0.38～0.53μg/L）和船舶码头的输送（0.16～1.50μg/L）。因此，水体中 Cd 含量的季节变化就是由 6 个 Cd 来源决定的。

1979～1983 年，在胶州湾水体中 Cd 含量的季节变化，是由陆地迁移过程、大气迁移过程、海洋迁移过程所决定的。Cd 的陆地迁移过程出现三个阶段：Cd 在自然界的存在、Cd 析出于土壤和地表、河流把 Cd 输入到海洋的近岸水域。Cd 的大气迁移过程出现两个途径：①大气中 Cd 直接沉降到海洋；②大气中 Cd 沉降到陆地的地表上，然后地表径流把 Cd 输入到海洋的近岸水域。Cd 的海洋迁移过程出现三个途径：①在海洋水域中 Cd 的高含量通过外海海流输送到 Cd 的低含量的海洋水域；②近岸岛尖端把 Cd 输入到海洋的近岸水域；③在船舶码头附近的海洋水域，船舰在海上行驶和停靠码头，就会给水域带来 Cd。

作者提出各种模型框图，展示了 Cd 的陆地迁移过程、大气迁移过程、海洋迁移过程，确定 Cd 经过的路径和留下的轨迹。揭示河流的 Cd 是由自然界的存在量来决定的，大气的 Cd 也是由自然界的存在量来决定的，海洋的 Cd 是由自然界的存在量和人类活动来决定的。因此，在胶州湾水体中 Cd 的变化表明了河流和大气都没有受到 Cd 含量的影响，只有海洋的 Cd 含量受到人类活动的影响。

参 考 文 献

[1] 杨东方, 苗振清. 海湾生态学(上册). 北京: 海洋出版社, 2010: 1-320.

[2] 杨东方, 高振会. 海湾生态学(下册). 北京: 海洋出版社, 2010: 1-330.

[3] 杨东方, 陈豫, 王虹, 等. 胶州湾水体镉的迁移过程和本底值结构. 海岸工程, 2010, 29(4): 73-82.

[4] 杨东方, 陈豫, 常彦祥, 等. 胶州湾水体镉的分布及来源. 海岸工程, 2013, 32(3): 68-78.

[5] Yang D F, Zhu S X, Wang F Y, et al. The distribution and content of Cadmium in Jiaozhou Bay. Applied Mechanics and Materials, 2014, 644-650: 5325-5328.

[6] Yang D F, Wang F Y, Wu Y F, et al. The structure of environmental background value of Cadmium in Jiaozhou Bay waters. Applied Mechanics and Materials, 2014, 644-650: 5329-5312.

[7] Yang D F, Chen S T, Li B L, et al. Research on the vertical distribution of Cadmium in Jiaozhou Bay waters. Proceedings of the 2015 international symposium on computers and informatics, 2015: 2667-2674.

[8] Yang D F, Zhu S X, Yang X Q, et al. Pollution level and sources of Cd in Jiaozhou Bay. Materials Engineering and Information Technology Apllication, 2015: 558-561.

[9] Yang D F, Zhu S X, Wang F Y, et al. Distribution and aggregation process of Cd in Jiaozhou Bay. Advances in Computer Science Research, 2015, 2352: 194-197.

[10] Yang D F, Wang F Y, Sun Z H, et al. Research on vertical distribution and settling process of Cd in Jiaozhou Bay. Advances in Engineering Research, 2015, 40: 776-781.

[11] Yang D F, Yang D F, Zhu S X, et al. Spatial-temporal variations of Cd in Jiaozhou Bay. Advances in Engineering Research, 2016, Part B: 403-407.

[12] Yang D F, Yang X Q, Wang M, et al. The slight impacts of marine current to Cd contents in bottom waters in Jiaozhou Bay. Advances in Engineering Research, 2016, Part B: 412-415.

[13] Yang D F, Chen Y, Gao Z H, et al. Silicon limitation on primary production and its destiny in Jiaozhou Bay, China Ⅳ transect offshore the coast with estuaries. Chin J Oceanol Limnol, 2005, 23(1): 72-90.

[14] 杨东方, 王凡, 高振会, 等. 胶州湾浮游藻类生态现象. 海洋科学, 2004, 28(6): 71-74.

[15] 国家海洋局. 海洋监测规范. 北京: 海洋出版社, 1991.

第 18 章　胶州湾水域镉的水域沉降过程

18.1　背　　景

18.1.1　胶州湾自然环境

胶州湾位于山东半岛南部，其地理位置为东经 120°04′～120°23′，北纬 35°58′～36°18′，以团岛与薛家岛连线为界，与黄海相通，面积约为 446km^2，平均水深约 7m，是一个典型的半封闭型海湾（图 18-1）。胶州湾入海的河流有十几条，其中径流量和含沙量较大的为大沽河和洋河，青岛市区的海泊河、李村河和娄山河等河流，这些河流均属季节性河流，河水水文特征有明显的季节性变化[1~14]。

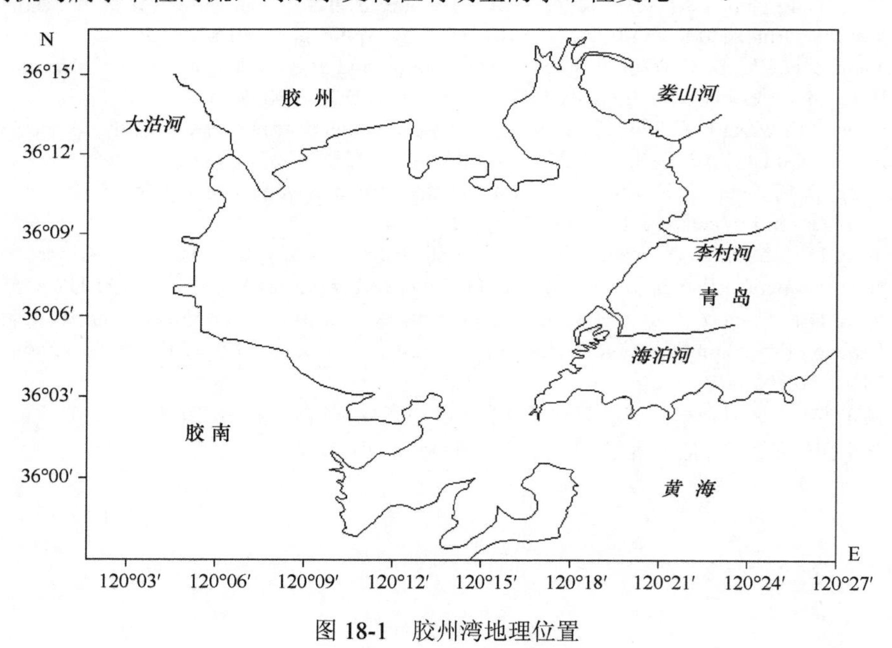

图 18-1　胶州湾地理位置

18.1.2　数据来源与方法

本研究所使用的调查数据由国家海洋局北海监测中心提供。胶州湾水体 Cd 的调查[3~12]按照国家标准方法进行，该方法被收录在国家的《海洋监测规范》中

（1991 年）[15]。

1979 年 5 月、8 月和 11 月，1980 年 6 月、7 月、9 月和 10 月，1981 年 4 月、8 月和 11 月，1982 年 4 月、6 月、7 月和 10 月，1983 年 5 月、9 月和 10 月，进行胶州湾水体 Cd 的调查[3~12]。以 4 月、5 月和 6 月为春季，以 7 月、8 月和 9 月为夏季，以 10 月、11 月和 12 月为秋季。

18.2 底层分布

18.2.1 底层含量大小

1979 年、1980 年、1981 年、1982 年、1983 年，对胶州湾水体底层中的 Cd 进行调查，其底层含量的变化范围如表 18-1 所示。

表 18-1 4～11 月 Cd 在胶州湾水体底层中的含量 （单位：μg/L）

年份	4 月	5 月	6 月	7 月	8 月	9 月	10 月	11 月
1979 年		0.03～0.07			0.03～0.09			0.01～0.02
1980 年			0.10～0.32	0～0.35		0～0.17	0～0.11	
1981 年	0～0.02				0～0.13			0
1982 年	0.20～0.44			0.13～0.24			0.21～0.53	
1983 年		0.10～0.15				0.67～2.00	0.03～2.00	

1. 1979 年

在胶州湾的湾口底层水域，5 月，胶州湾水域 Cd 含量范围为 0.03～0.07μg/L，符合国家一类海水的水质标准(1.00μg/L)；8 月，胶州湾水域 Cd 含量范围为 0.03～0.09μg/L，符合国家一类海水的水质标准；11 月，胶州湾水域 Cd 含量范围为 0.01～0.02μg/L，符合国家一类海水的水质标准。因此，5 月、8 月和 11 月，在胶州湾的湾口底层水域，Cd 在胶州湾水体中的含量范围为 0.01～0.09μg/L，符合国家一类海水的水质标准。这表明在 Cd 含量方面，5 月、8 月和 11 月，在胶州湾的湾口底层水域，Cd 含量比较低，水质清洁，完全没有受到 Cd 的任何污染（表 18-1）。

2. 1980 年

在胶州湾的湾口底层水域，6 月，胶州湾水域 Cd 含量范围为 0.10～0.32μg/L，符合国家一类海水的水质标准（1.00μg/L）；7 月，胶州湾水域 Cd 含量范围为 0～0.35μg/L，符合国家一类海水的水质标准；9 月，胶州湾水域 Cd 含量范围为 0～0.17μg/L，符合国家一类海水的水质标准；10 月，胶州湾水域 Cd 含量范围为 0～

0.11μg/L，符合国家一类海水的水质标准。因此，6 月、7 月、9 月和 10 月，在胶州湾的湾口底层水域，Cd 在胶州湾水体中的含量范围为 0～0.35μg/L，符合国家一类海水的水质标准。这表明在 Cd 含量方面，6 月、7 月、9 月和 10 月，在胶州湾的湾口底层水域，Cd 含量比较低，水质清洁，完全没有受到 Cd 的任何污染（表 18-1）。

3. 1981 年

在胶州湾的湾口底层水域，4 月，胶州湾水域 Cd 含量范围为 0～0.22μg/L，符合国家一类海水的水质标准（1.00μg/L）；8 月，胶州湾水域 Cd 含量范围为 0～0.13μg/L，符合国家一类海水的水质标准；11 月，胶州湾水域 Cd 含量范围为 0，符合国家一类海水的水质标准。因此，4 月、8 月和 11 月，在胶州湾的湾口底层水域，Cd 在胶州湾水体中的含量范围为 0～0.22μg/L，符合国家一类海水的水质标准。这表明在 Cd 含量方面，4 月、8 月和 11 月，在胶州湾的湾口底层水域，Cd 含量比较低，水质清洁，完全没有受到 Cd 的任何污染（表 18-1）。

4. 1982 年

4 月，在胶州湾西南沿岸底层水域，Cd 含量的变化范围为 0.20～0.44μg/L，符合国家一类海水的水质标准（1.00μg/L）。7 月，在胶州湾西南沿岸底层水域，Cd 含量的变化范围为 0.13～0.24μg/L，符合国家一类海水的水质标准。10 月，在胶州湾西南沿岸底层水域，Cd 含量的变化范围为 0.21～0.53μg/L，符合国家一类海水的水质标准。因此，4 月、7 月和 10 月，在胶州湾西南沿岸底层水域，在胶州湾水体中的底层 Cd 含量范围为 0.13～0.53μg/L，符合国家一类海水的水质标准。这表明 4 月、7 月和 10 月，在 Cd 含量方面，在胶州湾西南沿岸底层水域，Cd 含量比较低，水质清洁，完全没有受到 Cd 的任何污染（表 18-1）。

5. 1983 年

5 月，在胶州湾的湾口底层水域，Cd 含量的变化范围为 0.10～0.15μg/L，符合国家一类海水的水质标准（1.00μg/L）。9 月，在胶州湾的湾口底层水域，Cd 含量的变化范围为 0.67～2.00μg/L，符合国家二类海水的水质标准（5.00μg/L）。10 月，在胶州湾的湾口底层水域，Cd 含量的变化范围为 0.03～2.00μg/L，符合国家二类海水的水质标准。因此，5 月、9 月和 10 月，在胶州湾的湾口底层水域，Cd 含量的变化范围为 0.03～2.00μg/L，超过了国家一类海水的水质标准，符合国家二类海水的水质标准。这表明 5 月、9 月和 10 月胶州湾底层水质，在整个水域符合国家二类海水的水质标准，在 Cd 含量方面，在胶州湾的湾口底层水域，Cd 含量比较高，水质受到 Cd 的轻度污染（表 18-1）。

18.2.2　底层分布

1. 1979 年

5 月、8 月和 11 月，在胶州湾的湾口底层水域，从湾口外侧到湾口，再到湾口内侧，在胶州湾的湾口水域的这些站位：H34、H35、H36，Cd 含量有底层的调查。那么 Cd 含量在底层的水平分布如下。

5 月，在胶州湾的湾口底层水域，从湾口内侧到湾口，再到湾口外侧，在胶州湾湾内的西南部近岸水域，Cd 的含量达到较高（0.07μg/L），以西南部近岸水域为中心形成了 Cd 的高含量区，形成了一系列不同梯度的平行线。Cd 含量从湾内的高含量区（0.07μg/L）向东部到湾口外侧水域沿梯度递减为 0.03μg/L（图 18-2）。

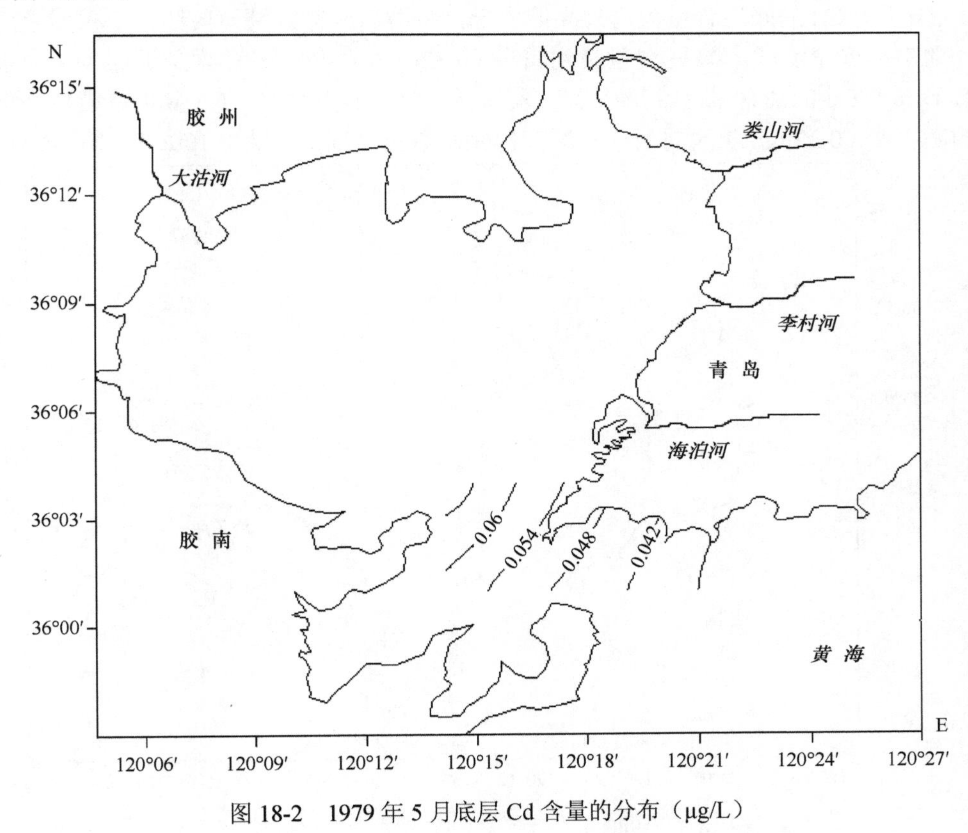

图 18-2　1979 年 5 月底层 Cd 含量的分布（μg/L）

8 月，在胶州湾的湾口底层水域，从湾口内侧到湾口，再到湾口外侧，在胶州湾湾内的西南部近岸水域，Cd 的含量达到较高（0.09μg/L），以西南部近岸水域为中心形成了 Cd 的高含量区，形成了一系列不同梯度的平行线。Cd 含量从湾内的高含量区（0.09μg/L）向东部到湾口外侧水域沿梯度递减为 0.03μg/L。

11 月，在胶州湾的湾口底层水域，从湾口外侧到湾口内侧。在胶州湾湾外的东部近岸水域，Cd 的含量达到较高（0.02μg/L），以湾外的东部近岸水域为中心形成了 Cd 的高含量区，形成了一系列不同梯度的平行线。Cd 含量从湾口外侧的高含量（0.02μg/L）区向西部到湾口内侧水域沿梯度递减为 0.01μg/L。

2. 1980 年

6 月、7 月、9 月和 10 月，在胶州湾的湾口底层水域，从湾口外侧到湾口，再到湾口内侧，在胶州湾的湾口水域的这些站位：H34、H35、H36、H37 和 H82，Cd 含量有底层的调查。那么 Cd 含量在底层的水平分布如下。

6 月，Cd 的底层含量为湾外高湾内低，从湾口外侧到湾口内侧，在胶州湾湾外的南部近岸水域，Cd 的含量达到较高（0.32μg/L），以湾外的南部近岸水域为中心形成了 Cd 的高含量区，形成了一系列不同梯度的平行线。Cd 含量从湾口外侧的高含量（0.32μg/L）区向西部到湾口内侧水域沿梯度递减为 0.10μg/L（图 18-3）。

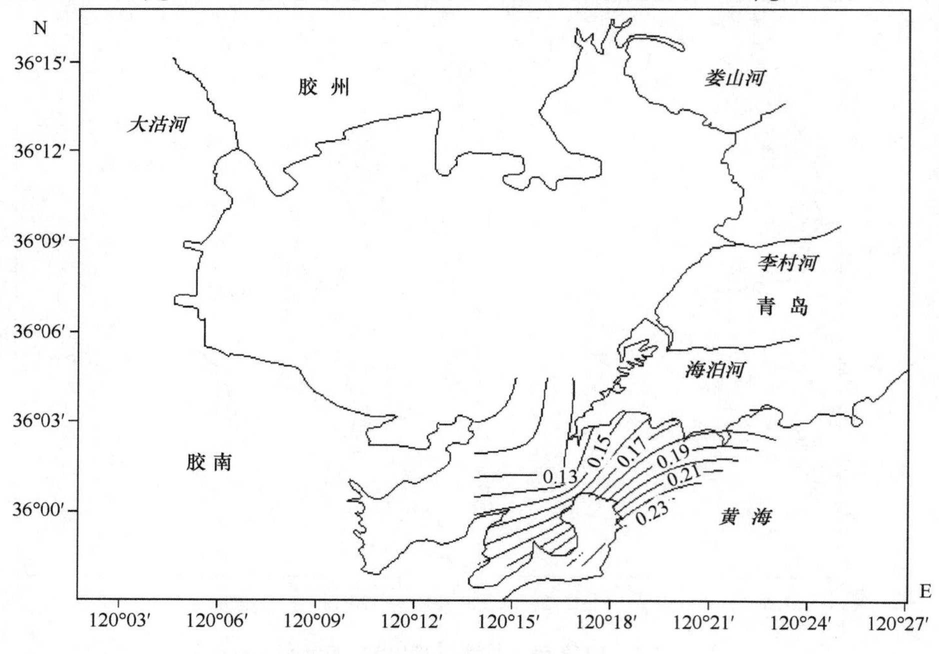

图 18-3　1980 年 6 月底层 Cd 含量的分布（μg/L）

7 月，Cd 的底层含量为湾外高湾内低，从湾口外侧到湾口内侧，在胶州湾湾外的南部近岸水域，Cd 的含量达到较高（0.35μg/L），以湾外的南部近岸水域为中心形成了 Cd 的高含量区，形成了一系列不同梯度的平行线。Cd 含量从湾口外侧的高含量（0.35μg/L）区向西部到湾口内侧水域沿梯度递减为 0。

9 月，Cd 的底层含量为湾外高湾内低，从湾口外侧到湾口内侧，在胶州湾湾外的南部近岸水域，Cd 的含量达到较高（0.17μg/L），以湾外的南部近岸水域为中心形成了 Cd 的高含量区，形成了一系列不同梯度的平行线。Cd 含量从湾口外侧的高含量（0.17μg/L）区向西部到湾口内侧水域沿梯度递减为 0。

10 月，Cd 的底层含量为湾外高湾内低，从湾口外侧到湾口内侧，在胶州湾湾外的南部近岸水域，Cd 的含量达到较高（0.11μg/L），以湾外的南部近岸水域为中心形成了 Cd 的高含量区，形成了一系列不同梯度的平行线。Cd 含量从湾口外侧的高含量（0.11μg/L）区向西部到湾口内侧水域沿梯度递减为 0。

6 月、7 月、9 月和 10 月，Cd 的底层含量的水平分布：湾外高，湾内低。

3. 1981 年

4 月、8 月和 11 月，在胶州湾的湾口底层水域，站位为 A1、A2、A3、A5、A6、A8、B5。其中 A1、A2 构成湾口外侧底层水域，A3、A5 构成湾口底层水域，A6、A8、B5 构成湾口内侧底层水域，这 7 个站位构成了胶州湾的湾口底层水域，即从湾口外侧到湾口，再到湾口内侧。

4 月，Cd 的底层含量为湾外高湾内低，从湾口外侧到湾口内侧，在胶州湾的湾外水域，Cd 的含量达到较高，为 0.02μg/L，以湾外水域为中心形成了 Cd 的高含量区，形成了一系列不同梯度的平行线。Cd 含量从湾口外侧的高含量（0.02μg/L）区向西部到湾口内侧水域沿梯度递减为 0（图 18-4）。

8 月，Cd 的底层含量为湾外高湾内低，从湾口外侧到湾口内侧，在胶州湾的湾外水域，Cd 的含量达到较高（0.13μg/L），以湾外水域为中心形成了 Cd 的高含量区，形成了一系列不同梯度的平行线。Cd 含量从湾口外侧的高含量（0.13μg/L）区向西部到湾口内侧水域沿梯度递减为 0。

11 月，在胶州湾的湾口底层水域，从湾口外侧到湾口，再到湾口内侧，Cd 含量都为 0。

4. 1982 年

4 月、7 月和 10 月，在胶州湾西南沿岸底层水域，在胶州湾西南沿岸水域的这些站位：083、084、122 和 123，Cd 含量有底层的调查。那么，从西南的近岸到湾口，从站位 122 到站位 083，Cd 含量在底层的水平分布如下。

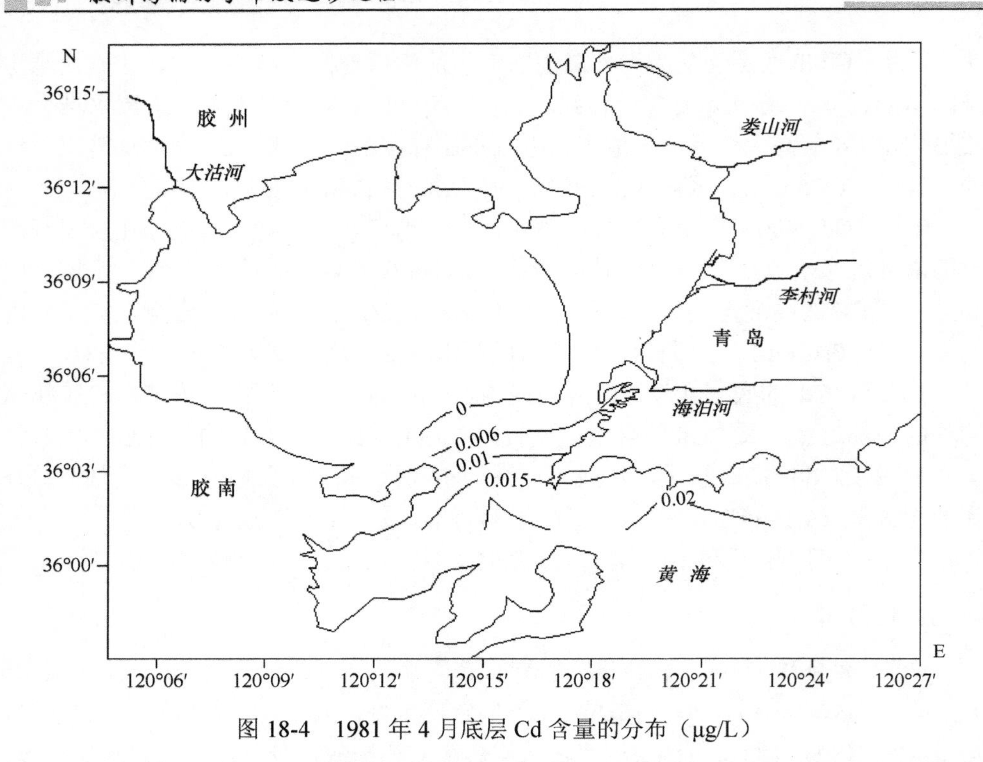

图 18-4　1981 年 4 月底层 Cd 含量的分布（μg/L）

4 月、7 月和 10 月，胶州湾西南沿岸底层水域 Cd 含量范围为 0.13～0.53μg/L。在胶州湾的西南沿岸的底层水域，从西南的近岸到湾口。Cd 含量形成了一系列梯度，沿梯度在增加或者减少（图 18-5）。4 月，从西南的近岸到湾口，沿梯度从 0.20μg/L 增加到 0.44μg/L。7 月，从西南的近岸到湾口，沿梯度从 0.24μg/L 减少到 0.13μg/L（图 18-5）。10 月，从西南的近岸到湾口，沿梯度从 0.53μg/L 减少到 0.21μg/L。

5. 1983 年

5 月，在胶州湾的湾口水域，水体中底层 Cd 的水平分布状况是其含量大小由东部的湾内向南部的湾外方向递减。在胶州湾东部的底层近岸水域，形成了 Cd 的微高含量区（0.15μg/L），展示了一系列不同梯度的平行线。Cd 含量从东部湾内的高含量（0.15μg/L）沿梯度递减到湾口水域的 0.10μg/L。在胶州湾的湾口水域，形成了 Cd 的较微高含量区，展示了一系列不同梯度的半个同心圆。Cd 含量从中心的较微高含量（0.14μg/L）向湾内的西部水域沿梯度递减到 0.10μg/L，同时，向湾外的东部水域沿梯度递减到 0.11μg/L。

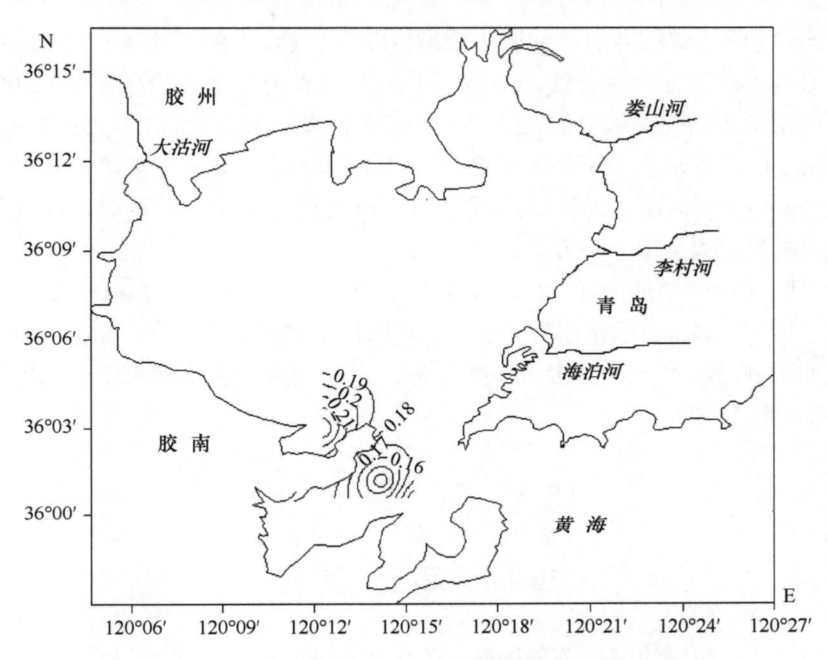

图 18-5　1982 年 7 月底层 Cd 含量的分布（μg/L）

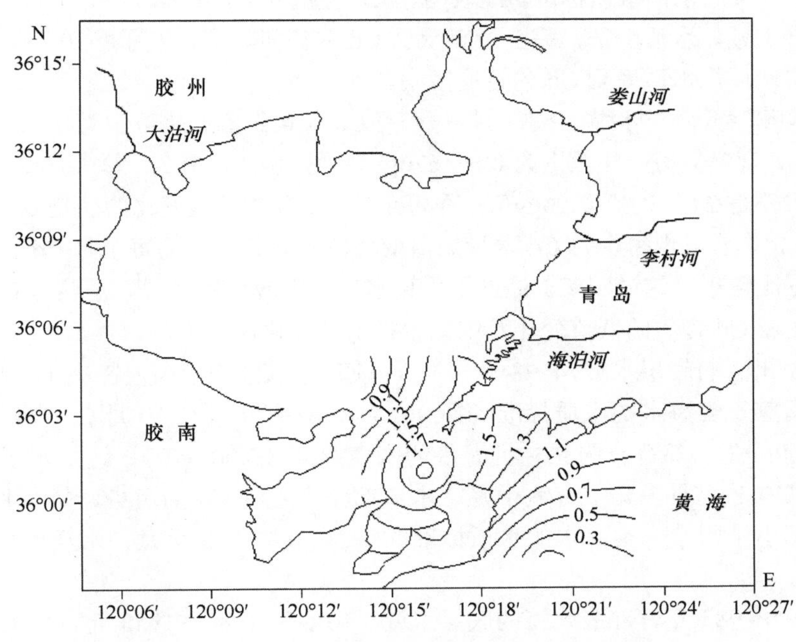

图 18-6　1983 年 10 月底层 Cd 含量的分布（μg/L）

9 月，在胶州湾湾外的东部近岸水域，形成了 Cd 的高含量区（2.00μg/L），展示了一系列不同梯度的平行线。Cd 含量从湾外东部近岸水域的高含量（2.00μg/L）沿梯度向南部水域递减到 0.67μg/L。在胶州湾的湾口水域，形成了 Cd 的较高含量区（1.63μg/L），展示了一系列不同梯度的半个同心圆。Cd 含量从湾口水域的较高含量（1.63μg/L）向湾内的西部水域沿梯度递减到 0.80μg/L，同时，向湾外的东部水域沿梯度递减到 0.67μg/L。

10 月，在胶州湾的湾口水域，Cd 含量形成了高含量区（2.00μg/L），展示了一系列不同梯度的半个同心圆。Cd 含量从湾口水域的高含量（2.00μg/L）向湾内的西北部水域沿梯度递减到 0.50μg/L，同时，向湾外的东南部水域沿梯度递减到 0.03μg/L（图 18-6）。

18.3 沉 降 过 程

18.3.1 月 份 变 化

4～11 月，在胶州湾水体中的底层 Cd 含量变化范围为 0～2.00μg/L，符合国家一类、二类海水的水质标准。这表明在 Cd 含量方面，4～8 月和 11 月，在胶州湾的底层水域，水质清洁，完全没有受到 Cd 的任何污染。9 月和 10 月，在胶州湾的底层水域，水质受到 Cd 的轻度污染。

在胶州湾的底层水域，4～11 月，每个月 Cd 含量高值变化范围为 0～2.00μg/L，每个月 Cd 含量低值变化范围为 0～0.67μg/L（图 18-7）。那么，每个月 Cd 含量高值变化的差是 2.00–0.00=2.00μg/L，而每个月 Cd 含量低值变化的差是 0.67–0.00=0.67μg/L。作者发现每个月 Cd 含量高值变化范围比较大，而每个月 Cd 含量低值变化范围比较小，这说明 Cd 经过了垂直水体的效应作用[12~14]，呈现了在胶州湾的底层水域 Cd 含量的低值变化范围比较稳定，变化比较小。

在胶州湾的底层水域，4～8 月和 11 月，每个月 Cd 含量高值都小于 0.50μg/L，都符合国家一类海水的水质标准（1.00μg/L）。只有 9 月和 10 月 Cd 含量高值都大于 1.00μg/L，都符合国家二类海水的水质标准（5.00μg/L）。这揭示了 4～11 月，一共有 8 个月，其中有 6 个月，水质都没有受到 Cd 的污染，每个月 Cd 含量高值都小于国家一类海水的水质标准的 1/2；其中有 2 个月，水质受到 Cd 的轻度污染。

1979～1983 年，在胶州湾的底层水域，10 月，1980～1983 年，随着时间变化，Cd 含量在大幅度的增加。5 月，1979～1983 年，随着时间变化，Cd 含量在逐渐增加。

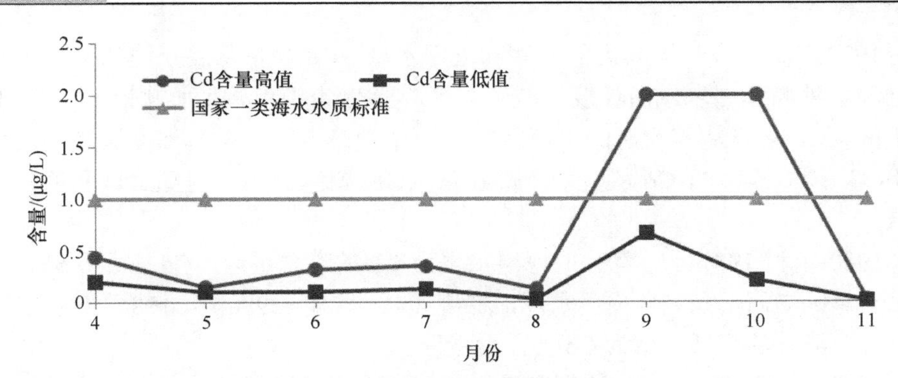

图 18-7　底层的 Cd 含量随着月份的变化

18.3.2　季 节 变 化

以每年 4 月、5 月、6 月代表春季；7 月、8 月、9 月代表夏季；10 月、11 月、12 月代表秋季。1979～1983 年，Cd 含量在胶州湾水体中的含量在春季较低，为 0～0.44μg/L，在夏季较高，为 0～2.00μg/L，在秋季较高，为 0～2. 00μg/L。因此，在胶州湾的底层水域，水体中 Cd 的底层含量由低到高的季节变化为：春季、夏季、秋季。这展示了在胶州湾的底层水域，Cd 含量随着一年的季节变化在逐渐增加。

18.3.3　水域沉降过程

通过胶州湾海域底层水体中 Cd 含量的分布变化，展示了 Cd 的沉降过程。

镉（Cd）是具有延展性、质地软的带蓝色光泽的银白色金属元素，镉具有电离势较高、不易氧化的特点，金属 Cd 主要从硫化物的锌矿石中提取，主要工业用途为制造抗腐蚀、耐磨性、易熔性的特殊合金材料、电镀材料和电池等。Cd 经过陆地迁移过程、大气迁移过程和海洋迁移过程，进入海洋水域。绝大部分经过重力沉降、生物沉降、化学作用等迅速由水相转入固相，最终转入沉积物中。从春季 5 月开始，海洋生物大量繁殖，数量迅速增加，到夏季的 8 月，形成了高峰值[14]，且由于浮游生物的繁殖活动，悬浮颗粒物表面形成胶体，此时的吸附力最强，吸附了大量的 Cd，大量的 Cd 随着悬浮颗粒物迅速沉降到海底。这样，在春季、夏季和秋季，Cd 输入到海洋，颗粒物质和生物体将 Cd 从表层带到底层。

于是，Cd 经过了水平水体的效应作用、垂直水体的效应作用及水体的效应作用[16~18]，展示了 Cd 在胶州湾底层水域的高含量区。

1979 年，在胶州湾湾内的西南部近岸水域，Cd 含量从胶州湾的湾口内侧水域到湾口外侧底层水域沿梯度递减。同年，在胶州湾的湾口外侧水域为 Cd 的高含量区，Cd 含量从胶州湾的湾口外侧水域到湾口内侧水域沿梯度递减。这样，在 1979 年这一年中，Cd 就有两个高含量区：胶州湾的湾口内侧水域和湾口外侧水域。

1980 年和 1981 年，湾外的底层水域为 Cd 的高含量区，Cd 含量从湾口外侧的高含量区向西部到湾口内侧水域沿梯度递减。这样，1980 年、1981 年这两年中，只有一个湾外的底层水域为 Cd 的高含量区。

1982 年，湾中心为 Cd 的高含量区，Cd 含量从东北的湾中心到西南的近岸底层水域沿梯度递减。同年，西南的近岸底层水域为 Cd 的高含量区，Cd 含量从西南的近岸底层水域到东北的湾中心沿梯度递减。这样，1982 年这一年中，Cd 含量就有两个高含量区：东北的湾中心底层水域和西南的近岸底层水域。

1983 年，在胶州湾的湾口底层水域，5 月，以东部的湾内近岸水域为中心为 Cd 的高含量区，Cd 含量从东部的湾内近岸水域沿梯度递减到南部的湾外水域。同月，胶州湾的湾口底层水域为 Cd 的高含量区，Cd 含量从胶州湾的湾口水域到湾内的西部水域沿梯度递减，同时，向湾外的东部水域沿梯度递减。这样，1983 年，5 月，Cd 含量就有两个高含量区：东部的湾内近岸水域和湾口底层水域。

1983 年，在胶州湾的湾口底层水域，9 月，Cd 含量从湾外东部近岸水域的高含量（2.00μg/L）区沿梯度向南部水域递减。同月，胶州湾的湾口底层水域为 Cd 的高含量区，Cd 含量从胶州湾的湾口水域到湾内的西部水域沿梯度递减，同时，向湾外的东部水域沿梯度递减。这样，1983 年，9 月，Cd 含量就有两个高含量区：湾外东部近岸水域和湾口底层水域。

1983 年，在胶州湾的湾口底层水域，10 月，胶州湾的湾口底层水域为 Cd 的高含量区，Cd 含量从胶州湾的湾口水域到湾内的西部水域沿梯度递减，同时，向湾外的东部水域沿梯度递减。这样，1983 年，10 月，Cd 含量只有一个高含量区：湾口底层水域。

因此，1983 年，在胶州湾的湾口底层水域，5 月，Cd 含量就有两个高含量区：东部的湾内近岸水域和湾口底层水域。9 月，Cd 含量就有两个高含量区：湾外东部近岸水域和湾口底层水域。10 月，Cd 含量只有一个高含量区：湾口底层水域。于是，1983 年，在胶州湾的湾口底层水域，5 月有两个 Cd 高含量区，9 月有两个 Cd 高含量区，10 月有一个 Cd 高含量区，而且，5 月、9 月和 10 月，有一个共同的 Cd 高含量区为湾口底层水域。

18.3.4　水域沉降起因

1979 年，在这一年中，Cd 含量就有两个高含量区：胶州湾的湾口内侧水域和湾口外侧水域。这表明在河流的输送（0.07～0.85μg/L）、外海海流的输送（0.12～0.25μg/L）下，经过了水平水体的效应作用、垂直水体的效应作用及水体的其他效应作用[16~18]，展示了在胶州湾底层水域的 Cd 高含量区是湾口内侧水域和湾口外侧水域。因此，河流的输送、外海海流的输送是两个不断的和强有力的输送。

1980 年、1981 年，只有一个湾外的底层水域为 Cd 的高含量区。这表明在外海海流的输送（0.12～0.25μg/L）下，经过了水平水体的效应作用、垂直水体的效应作用及水体的其他效应作用[16~18]，展示了胶州湾底层水域的 Cd 高含量区是在湾外的底层水域。对于 Cd 含量的其他输送来源，Cd 含量在胶州湾底层水域没有任何显示迹象。因此，外海海流的输送是一个不断的和强有力的输送。

1982 年，在这一年中，Cd 含量有两个高含量区：东北的湾中心底层水域和西南的近岸底层水域。这表明在河流的输送（0.07～0.85μg/L）、地表径流的输送（0.38～0.53μg/L）下，经过了水平水体的效应作用、垂直水体的效应作用及水体的其他效应作用[16~18]，展示了在胶州湾底层水域的 Cd 高含量区是东北的湾中心底层水域和西南的近岸底层水域。对于 Cd 含量的其他输送来源，Cd 含量在胶州湾底层水域没有任何显示迹象。因此，河流的输送、地表径流的输送是两个不断的和强有力的输送。

1983 年，在这一年中，Cd 含量有三个高含量区：东部的湾内近岸水域、湾外东部近岸水域和湾口底层水域。这表明在近岸岛尖端的输送（0.48～3.33μg/L）、地表径流的输送（0.38～0.53μg/L）和船舶码头的输送（0.16～1.50μg/L）下，经过了水平水体的效应作用、垂直水体的效应作用及水体的其他效应作用[16~18]，展示了在胶州湾底层水域的 Cd 高含量区是东部的湾内近岸水域、湾外东部近岸水域和湾口底层水域。对于 Cd 含量的其他输送来源，Cd 含量在胶州湾底层水域没有任何显示迹象。因此，近岸岛尖端的输送、地表径流的输送和船舶码头的输送是三个不断的和强有力的输送。

1979～1983 年，向胶州湾输送 Cd 的各种来源展示了 Cd 在迅速地沉降，并且在底层具有累积的过程。在第一年，有两个来源将 Cd 经过水体沉降到海底，决定了 Cd 的高沉降区域。在第二、第三年，有单一来源将 Cd 经过水体沉降到海底，决定了 Cd 的高沉降区域。到第四年，有两个来源将 Cd 经过水体沉降到海底。到第五年，有三个来源将 Cd 经过水体沉降到海底。这个过程揭示了，随着时间的变化，输送 Cd 含量在逐渐增加，输送 Cd 来源也在逐渐增加，让海底留下 Cd 的高沉降区域在逐渐增加，高沉降区域的 Cd 也在逐渐增加（表 18-2）。

表 18-2　胶州湾水体的 Cd 含量来源及沉降　　（单位：μg/L）

来源及沉降	1979 年	1980 年	1981 年	1982 年	1983 年
输送 Cd 来源	河流的输送和外海海流的输送	外海海流的输送	外海海流的输送	河流的输送和地表径流的输送	近岸岛尖端的输送、地表径流的输送和船舶码头的输送
来源输送 Cd	0.12～0.25 和 0.07～0.85	0.12～0.25	0.12～0.25	0.07～0.85 和 0.38～0.53	0.48～3.33、0.38～0.53 和 0.16～1.50
高沉降区域	湾内的底层水域和湾外的底层水域	湾外的底层水域	湾外的底层水域	东北的湾中心底层水域和西南的近岸底层水域	东部的湾内近岸水域、湾外东部近岸水域和湾口底层水域
高沉降区域 Cd 含量	0.01～0.09	0～0.35	0～0.35	0.24～0.53	0.15～2.00

18.4　结　　论

1979～1983 年，4～11 月，在胶州湾水体中的底层 Cd 含量变化范围为 0～2.00μg/L，符合国家一类、二类海水的水质标准。这表明在 Cd 含量方面，4～8 月和 11 月，在胶州湾的底层水域，水质清洁，完全没有受到 Cd 的任何污染。9 月和 10 月，在胶州湾的底层水域，水质受到 Cd 的轻度污染。1979～1983 年，在胶州湾的底层水域，10 月，1980～1983 年，随着时间变化，Cd 含量在大幅度增加。5 月，1979～1983 年，随着时间变化，Cd 含量在逐渐增加。

1979～1983 年，向胶州湾输送 Cd 含量的各种来源展示了 Cd 在迅速地沉降，并且在底层具有累积的过程。在第一年，有两个来源将 Cd 经过水体沉降到海底，决定了 Cd 含量的高沉降区域。在第二、第三年，有单一来源将 Cd 经过水体沉降到海底，决定了 Cd 含量的高沉降区域。到第四年，有两个来源将 Cd 经过水体沉降到海底。到第五年，有三个来源将 Cd 经过水体沉降到海底。这个过程揭示了，随着时间的变化，输送 Cd 含量在逐渐增加，输送 Cd 来源也在逐渐增加，让海底留下 Cd 含量的高沉降区域在逐渐增加，高沉降区域的 Cd 含量也在逐渐增加。因此，沉降过程的特征说明了 1979～1983 年，在时间和空间尺度上，表层输送 Cd 含量、输送 Cd 含量来源、Cd 含量的高沉降区域、高沉降区域的 Cd 含量都在增加。这展示了不仅自然界输送的 Cd 含量在增加，而且人类活动输送的 Cd 含量也在增加。

参 考 文 献

[1] 杨东方, 苗振清. 海湾生态学(上册). 北京: 海洋出版社, 2010: 1-320.

[2] 杨东方, 高振会. 海湾生态学(下册). 北京: 海洋出版社, 2010: 1-330.

[3] 杨东方, 陈豫, 王虹, 等. 胶州湾水体镉的迁移过程和本底值结构. 海岸工程, 2010, 29(4): 73-82.

[4] 杨东方, 陈豫, 常彦祥, 等. 胶州湾水体镉的分布及来源. 海岸工程, 2013, 32(3): 68-78.

[5] Yang D F, Zhu S X, Wang F Y, et al. The distribution and content of Cadmium in Jiaozhou Bay. Applied Mechanics and Materials, 2014 , 644-650: 5325-5328.

[6] Yang D F, Wang F Y, Wu Y F, et al. The structure of environmental background value of Cadmium in Jiaozhou Bay waters. Applied Mechanics and Materials, 2014, 644-650: 5329-5312.

[7] Yang D F, Chen S T, Li B L, et al. Research on the vertical distribution of Cadmium in Jiaozhou Bay waters. Proceedings of the 2015 international symposium on computers and informatics, 2015: 2667-2674.

[8] Yang D F, Zhu S X, Yang X Q, et al. Pollution level and sources of Cd in Jiaozhou Bay. Materials Engineering and Information Technology Apllication, 2015: 558-561.

[9] Yang D F, Zhu S X, Wang F Y, et al. Distribution and aggregation process of Cd in Jiaozhou Bay. Advances in Computer Science Research, 2015, 2352: 194-197.

[10] Yang D F, Wang F Y, Sun Z H, et al. Research on vertical distribution and settling process of Cd in Jiaozhou Bay. Advances in Engineering Research, 2015, 40: 776-781.

[11] Yang D F, Yang D F, Zhu S X, et al. Spatial-temporal variations of Cd in Jiaozhou Bay. Advances in Engineering Research, 2016, Part B: 403-407.

[12] Yang D F, Yang X Q, Wang M, et al. The slight impacts of marine current to Cd contents in bottom waters in Jiaozhou Bay. Advances in Engineering Research, 2016, Part B: 412-415.

[13] Yang D F, Chen Y, Gao Z H, et al. Silicon limitation on primary production and its destiny in Jiaozhou Bay, China Ⅳ transect offshore the coast with estuaries. Chin J Oceanol Limnol, 2005, 23(1): 72-90.

[14] 杨东方, 王凡, 高振会, 等. 胶州湾浮游藻类生态现象. 海洋科学, 2004, 28(6): 71-74.

[15] 国家海洋局. 海洋监测规范. 北京: 海洋出版社, 1991.

[16] Yang D F, Wang F Y, He H Z, et al. Vertical water body effect of benzene hexachloride. Proceedings of the 2015 international symposium on computers and informatics, 2015: 2655-2660.

[17] Yang D F, Wang F Y, Zhao X L, et al. Horizontal waterbody effect of hexachlorocyclohexane. Sustainable Energy and Enviroment Protection, 2015: 191-195.

[18] Yang D F, Wang F Y, Yang X Q, et al. Water's effect of benzene hexachloride. Advances in Computer Science Research, 2015: 2352: 198-204.

第 19 章　胶州湾水域镉的水域迁移趋势过程

19.1　背　　景

19.1.1　胶州湾自然环境

胶州湾位于山东半岛南部，其地理位置为东经 120°04′～120°23′，北纬 35°58′～36°18′，以团岛与薛家岛连线为界，与黄海相通，面积约为 446km^2，平均水深约 7m，是一个典型的半封闭型海湾（图 19-1）。胶州湾入海的河流有十几条，其中径流量和含沙量较大的为大沽河和洋河，青岛市区的海泊河、李村河和娄山河等河流，这些河流均属季节性河流，河水水文特征有明显的季节性变化[1~14]。

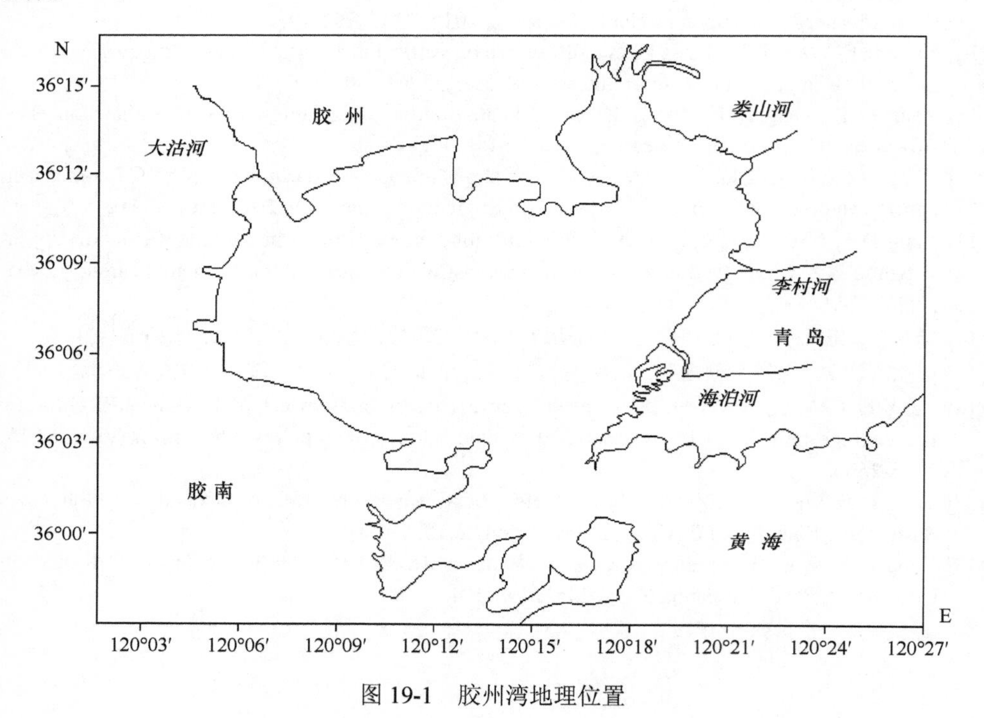

图 19-1　胶州湾地理位置

19.1.2　数据来源与方法

本研究所使用的调查数据由国家海洋局北海监测中心提供。胶州湾水体 Cd 的调查[3~12]按照国家标准方法进行，该方法被收录在国家的《海洋监测规范》中（1991 年）[15]。

1979 年 5 月、8 月和 11 月，1980 年 6 月、7 月、9 月和 10 月，1981 年 4 月、8 月和 11 月，1982 年 4 月、6 月、7 月和 10 月，1983 年 5 月、9 月和 10 月，进行胶州湾水体 Cd 的调查[3~12]。以 4 月、5 月和 6 月为春季，以 7 月、8 月和 9 月为夏季，以 10 月、11 月和 12 月为秋季。

19.2　水平分布趋势

1979 年、1980 年、1981 年、1982 年、1983 年，对胶州湾水体表层、底层中的 Cd 进行调查，展示了表层、底层含量的水平分布趋势。

19.2.1　1979 年

在胶州湾的湾口水域，从胶州湾的湾口外侧水域 H34 站位到湾口水域 H35 站位。

5 月，在表层，Cd 含量沿梯度降低，从 0.06μg/L 降低到 0.05μg/L。在底层，Cd 含量沿梯度上升，从 0.03μg/L 上升到 0.05μg/L。这表明表层、底层的水平分布趋势是相反的。

8 月，在表层，Cd 含量沿梯度降低，从 0.06μg/L 降低到 0.03μg/L。在底层，Cd 含量沿梯度上升，从 0.03μg/L 上升到 0.09μg/L。这表明表层、底层的水平分布趋势是相反的。

11 月，在表层，Cd 含量沿梯度降低，从 0.25μg/L 降低到 0.02μg/L。在底层，Cd 含量沿梯度保持不变，从 0.02μg/L 保持到 0.02μg/L。这表明表层的水平分布趋势是降低的，而底层的水平分布趋势是保持不变的。

5 月和 8 月，胶州湾湾口水域的水体中，表层 Cd 含量的水平分布趋势与底层的水平分布趋势是相反的。11 月，表层的水平分布趋势是降低的，而底层的水平分布趋势是保持不变的（表 19-1）。

表 19-1 1979 年在胶州湾水域 Cd 含量的表层、底层水平分布趋势

月份 \ 水层	表层	底层	趋势
5 月	下降	上升	相反
8 月	下降	上升	相反
11 月	下降	不变	不一样

19.2.2 1980 年

在胶州湾的湾口水域，从胶州湾的湾口外侧水域 H34 站位到湾口水域 H35 站位。

6 月，在表层，Cd 含量沿梯度上升，从 0.06μg/L 上升到 0.12μg/L。在底层，Cd 含量沿梯度降低，从 0.18μg/L 降低到 0.13μg/L。这表明表层、底层的水平分布趋势是相反的。

7 月，在表层，Cd 含量沿梯度上升，从 0.08μg/L 上升到 0.48μg/L。在底层，Cd 含量沿梯度上升，从 0.07μg/L 上升到 0.31μg/L。这表明表层、底层的水平分布趋势是一致的。

9 月，在表层，Cd 含量沿梯度降低，从 0.24μg/L 降低到 0。在底层，Cd 含量沿梯度降低，从 0.13μg/L 降低到 0。这表明表层、底层的水平分布趋势是一致的。

10 月，在表层，Cd 含量沿梯度保持不变，从 0 保持到 0。在底层，Cd 含量沿梯度降低，从 0.11μg/L 降低到 0.08μg/L。这表明表层的水平分布趋势是保持不变的，而底层的水平分布趋势是降低的。

6 月，胶州湾湾口水域的水体中，表层 Cd 含量的水平分布与底层的水平分布趋势是相反的，7 月和 9 月，胶州湾湾口水域的水体中，表层 Cd 含量的水平分布趋势与底层的水平分布趋势是一致的，10 月，胶州湾湾口水域的水体中，表层的水平分布趋势是保持不变的，而底层的水平分布趋势是降低的（表 19-2）。

表 19-2 1980 年在胶州湾水域 Cd 含量的表层、底层水平分布趋势

月份 \ 水层	表层	底层	趋势
6 月	上升	下降	相反
7 月	上升	上升	一致
9 月	下降	下降	一致
10 月	不变	下降	不一样

19.2.3　1981 年

在胶州湾的湾口水域，从胶州湾的湾口外侧水域 A2 站位到湾口水域 A5 站位。

4 月，在表层，Cd 含量沿梯度降低，从 0.14μg/L 降低到 0。在底层，Cd 含量沿梯度保持不变，从 0.02μg/L 保持到 0.02μg/L。这表明表层的水平分布趋势是降低的，而底层的水平分布趋势是保持不变的。

8 月，在表层，Cd 含量沿梯度降低，从 0.08μg/L 降低到 0.07μg/L。在底层，Cd 含量沿梯度降低，从 0.10μg/L 降低到 0.07μg/L。这表明表层、底层的水平分布趋势是一致的。

11 月，在表层，Cd 含量沿梯度保持不变，从 0 保持到 0。在底层，Cd 含量沿梯度保持不变，从 0 保持到 0。这表明表层、底层的水平分布趋势是保持不变的。

胶州湾湾口水域的水体中，4 月，表层的水平分布趋势是降低的，而底层的水平分布趋势是保持不变的。8 月，表层 Cd 含量的水平分布趋势与底层的水平分布趋势是一致的。11 月，表层、底层的水平分布趋势是保持不变的（表 19-3）。

表 19-3　1981 年在胶州湾水域 Cd 含量的表层、底层水平分布趋势

月份＼水层	表层	底层	趋势
4 月	下降	不变	不一样
8 月	下降	下降	一致
11 月	不变	不变	一致

19.2.4　1982 年

在胶州湾的西南沿岸水域，从西南的近岸 122 站位到东北的湾中心 084 站位。

4 月，在表层，Cd 含量沿梯度上升，从 0.11μg/L 上升到 0.27μg/L。在底层，Cd 含量沿梯度降低，从 0.30μg/L 降低到 0.20μg/L。这表明表层、底层的水平分布趋势是相反的。

7 月，在表层，Cd 含量沿梯度降低，从 0.18μg/L 降低到 0.12μg/L。在底层，Cd 含量沿梯度降低，从 0.24μg/L 降低到 0.18μg/L。这表明表层、底层的水平分布趋势也是一致的。

10 月，在表层，Cd 含量沿梯度降低，从 0.53μg/L 降低到 0.42μg/L。在底层，Cd 含量沿梯度降低，从 0.53μg/L 降低到 0.42μg/L。这表明表层、底层的水平分布趋势也是一致的。

总之，4 月，胶州湾西南沿岸水域的水体中，表层 Cd 的水平分布趋势与底层水平分布趋势是相反的。7 月和 10 月，胶州湾西南沿岸水域的水体中，表层 Cd 的水平分布趋势与底层水平分布趋势是一致的（表 19-4）。

表 19-4　1982 年在胶州湾水域 Cd 含量的表层、底层水平分布趋势

月份＼水层	表层	底层	趋势
4 月	上升	下降	相反
7 月	下降	下降	一致
10 月	下降	下降	一致

19.2.5　1983 年

在胶州湾的湾口水域，从胶州湾的湾口外侧水域 H34 站位到湾口水域 H35 站位。

5 月，在表层，Cd 含量沿梯度降低，从 0.41μg/L 降低到 0.17μg/L。在底层，Cd 含量沿梯度上升，从 0.11μg/L 上升到 0.14μg/L。这表明表层、底层的水平分布趋势是相反的。

9 月，在表层，Cd 含量沿梯度上升，从 0.50μg/L 上升到 2.00μg/L。在底层，Cd 含量沿梯度降低，从 2.00μg/L 降低到 1.63μg/L。这表明表层、底层的水平分布趋势是相反的。

10 月，在表层，Cd 含量沿梯度降低，从 0.88μg/L 降低到 0.50μg/L。在底层，Cd 含量沿梯度上升，从 1.00μg/L 上升到 2.00μg/L。这表明表层、底层的水平分布趋势是相反的。

5 月、9 月和 10 月，胶州湾湾口水域的水体中，表层 Cd 的水平分布趋势与底层的水平分布趋势是相反的（表 19-5）。

表 19-5　1983 年在胶州湾水域 Cd 含量的表层、底层水平分布趋势

月份＼水层	表层	底层	趋势
5 月	下降	上升	相反
9 月	上升	下降	相反
10 月	下降	上升	相反

19.3　水域迁移的趋势过程

19.3.1　来　　源

1979～1983 年，在胶州湾水体中，胶州湾水域 Cd 有 6 个来源[3~12]，主要来自外海海流的输送（0.12～0.25μg/L）、河流的输送（0.07～0.85μg/L）、近岸岛尖端的输送（0.48～3.33μg/L）、大气沉降的输送（0.14～0.55μg/L）、地表径流的输送（0.38～0.53μg/L）和船舶码头的输送（0.16～1.50μg/L）。

时间尺度上，在整个胶州湾水域，Cd 最初来自于自然界的产生，随着时间的变化，Cd 不仅来自于自然界的产生同时也由人类活动产生，这样，在水体中的 Cd 含量增加到高峰值。然后，通过 Cd 在水域的沉降过程，从表层穿过水体，来到底层。于是，表层 Cd 含量降低到低谷值。

在空间尺度上，向胶州湾水域输入的 Cd 含量是随着来源的入海口，从大到小的变化，也就是随着与来源的入海口的距离大小而变化[3~12]。因此，在胶州湾水域，通过外海海流的输送、河流的输送、近岸岛尖端的输送、大气沉降的输送、地表径流的输送和船舶码头的输送，将 Cd 输入到胶州湾的水域。

19.3.2　水域迁移过程

镉（Cd）是具有延展性、质地软的带蓝色光泽的银白色金属元素。在自然界中，Cd 在地壳中的含量比锌少得多，常常以少量赋存于锌矿中。Cd 是显著的亲铜元素和分散元素，与锌的地球化学性质很相似，两者有着共同的地球化学行为，但镉比锌具有更强的亲硫性、分散性和亲石性。而且金属镉比锌更易挥发，在用高温冶炼锌时，它比锌更早逸出，逃避了人们的觉察。这说明镉在水里迁移过程中，一直具有不稳定的化学性质。

在胶州湾水域，Cd 含量随着来源的高低和经过距离的变化进行迁移，在水体效应的作用下，Cd 含量在表层、底层的水平分布趋势发生了变化。

1. 1979 年

1979 年，在胶州湾的湾口水域，表层、底层的水平分布趋势表明 Cd 的沉降过程。5 月，Cd 刚刚开始进入胶州湾的水体中，表层 Cd 含量比较高，由于表层 Cd 才开始沉降，底层 Cd 含量还是比较低的。于是，在表层 Cd 含量沿梯度降低，而底层 Cd 含量沿梯度上升。这样，表层、底层的 Cd 含量水平分布趋势是相反的。

8 月，表层 Cd 经过了大量的沉降，底层的 Cd 含量就比较高，于是，在表层 Cd 含量沿梯度进一步降低，而底层 Cd 含量沿梯度进一步上升。这样，表层、底层的 Cd 含量水平分布趋势是相反的。11 月，Cd 的来源是来自外海海流的输送，于是，表层的水平分布趋势是降低的，而底层的水平分布趋势是保持不变的。

2. 1980 年

1980 年，在胶州湾的湾口水域，表层、底层的水平分布趋势表明 Cd 的沉降过程。6 月，表层 Cd 经过了大量的沉降，底层的 Cd 含量就比较高，于是，在表层 Cd 含量沿梯度上升，而底层 Cd 含量沿梯度在降低。这样，表层、底层的 Cd 含量水平分布趋势是相反的。7 月，随着表层 Cd 含量的继续增加，以及表层 Cd 迅速沉降，使得底层 Cd 含量与表层 Cd 含量一样，沿梯度上升。这样，表层、底层的 Cd 含量水平分布趋势是一致的。9 月，表层 Cd 开始减少，以及表层 Cd 迅速沉降，使得底层 Cd 含量与表层 Cd 含量一样，沿梯度下降。这样，表层、底层的 Cd 含量水平分布趋势是一致的。10 月，表层 Cd 一直减少到没有，而底层 Cd 含量与 9 月的 Cd 含量一样，沿梯度下降。这表明表层的水平分布趋势是保持不变的，而底层的水平分布趋势是降低的。

3. 1981 年

1981 年，在胶州湾的湾口水域，表层、底层的水平分布趋势表明 Cd 的沉降过程。4 月，Cd 刚刚开始进入胶州湾的水体中，表层 Cd 含量比较高，由于表层 Cd 才开始沉降，底层 Cd 含量还没有受到影响。于是，在表层 Cd 含量沿梯度降低，而底层 Cd 含量沿梯度保持不变。这样，表层的水平分布趋势是降低的，而底层的水平分布趋势是保持不变的。8 月，随着表层 Cd 的迅速沉降，底层 Cd 含量在积累增加。使得底层 Cd 含量与表层 Cd 含量一样，沿梯度下降。这样，表层、底层的 Cd 含量水平分布趋势是一致的。11 月，表层 Cd 一直在沉降，于是，表层 Cd 一直减少到没有，而底层 Cd 也减少到没有。这样，表层、底层的水平分布趋势是保持不变的。

4. 1982 年

1982 年，在胶州湾的西南沿岸水域，表层、底层的水平分布趋势表明 Cd 的沉降过程。4 月，表层 Cd 经过了大量的沉降，底层的 Cd 含量就比较高，于是，在表层 Cd 含量沿梯度上升，而底层 Cd 含量沿梯度在降低。这样，表层、底层的 Cd 含量水平分布趋势是相反的。7 月，随着表层 Cd 一直沉降，使得底层 Cd 含量与表层 Cd 含量一样，沿梯度下降。这样，表层、底层的 Cd 含量水平分布趋势是一致的。10 月，随着表层 Cd 的迅速沉降，底层 Cd 含量在积累增加。使得底层 Cd 含量与表层 Cd 含量一样，沿梯度下降。这样，表层、底层的 Cd 含量水平分布趋势是一致的，而且表层、底层 Cd 含量的起始值与结束值都是一样的。这表明表层 Cd 经过了大量的沉降，同时，表层 Cd 具有迅速的沉降。

5. 1983 年

1983 年，在胶州湾的湾口水域，表层、底层的水平分布趋势表明 Cd 的沉降过程。5 月，Cd 刚刚开始进入胶州湾的水体中，表层 Cd 含量比较高，由于表层 Cd 才开始沉降，底层 Cd 含量还是比较低的。于是，在表层 Cd 含量沿梯度降低，而底层 Cd 含量沿梯度上升。这样，表层、底层的 Cd 含量水平分布趋势是相反的。9 月，表层 Cd 经过了大量的沉降，底层的 Cd 含量就比较高，于是，在表层 Cd 含量沿梯度上升，而底层 Cd 含量沿梯度在降低。这样，表层、底层 Cd 含量的水平分布趋势是相反的。10 月，经过了持久的、大量的沉降，表层 Cd 含量开始下降，而底层的 Cd 含量就开始升高，于是，在表层 Cd 含量沿梯度下降，而底层 Cd 含量沿梯度在上升。这样，表层、底层的 Cd 含量水平分布趋势是相反的。

19.3.3　水域迁移的趋势过程

1979～1983 年，表层 Cd 的水平分布与底层的水平分布趋势揭示了 Cd 具有迅速的沉降，并且具有海底的累积。Cd 的水域迁移趋势过程出现 7 个阶段（表 19-6）。

表 19-6　在胶州湾水域 Cd 含量的表层、底层水平分布趋势过程

水层 阶段	沉降	表层	底层	趋势
第一阶段	Cd 开始沉降	Cd 含量高	Cd 含量低	相反
第二阶段	Cd 大量沉降	Cd 含量高	Cd 含量高	一致
第三阶段	Cd 更大沉降	Cd 含量更高	Cd 含量更高	一致
第四阶段	Cd 开始减少沉降	Cd 含量低	Cd 含量高	相反
第五阶段	Cd 均匀沉降	Cd 含量低	Cd 含量保持不变	不一样
第六阶段	Cd 停止沉降	Cd 含量没有	Cd 含量非常低	不一样
第七阶段	Cd 完全停止沉降	Cd 含量没有	Cd 含量为 0	不一样

（1）Cd 开始沉降。当表层 Cd 含量比较高，底层 Cd 含量比较低时，Cd 刚刚进入胶州湾的水体中，开始沉降。表层 Cd 含量比较高，Cd 的沉降是迅速的，但是由于表层 Cd 才开始沉降，底层 Cd 含量还是比较低的。这样，展示了表层、底层的 Cd 含量水平分布趋势是相反的。

（2）Cd 大量沉降。当表层 Cd 含量比较高，底层 Cd 含量比较高时，Cd 已经进行了大量的沉降。由于表层 Cd 含量比较高，Cd 又不断地沉降，加上经过海底的累积，于是，底层的 Cd 含量就比较高，同时，Cd 的沉降是迅速的。这样，展示了表层、底层的 Cd 含量水平分布趋势是一致的。

（3）Cd 进一步大量沉降。当表层 Cd 含量进一步提高，底层 Cd 含量也进一步提高时，Cd 已经进行了大量的沉降。由于表层 Cd 含量比较高，Cd 又不断地沉降，加上经过海底的累积，于是，底层的 Cd 含量就比较高，同时，Cd 的沉降是迅速的。这样，展示了表层、底层的 Cd 含量水平分布趋势是一致的。

（4）Cd 开始减少沉降。当表层 Cd 含量比较低，底层 Cd 含量比较高时，Cd 已经没有多少沉降。表层的 Cd 含量非常低，底层的 Cd 含量比较高。这是由于表层 Cd 经过沉降和海底的底层 Cd 含量累积形成。这样，展示了表层、底层的 Cd 含量水平分布趋势是相反的。

（5）Cd 均匀沉降。只有海流的输送带来了 Cd 时，底层 Cd 含量保持了不变，同时，底层的 Cd 含量也非常低。这样，展示了表层的水平分布趋势是降低的，而底层的水平分布趋势是保持不变的。

（6）Cd 停止沉降。当表层 Cd 含量没有，底层 Cd 含量非常低时，Cd 已经没有沉降了。表层的 Cd 含量保持了不变，底层的 Cd 含量也非常低。这样，展示了表层的水平分布趋势是保持不变的，而底层的水平分布趋势是降低的。

（7）Cd 完全停止沉降。当表层 Cd 含量没有时，Cd 已经没有沉降了。这时，底层 Cd 含量也没有了。表层的 Cd 含量保持了不变，底层的 Cd 含量也保持了不变。这样，展示了表层、底层的水平分布趋势是保持不变的。

19.3.4 水域迁移趋势的模型框图

1979～1983 年，表层、底层 Cd 的水平分布趋势展示了 Cd 的水域迁移趋势过程。在这个过程中揭示了从表层 Cd 开始沉降到停止沉降的变化中，Cd 具有迅速的沉降，同时还具有海底的累积，并且 Cd 在表层就可以消失，在底层也可以消失。这个过程分为 7 个阶段：①Cd 开始沉降；②Cd 大量沉降；③Cd 进一步大量沉降；④Cd 开始减少沉降；⑤Cd 均匀沉降；⑥Cd 停止沉降；⑦Cd 完全停止沉降。对此，作者提出了 Cd 的水域迁移趋势过程模型框图（图 19-2）。通过此模型框图来确定 Cd 的水域迁移趋势过程，就能分析知道 Cd 经过的路径和留下的轨迹。因此，这个模型框图展示了：表层、底层的 Cd 变化和分布趋势变化来决定 Cd 在表层、底层水域迁移的过程。

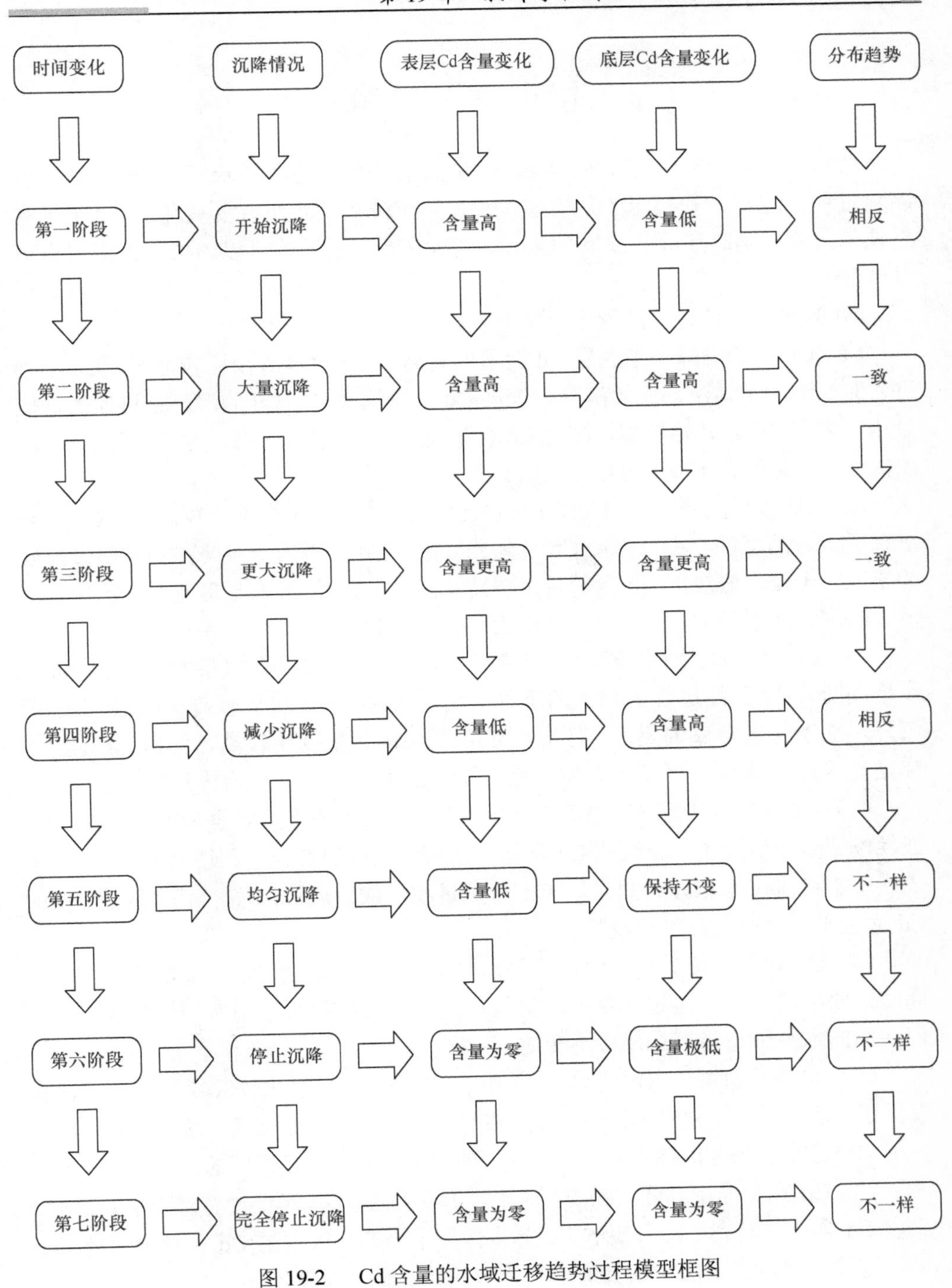

图 19-2 Cd 含量的水域迁移趋势过程模型框图

19.4 结 论

1979～1983年，表层、底层Cd含量的水平分布趋势展示了Cd的水域迁移趋势过程。这个过程揭示了从表层Cd开始沉降到停止沉降的变化中，Cd具有迅速的沉降，同时还具有海底的累积，并且Cd在表层就可以消失，在底层也可以消失。

Cd的水域迁移趋势过程出现7个阶段。

（1）Cd开始沉降。当表层Cd含量比较高，底层Cd含量比较低时，Cd刚刚进入胶州湾的水体中，开始沉降。表层Cd含量比较高，Cd的沉降是迅速的，但是由于表层Cd才开始沉降，底层Cd含量还是比较低的。这样，展示了表层、底层的Cd含量水平分布趋势是相反的。

（2）Cd大量沉降。当表层Cd含量比较高，底层Cd含量比较高时，Cd已经进行了大量的沉降。由于表层Cd含量比较高，Cd又不断地沉降，加上经过海底的累积，于是，底层的Cd含量就比较高，同时，Cd的沉降是迅速的。这样，展示了表层、底层的Cd含量水平分布趋势是一致的。

（3）Cd进一步大量沉降。当表层Cd含量进一步提高，底层Cd含量也进一步提高时，Cd已经进行了大量的沉降。由于表层Cd含量比较高，Cd又不断地沉降，加上经过海底的累积，于是，底层的Cd含量就比较高，同时，Cd的沉降是迅速的。这样，展示了表层、底层的Cd含量水平分布趋势是一致的。

（4）Cd开始减少沉降。当表层Cd含量比较低，底层Cd含量比较高时，Cd已经没有多少沉降了。表层的Cd含量非常低，底层的Cd含量比较高。这是由于表层Cd经过沉降和海底的底层Cd含量累积形成。这样，展示了表层、底层的Cd含量水平分布趋势是相反的。

（5）Cd均匀沉降。只有海流的输送带来Cd时，底层Cd含量保持了不变，同时，底层的Cd含量也非常低。这样，展示了表层的水平分布趋势是降低的，而底层的水平分布趋势是保持不变的。

（6）Cd停止沉降。当表层Cd含量没有，底层Cd含量比较低时，Cd已经没有沉降了。表层的Cd含量保持了不变，底层的Cd含量也非常低。这样，展示了表层的水平分布趋势是保持不变的，而底层的水平分布趋势是降低的。

（7）Cd完全停止沉降。当表层Cd含量没有时，Cd已经没有沉降了。这时，底层Cd含量也没有了。表层的Cd含量保持了不变，底层的Cd含量也保持了不变。这样，展示了表层、底层的水平分布趋势是保持不变的。

作者提出了Cd的水域迁移趋势过程，充分表明了时空变化的Cd迁移趋势。

强有力地确定了在时间和空间的变化过程中，表层的 Cd 含量变化趋势、底层的 Cd 含量变化趋势及表层、底层的 Cd 含量变化趋势的相关性。并且作者提出了 Cd 的水域迁移趋势过程模型框图，说明了 Cd 经过的路径和留下的轨迹，预测表层、底层的 Cd 含量水平分布趋势。

参 考 文 献

[1] 杨东方, 苗振清. 海湾生态学(上册). 北京: 海洋出版社, 2010: 1-320.

[2] 杨东方, 高振会. 海湾生态学(下册). 北京: 海洋出版社, 2010: 1-330.

[3] 杨东方, 陈豫, 王虹, 等. 胶州湾水体镉的迁移过程和本底值结构. 海岸工程, 2010, 29(4): 73-82.

[4] 杨东方, 陈豫, 常彦祥, 等. 胶州湾水体镉的分布及来源. 海岸工程, 2013, 32(3): 68-78.

[5] Yang D F, Zhu S X, Wang F Y, et al. The distribution and content of Cadmium in Jiaozhou Bay. Applied Mechanics and Materials, 2014, 644-650: 5325-5328.

[6] Yang D F, Wang F Y, Wu Y F, et al. The structure of environmental background value of Cadmium in Jiaozhou Bay waters. Applied Mechanics and Materials, 2014, 644-650: 5329-5312.

[7] Yang D F, Chen S T, Li B L, et al. Research on the vertical distribution of Cadmium in Jiaozhou Bay waters. Proceedings of the 2015 international symposium on computers and informatics, 2015: 2667-2674.

[8] Yang D F, Zhu S X, Yang X Q, et al. Pollution level and sources of Cd in Jiaozhou Bay. Materials Engineering and Information Technology Apllication, 2015: 558-561.

[9] Yang D F, Zhu S X, Wang F Y, et al. Distribution and aggregation process of Cd in Jiaozhou Bay. Advances in Computer Science Research, 2015, 2352: 194-197.

[10] Yang D F, Wang F Y, Sun Z H, et al. Research on vertical distribution and settling process of Cd in Jiaozhou Bay. Advances in Engineering Research, 2015, 40: 776-781.

[11] Yang D F, Yang D F, Zhu S X, et al. Spatial-temporal variations of Cd in Jiaozhou Bay. Advances in Engineering Research, 2016, Part B: 403-407.

[12] Yang D F, Yang X Q, Wang M, et al. The slight impacts of marine current to Cd contents in bottom waters in Jiaozhou Bay. Advances in Engineering Research, 2016, Part B: 412-415.

[13] Yang D F, Chen Y, Gao Z H, et al. Silicon limitation on primary production and its destiny in Jiaozhou Bay, China Ⅳ transect offshore the coast with estuaries. Chin J Oceanol Limnol, 2005, 23(1): 72-90.

[14] 杨东方, 王凡, 高振会, 等. 胶州湾浮游藻类生态现象. 海洋科学, 2004, 28(6): 71-74.

[15] 国家海洋局. 海洋监测规范. 北京: 海洋出版社, 1991.

第 20 章　胶州湾水域镉的水域垂直迁移过程

20.1　背　　景

20.1.1　胶州湾自然环境

胶州湾位于山东半岛南部，其地理位置为东经 120°04′～120°23′，北纬 35°58′～36°18′，以团岛与薛家岛连线为界，与黄海相通，面积约为 446km^2，平均水深约 7m，是一个典型的半封闭型海湾（图 20-1）。胶州湾入海的河流有十几条，其中径流量和含沙量较大的为大沽河和洋河，青岛市区的海泊河、李村河和娄山河等河流，这些河流均属季节性河流，河水水文特征有明显的季节性变化[1~14]。

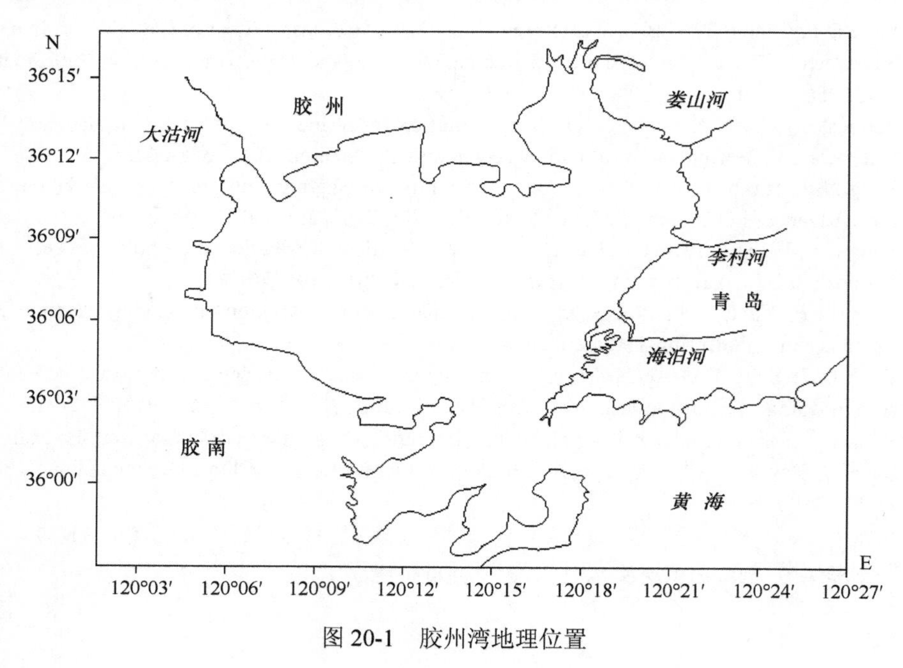

图 20-1　胶州湾地理位置

20.1.2　数据来源与方法

本研究所使用的调查数据由国家海洋局北海监测中心提供。胶州湾水体 Cd

的调查[3~12]按照国家标准方法进行，该方法被收录在国家的《海洋监测规范》中（1991 年）[15]。

在 1979 年 5 月、8 月和 11 月，1980 年 6 月、7 月、9 月和 10 月，1981 年 4 月、8 月和 11 月，1982 年 4 月、6 月、7 月和 10 月，1983 年 5 月、9 月和 10 月，进行胶州湾水体 Cd 的调查[3~12]。以 4 月、5 月和 6 月为春季，以 7 月、8 月和 9 月为夏季，以 10 月、11 月和 12 月为秋季。

20.2 垂直分布

1979 年、1980 年、1981 年、1982 年、1983 年，对胶州湾水体表层、底层中的 Cd 含量进行调查，展示了表层、底层 Cd 含量的变化范围及其垂直变化过程。

20.2.1 1979 年

1. 表底层变化范围

5 月、8 月和 11 月，在胶州湾的湾口水域，在这些站位：H34、H35、H36，来确定 Cd 含量在表层、底层的变化范围。

5 月，表层含量（0.05～0.06μg/L）较低时，其对应的底层含量就较低（0.03～0.07μg/L）。而且，Cd 的表层含量变化范围（0.05～0.06μg/L）小于底层的含量变化范围（0.03～0.07μg/L），变化量基本一样。因此，Cd 的表层含量低的，对应的底层含量就低。

8 月，表层含量（0.01～0.06μg/L）较低时，其对应的底层含量就较低（0.03～0.09μg/L）。而且，Cd 的表层含量变化范围（0.01～0.06μg/L）小于底层的含量变化范围（0.03～0.09μg/L），变化量基本一样。因此，Cd 的表层含量低的，对应的底层含量就低。

11 月，表层含量（0.02～0.25μg/L）较高时，其对应的底层含量还是较低（0.01～0.02μg/L）。而且，Cd 的表层含量变化范围（0.02～0.25μg/L）远远大于底层的含量变化范围（0.01～0.02μg/L），变化量基本一样。因此，Cd 的表层含量低的，对应的底层含量就低。

5 月、8 月和 11 月，在胶州湾的湾口水域，无论表层的 Cd 含量高或者低，其对应的底层含量都低。

2. 表底层垂直变化

5 月、8 月和 11 月，在胶州湾的湾口水域，在这些站位：H34、H35、H36，

Cd 的表层、底层含量相减，其差为–0.08～0.23μg/L。这表明 Cd 的表层、底层含量都相近。

5 月，Cd 的表层、底层含量差为–0.02～0.03μg/L。在湾口内侧水域的 H36 站位为负值，在湾口水域的 H35 站位为零值。在湾口外侧水域的 H34 站位为正值。1 个站为正值，1 个站为零值，1 个站为负值（表 20-1）。

表 20-1　1979 年在胶州湾的湾口水域 Cd 的表层、底层含量差

月份＼站位	H36	H35	H34
5 月	负值	零值	正值
8 月	负值	负值	正值
11 月	正值	零值	正值

8 月，Cd 的表层、底层含量差为–0.08～0.03μg/L。在湾口内侧水域的 H36 站位为负值，在湾口水域的 H35 站位为负值。在湾口外侧水域的 H34 站位也为正值。1 个站为正值，2 个站为负值（表 20-1）。

11 月，Cd 的表层、底层含量差为 0～0.23μg/L。在湾口内侧水域的 H36 站位为正值，在湾口水域的 H35 站位为零值。在湾口外侧水域的 H34 站位也为正值。2 个站为正值，1 个站为零值（表 20-1）。

20.2.2　1980 年

1. 表底层变化范围

6 月、7 月、9 月和 10 月，在胶州湾的湾口水域，在这些站位：H34、H35、H36、H37、H82，来确定 Cd 含量在表层、底层的变化范围。

6 月，表层含量（0.06～0.16μg/L）较低时，其对应的底层含量就较低（0.10～0.32μg/L）。而且，Cd 的表层含量变化范围（0.06～0.16μg/L）小于底层的含量变化范围（0.10～0.32μg/L），变化量基本一样。因此，Cd 的表层含量低的，对应的底层含量就低。

7 月，表层含量（0.08～0.48μg/L）较高时，其对应的底层含量就较高（0～0.35μg/L）。而且，Cd 的表层含量变化范围（0.08～0.48μg/L）大于底层的含量变化范围（0～0.35μg/L），变化量基本一样。因此，Cd 的表层含量高的，对应的底层含量就高。

9 月，表层含量（0～0.24μg/L）较低时，其对应的底层含量就较低（0～0.17μg/L）。而且，Cd 的表层含量变化范围（0～0.24μg/L）大于底层的含量变化范围（0～0.17μg/L），变化量基本一样。因此，Cd 的表层含量低的，对应的底层含量就低。

10 月，表层含量很低（0）时，其对应的底层含量就很低（0～0.11μg/L）。而且，Cd 的表层含量变化范围（0）小于底层的含量变化范围（0～0.11μg/L），变化量基本一样。因此，Cd 的表层含量很低的，对应的底层含量就很低。

2. 表底层垂直变化

6 月、7 月、9 月和 10 月，在胶州湾的湾口水域，在这些站位：H34、H35、H36、H37、H82，Cd 的表层、底层含量相减，其差为–0.22～0.36μg/L。这表明 Cd 的表层、底层含量都相近。

6 月，Cd 的表层、底层含量差为–0.22～0.03μg/L。在湾口内侧北部水域的 H37 站位为正值，在湾口内侧南部水域的 H36 站位为零值，在湾口水域的 H35 站位为负值，在湾口外侧北部水域的 H34 站位为负值，在湾口外侧南部水域的 H82 站位为负值。1 个站为正值，1 个站为零值，3 个站为负值（表 20-2）。

7 月，Cd 的表层、底层含量差为–0.15～0.36μg/L。在湾口内侧北部水域的 H37 站位为正值，在湾口内侧南部水域的 H36 站位为负值，在湾口水域的 H35 站位为正值，在湾口外侧北部水域的 H34 站位为正值，在湾口外侧南部水域的 H82 站位为负值。3 个站为正值，2 个站为负值（表 20-2）。

9 月，Cd 的表层、底层含量差为–0.16～0.11μg/L。在湾口内侧北部水域的 H37 站位为零值，在湾口内侧南部水域的 H36 站位为负值，在湾口水域的 H35 站位为零值，在湾口外侧北部水域的 H34 站位为正值，在湾口外侧南部水域的 H82 站位为负值。1 个站为正值，2 个站为零值，2 个站为负值（表 20-2）。

10 月，Cd 的表层、底层含量差为–0.11～0。在湾口内侧北部水域的 H37 站位为零值，在湾口内侧南部水域的 H36 站位为负值，在湾口水域的 H35 站位为负值，在湾口外侧北部水域的 H34 站位为负值，在湾口外侧南部水域的 H82 站位为负值。1 个站为零值，4 个站为负值（表 20-2）。

表 20-2　1980 年在胶州湾的湾口水域 Cd 的表层、底层含量差

月份＼站位	H37	H36	H35	H34	H82
6 月	正值	零值	负值	负值	负值
7 月	正值	负值	正值	正值	负值
9 月	零值	负值	零值	正值	负值
10 月	零值	负值	负值	负值	负值

20.2.3 1981 年

1. 表底层变化范围

4 月、8 月和 11 月，在胶州湾的湾口水域，在这些站位：A1、A2、A3、A5、A6、A8。其中 A1、A2 构成湾口外侧水域，A3、A5 构成湾口水域，A6、A8 构成湾口内侧水域，来确定 Cd 含量在表层、底层的变化范围。

4 月，表层含量较低（0～0.14μg/L）时，其对应的底层含量就较低（0～0.02μg/L）。而且，Cd 的表层含量变化范围（0～0.14μg/L）小于底层的含量变化范围（0～0.02μg/L），变化量基本一样。因此，Cd 的表层含量低的，对应的底层含量就低。

8 月，表层含量较高（0～0.40μg/L）时，其对应的底层含量就较高（0～0.13μg/L）。而且，Cd 的表层含量变化范围（0～0.40μg/L）大于底层的含量变化范围（0～0.13μg/L），变化量基本一样。因此，Cd 的表层含量高的，对应的底层含量就高。

11 月，表层含量很低（0）时，其对应的底层含量就很低（0）。而且，Cd 的表层含量变化范围（0）和底层的含量变化范围（0）一样，变化量基本一样。因此，Cd 的表层含量很低的，对应的底层含量就很低。

2. 表底层垂直变化

4 月、8 月和 11 月，在胶州湾的湾口水域，在这些站位：A1、A2、A3、A5、A6、A8。其中 A1、A2 构成湾口外侧水域，A3、A5 构成湾口水域，A6、A8 构成湾口内侧水域，Cd 的表层、底层含量相减，其差为–0.08～0.27μg/L。这表明 Cd 的表层、底层含量都相近。

4 月，Cd 的表层、底层含量差为–0.02～0.12μg/L。在湾口内侧西南部水域的 A8 站位为正值，在湾口内侧东部水域的 A6 站位为正值。在湾口南部水域的 A3 站位为负值，在湾口北部水域的 A5 站位为负值。在湾口外侧西部水域的 A2 站位为正值，在湾口外侧东部水域的 A1 站位为负值。3 个站为正值，3 个站为负值（表 20-3）。

表 20-3　1981 年在胶州湾的湾口水域 Cd 的表层、底层含量差

月份＼站位	A8	A6	A5	A3	A2	A1
4 月	正值	正值	负值	负值	正值	负值
8 月	正值	负值	零值	正值	负值	负值
11 月	零值	零值	零值	零值	零值	零值

8 月，Cd 的表层、底层含量差为–0.08～0.27μg/L。在湾口内侧西南部水域的 A8 站位为正值，在湾口内侧东部水域的 A6 站位为负值。在湾口南部水域的 A3 站位为正值，在湾口北部水域的 A5 站位为零值。在湾口外侧西部水域的 A2 站位也为负值，在湾口外侧东部水域的 A1 站位也为负值。2 个站为正值，1 个站为零值，3 个站为负值（表 20-3）。

11 月，Cd 的表层、底层含量差为 0。在湾口内侧、湾口、湾口外侧水域的所有站位都为零值。

20.2.4 1982 年

1. 表底层变化范围

4 月、7 月和 10 月，在胶州湾的西南沿岸水域，在这些站位：083、084、122、123，来确定 Cd 含量在表层、底层的变化范围。

4 月，Cd 的表层含量较低（0.11～0.38μg/L）时，其对应的底层含量较高（0.20～0.44μg/L）。而且，Cd 的表层含量变化范围（0.11～0.38μg/L）小于底层的含量变化范围（0.20～0.44μg/L），变化量基本一样。因此，Cd 的表层含量低的，对应的底层含量就低。

7 月，Cd 的表层含量较高（0.12～0.52μg/L）时，其对应的底层含量较低（0.13～0.24μg/L）。而且，Cd 的表层含量变化范围（0.12～0.52μg/L）大于底层的含量变化范围（0.13～0.24μg/L），变化量基本一样。因此，Cd 的表层含量高的，对应的底层含量还是低的。

10 月，Cd 的表层含量最高（0.32～0.53μg/L）时，其对应的底层含量最高（0.21～0.53μg/L）。而且，Cd 的表层含量变化范围（0.32～0.53μg/L）与底层的含量变化范围（0.21～0.53μg/L）一样高，变化量基本一样。因此，Cd 的表层含量很高的，对应的底层含量是很高的。

2. 表底层垂直变化

4 月、7 月和 10 月，在胶州湾西南沿岸水域，在这些站位：083、084、122 和 123，Cd 的表层、底层含量相减，其差为–0.19～0.32μg/L。这表明 Cd 的表层、底层含量都相近。

4 月，Cd 的表层、底层含量差为–0.19～0.07μg/L。在湾口水域的 083 站位为负值，在湾口内西南部近岸水域的 122 站位为负值，在湾口内西南部水域的 084 站位为正值。1 个站为正值，2 个站为负值（表 20-4）。

表 20-4　1982 年在胶州湾的湾口水域 Cd 的表层、底层含量差

月份＼站位	122	084	123	083
4 月	负值	正值	—	负值
7 月	负值	负值	正值	正值
10 月	零值	零值	负值	正值

7 月，Cd 的表层、底层含量差为–0.06～0.32μg/L。在湾口近岸水域的 123 站位为正值，在湾口内西南部近岸水域的 122 站位为负值，在湾口水域的 083 站位为正值，在湾口内西南部水域的 084 站位为负值，2 个站为正值，2 个站为负值（表 20-4）。

10 月，Cd 的表层、底层含量差为–0.11～0.11μg/L。在湾口近岸水域的 123 站位为负值，在湾口内西南部近岸水域的 122 站位为零值，在湾口水域的 083 站位为正值，在湾口内西南部水域的 084 站位为零值，1 个站为正值，1 个站为负值，2 个站为零值（表 20-4）。

20.2.5　1983 年

1. 表底层变化范围

5 月、9 月和 10 月，在胶州湾的湾口水域，在这些站位：H34、H35、H36、H37、H82，来确定 Cd 含量在表层、底层的变化范围。

5 月，表层含量较低（0.09～0.41μg/L）时，其对应的底层含量就较低（0.10～0.15μg/L）。而且，Cd 的表层含量变化范围（0.09～0.41μg/L）大于底层的含量变化范围（0.10～0.15μg/L），变化量基本一样。因此，Cd 的表层含量低的，对应的底层含量就低。

9 月，表层含量较高（0.40～3.33μg/L）时，其对应的底层含量就较高（0.67～2.00μg/L）。而且，Cd 的表层含量变化范围（0.40～3.33μg/L）大于底层的含量变化范围（0.67～2.00μg/L），变化量基本一样。因此，Cd 的表层含量高的，对应的底层含量就高。

10 月，表层含量较高（0.10～1.50μg/L）时，其对应的底层含量就较高（0.03～2.00μg/L）。而且，Cd 的表层含量变化范围（0.10～1.50μg/L）小于底层的含量变化范围（0.03～2.00μg/L），变化量基本一样。因此，Cd 的表层含量较高的，对应的底层含量就较高。

而且，Cd 的表层含量变化范围（0.09～3.33μg/L）大于底层的含量变化范围（0.03～2.00μg/L），变化量基本一样。因此，Cd 的表层含量高的，对应的底层含

量就高；同样，Cd 的表层含量低的，对应的底层含量就低。

2. 表底层垂直变化

5 月、9 月和 10 月，在这些站位：H34、H35、H36、H37、H82，Cd 的表层、底层含量相减，其差为–1.50～2.53μg/L。这表明 Cd 的表层、底层含量都相近。

5 月，Cd 的表层、底层含量差为–0.01～0.30μg/L。在湾口内西南部水域的 H36 站位为正值，在湾口水域和湾口内东北部水域的 H35、H37 站位为正值。在湾外水域的 H34 站位为正值。只有在湾外水域的 H82 站位为负值。4 个站为正值，1 个站为负值（表 20-5）。

表 20-5　1983 年在胶州湾的湾口水域 Cd 的表层、底层含量差

月份 \ 站位	H36	H37	H35	H34	H82
5 月	正值	正值	正值	正值	负值
9 月	正值	负值	正值	负值	负值
10 月	零值	零值	负值	负值	正值

9 月，Cd 的表层、底层含量差为–1.50～2.53μg/L。在湾口内西南部水域和湾口水域的 H36、H35 站位为正值，湾口内东北部水域的 H37 站位为负值，湾口外东北部水域的 H34 站位和湾口外南部水域的 H82 站位都为负值。2 个站为正值，3 个站为负值（表 20-5）。

10 月，Cd 的表层、底层含量差为–1.50～0.07μg/L。湾口外南部水域的 H82 站位为正值。湾口内水域的 H36、H37 站位为零值。在湾口水域的 H35 站位和湾口外东北部水域的 H34 站位都为负值。1 个站为正值，2 个站为零值，2 个站为负值（表 20-5）。

20.3　水域垂直迁移过程

20.3.1　来　　源

1979～1983 年，在胶州湾水体中，胶州湾水域 Cd 有 6 个来源[3~12]，主要来自外海海流的输送（0.12～0.25μg/L）、河流的输送（0.07～0.85μg/L）、近岸岛尖端的输送（0.48～3.33μg/L）、大气沉降的输送（0.14～0.55μg/L）、地表径流的输送（0.38～0.53μg/L）和船舶码头的输送（0.16～1.50μg/L）。

时间尺度上，在整个胶州湾水域，Cd 最初来自于自然界的产生，随着时间的变化，Cd 不仅来自于自然界的产生同时也由人类活动产生，这样，在水体中的

Cd 含量增加到高峰值。然后，通过 Cd 在水域的沉降过程，从表层穿过水体，来到底层。于是，表层 Cd 含量降低到低谷值。

空间尺度上，向胶州湾水域输入的 Cd 是随着来源的入海口，从大到小的变化，也就是随着与来源入海口的距离大小而变化[3~12]。因此，在胶州湾水域，通过外海海流的输送、河流的输送、近岸岛尖端的输送、大气沉降的输送、地表径流的输送和船舶码头的输送，将 Cd 输入到胶州湾的水域。

这样，在水体效应的作用下[13~15]，Cd 含量在表层、底层发生了变化。因此，在胶州湾水域，通过外海海流的输送、河流的输送、近岸岛尖端的输送、大气沉降的输送、地表径流的输送和船舶码头的输送，将 Cd 输入到胶州湾的水域，然后经过海流和潮汐的作用，表明了 Cd 的水域垂直迁移过程。

20.3.2 水域的沉降量和累积量

1979～1983 年，胶州湾水体中，表层、底层 Cd 含量的变化范围的差，正负值不超过 1.50μg/L（表 20-6），这表明 Cd 含量的表层、底层变化量基本一样。而且 Cd 的表层含量高的，对应其底层含量就高；同样，Cd 的表层含量比较低时，对应的底层含量就低。这展示了 Cd 的沉降是迅速的，而且沉降是大量的，沉降量与含量的高低相一致。例如，1983 年，表层 Cd 含量高值为 3.33μg/L，底层 Cd 含量高值为 2.00μg/L，表层、底层含量差为 1.33μg/L；表层 Cd 含量低值为 0.09μg/L，底层 Cd 含量低值为 0.03μg/L，表层、底层含量差为 0.06μg/L，这证实了无论表层 Cd 含量高值或者低值，Cd 的沉降是迅速的，保持了表层、底层含量的一致性。同时，也证实了当表层 Cd 含量高时，其沉降量就大；当表层 Cd 含量低时，其沉降量就小，始终使表层、底层 Cd 含量具有一致性，这样，沉降量与含量的高低相一致。表层 Cd 含量的变化范围展示了 Cd 含量的绝对沉降量和相对沉降量。

表 20-6 在胶州湾水域表层、底层 Cd 含量的变化范围

时间 Cd 含量/（μg/L）	1979 年	1980 年	1981 年	1982 年	1983 年
表层的变化范围	0.02～0.25	0～0.48	0～0.40	0.11～0.53	0.10～3.33
底层的变化范围	0.01～0.09	0～0.35	0～0.13	0.13～0.53	0.03～2.00
表层、底层含量差	0.01～0.14	0～0.13	0～0.27	-0.02～0.00	0.07～1.33
表层绝对变化差即绝对沉降量	0.23	0.48	0.40	0.42	3.23
表层相对变化差即相对沉降量	92.0%	100.0%	100.0%	79.2%	96.9%
底层绝对变化差即绝对累积量	0.08	0.35	0.13	0.40	1.97
底层相对变化差即相对累积量	88.8%	100.0%	100.0%	75.4%	98.5%

1979～1983 年，Cd 的绝对沉降量为 0.23～3.23μg/L，Cd 的相对沉降量为 79.2%～100.0%。1979 年，表层的 Cd 含量变化范围为 0.02～0.25μg/L，表层的 Cd含量非常低，其相对沉降量为92.0%。1983年，表层的Cd含量变化范围为0.10～3.33μg/L，表层的 Cd 含量非常高，其相对沉降量为 96.9%。这样，无论表层的 Cd 含量是多么的低或者表层的Cd含量是多么的高，Cd含量的相对沉降量为92.0%～96.9%，这确定了 Cd 含量的相对沉降量是非常稳定的。1980 年和 1981 年，Cd 含量的相对沉降量都为 100.0%，这揭示了 Cd 的沉降是迅速的、彻底的。1981～1983 年，Cd 含量的相对沉降量最低为 79.2%，这确定了 Cd 的最低相对沉降量也是非常高的。这展示了 Cd 易沉降和易挥发的特征。

1979～1983 年，Cd 含量的绝对累积量为 0.08～1.97μg/L，Cd 含量的相对累积量为 75.4%～100.0%。1981 年，底层的 Cd 含量变化范围为 0～0.13μg/L，底层的 Cd 含量非常低，其相对累积量为 100.0%。在 1983 年，底层的 Cd 含量变化范围为 0.03～2.00μg/L，底层的 Cd 含量非常高，其相对累积量为 98.5%。这样，无论底层的 Cd 含量是多么的低或者底层的 Cd 含量是多么的高，Cd 含量的相对累积量为98.5%～100.0%，这确定了Cd含量的相对累积量是非常稳定的。同样，1979～1983 年的五年中，有三年，即 1980 年、1981 年和 1983 年，Cd 含量的相对累积量都在 98.5%以上，这确定了 Cd 含量的相对累积量是非常稳定的。1980 年和 1981 年，Cd 含量的相对累积量都为 100.0%，这揭示了 Cd 含量的积累是稳定的、完整的。1981～1983 年，Cd 含量的相对沉降量最低为 75.4%，这确定了 Cd 含量的最低相对累积量也是非常高的。这展示了 Cd 易累积和易沉积的特征。

20.3.3　水域迁移过程

在胶州湾水域，随着时间的变化，Cd 的表层、底层含量相减，其差也发生了变化，这个差值表明了 Cd 含量在表层、底层的变化，展示了水域垂直迁移过程。

1979 年，在胶州湾的湾口水域，5 月、8 月和 11 月，在湾外水域的 Cd 含量表层值大于底层的。这表明在一年中，在湾口外侧水域 Cd 含量的来源比较高，也就是外海海流的输送比较高。5 月和 8 月，在湾口内西南部水域 Cd 含量表层值小于底层的。这表明在湾口内西南部水域 Cd 的沉降比较高。这是由于在湾内河流输入胶州湾的 Cd 含量比较高，于是，在湾内的 Cd 的沉降比较高，而在湾外的 Cd 的沉降就比较低。8 月，在湾口水域 Cd 含量表层值小于底层的，要么 Cd 含量表层等于底层的。这表明在湾口水域，由于海流的流速比较高，Cd 含量在此水域比较均匀，只有 8 月，Cd 含量的来源比较高时，Cd 在此水域才有沉降。

1980 年，在胶州湾的湾口水域。首先从时间变化的尺度来观察沉降。

6 月、7 月，在湾口内侧北部水域，Cd 含量表层值大于底层的，这表明 Cd 来自船舶码头的输送。9 月和 10 月，在湾口内侧北部水域 Cd 含量的表层值与底层一样，这表明 Cd 含量在此水域是比较均匀的。

在湾口内侧南部水域，6 月，Cd 含量在此水域是比较均匀的。7 月、9 月和 10 月，Cd 含量表层值都小于底层的，这表明 Cd 在此水域的沉降比较高。

湾口水域，在一年中，7 月，Cd 含量的来源很高时，表层 Cd 含量大于底层的，9 月，Cd 含量的来源比较高时，Cd 含量表层值等于底层的，6 月和 10 月，Cd 含量的来源比较低时，Cd 含量的表层值小于底层的。这表明来源提供的 Cd 含量从低到高，再从高到低的变化，展示了 Cd 含量在表层、底层的变化过程：由 Cd 含量表层值小于底层的，转变为 Cd 含量表层值等于底层的，到 Cd 含量表层值大于底层的。然后，由 Cd 含量表层值大于底层的，转变为 Cd 含量表层值等于底层的，到 Cd 含量表层值小于底层的。

同样，湾口外侧北部水域，在一年中，来源提供的 Cd 含量从低到高，再从高到低的变化，展示了 Cd 含量在表层、底层的变化过程。

湾口外侧南部水域，6 月、7 月、9 月和 10 月，Cd 含量表层值始终小于底层的。这表明在湾口外侧南部水域，在一年中，Cd 的沉降始终非常高。在这个区域我们就可以寻找到 Cd 的高沉降区。

其次再从空间变化的尺度来观察沉降。

6 月，Cd 含量来源于湾内，只有在湾口内侧北部水域，表层 Cd 含量大于底层的，在湾口内侧南部水域，表层 Cd 含量等于底层的，其他水域，表层 Cd 含量都小于底层的。这展示了 Cd 含量随着表层来源从大到小的变化，到海底 Cd 含量从小到大的变化，充分揭示了 Cd 由近及远的沉降过程。

7 月，在湾口内侧北部水域、湾口水域和湾口外侧北部水域，表层 Cd 含量大于底层的。在湾口内侧南部水域和湾口外侧南部水域，表层 Cd 含量小于底层的。这展示了 Cd 来源于北部，随着从北部到南部的变化，Cd 含量呈现了在表层从大到小的变化，在底层从小到大的变化，充分揭示了 Cd 含量由近及远的沉降过程。

9 月，来源于北部的 Cd 含量在减少，出现了在湾口内侧北部水域和在湾口水域，表层 Cd 含量等于底层的。只有在湾口外侧北部水域，表层 Cd 含量依然大于底层的。而在湾口内侧南部水域和湾口外侧南部水域，表层 Cd 含量小于底层的。同样结果，这充分揭示了 Cd 含量由近及远的沉降过程。而且，进一步阐明了当 Cd 含量从多到少变化时，就呈现有表层、底层 Cd 含量的一致。

10 月，来源于北部的 Cd 含量几乎没有时，出现了在湾口内侧北部水域，表层 Cd 含量等于底层的。而其他水域，表层 Cd 含量都小于底层的。这强有力地揭示了 Cd 完全彻底的沉降。

1981 年 4 月、8 月和 11 月，在胶州湾的湾口水域。首先从时间变化的尺度来观察沉降。

湾口内侧西南部水域，4 月和 8 月，表层 Cd 含量大于底层的。到了 11 月，表层 Cd 含量与底层的一致。这表明了 4 月和 8 月，湾内来源提供了大量的 Cd，到了 11 月，Cd 含量减少到没有，表层、底层 Cd 含量都没有。

湾口内侧东部水域和湾口外侧西部水域，4 月，表层 Cd 含量大于底层的。到了 8 月，表层 Cd 含量小于底层的。到了 11 月，表层 Cd 含量与底层的一致。这表明了在 4 月，湾内来源提供了大量的 Cd，到了 8 月，大量的 Cd 经过沉降，在海底累积。到了 11 月，Cd 含量减少到没有，表层、底层 Cd 含量都没有。

湾口南部水域，4 月，表层 Cd 含量小于底层的。到了 8 月，表层 Cd 含量大于底层的。到了 11 月，表层 Cd 含量与底层的一致。这表明了 4 月，湾内来源提供了 Cd，到了湾口南部水域经过沉降，在海底累积。到了 8 月，湾内来源提供了大量的 Cd，一直到达了湾口南部表层水域。到了 11 月，Cd 含量减少到没有，表层、底层 Cd 含量都没有。

湾口北部水域，4 月，表层 Cd 含量小于底层的。到了 8 月，表层 Cd 含量与底层的一致。到了 11 月，表层 Cd 含量与底层的一致。这表明了 4 月，湾内来源提供了 Cd，到了湾口南部水域经过沉降，在海底累积。到了 8 月，湾内来源提供了 Cd，Cd 含量在此水域是比较均匀的。到了 11 月，Cd 含量减少到没有，表层、底层 Cd 含量都没有。

湾口外侧东部水域，4 月，表层 Cd 含量小于底层的。到了 8 月，表层 Cd 含量小于底层的。到了 11 月，表层 Cd 含量与底层的一致。这表明了 4 月，湾内来源提供了 Cd，到了湾口外侧东部水域经过沉降，在海底累积。到了 8 月，Cd 经过进一步沉降，在海底有大量的沉积。到了 11 月，Cd 含量减少到没有，表层、底层 Cd 含量都没有。

其次再从空间变化的尺度来观察沉降。

4 月，在湾口内侧西南部水域、湾口内侧东部水域和湾口外侧西部水域，表层 Cd 含量大于底层的。在湾口南部水域、湾口北部水域和湾口外侧东部水域，表层 Cd 含量小于底层的。这展示了 Cd 来源于湾内，在湾口内侧水域 Cd 含量呈现了表层大于底层的。Cd 从湾内经过沉降到达湾口，在湾口南部、北部水域，表层 Cd 含量都小于底层的。表明了 Cd 从湾内到湾口的沉降迁移过程。同时，也展示了 Cd 来源于湾口外侧西部水域，在湾口外侧西部水域 Cd 含量呈现了表层大于底层的。随着 Cd 从湾口外侧西部水域经过沉降到达湾口外侧东部水域，表明了 Cd 从湾口外侧的西部到东部的沉降迁移过程。

8 月，在湾口内侧西南部水域和湾口南部水域，表层 Cd 含量大于底层的。这展示了 Cd 含量来源于湾口内侧和湾口的南部水域，在湾口的西南部和南部水域 Cd 含量呈现了表层大于底层的。在湾口内侧东部水域以及在湾口外侧的西部水域和东部水域，表层 Cd 含量都小于底层的。表明了 Cd 含量来源于湾口的西南部和南部，然后，Cd 向湾内的东部和湾外东部沉降迁移。于是，在湾口内侧东部水域以及在湾口外侧的东部、西部水域，Cd 含量呈现了表层小于底层的。揭示了 Cd 从湾口的西南部和南部到湾内的东部和湾外东部的沉降迁移过程。在这个迁移过程中，经过湾口北部水域，此水域海流的流速很快，呈现了表层、底层 Cd 含量的混合均匀。

11 月，在胶州湾的湾口内侧水域、湾口水域和湾口外侧水域，表层、底层 Cd 含量都没有，消失得无影无踪。作者认为，这是 Cd 在表层完全的、彻底的沉降，导致了表层 Cd 含量都没有了，经过海底的沉积和掩埋，也导致了底层 Cd 含量都没有了。

1982 年 4 月、7 月和 10 月，在胶州湾的西南沿岸水域。首先从时间变化的尺度来观察沉降。

在湾口内西南部近岸水域，4 月，表层 Cd 含量小于底层的。到了 7 月，表层 Cd 含量小于底层的。到了 10 月，表层 Cd 含量与底层的一致。这表明了 4 月，湾内来源提供了 Cd，到了湾口内西南部近岸水域经过沉降，在海底累积。到了 7 月，Cd 经过进一步沉降，在海底有大量的沉积。到了 10 月，表层值与底层的一样，Cd 含量在此水域是比较均匀的。因此，在湾口内西南部近岸水域，当来源提供了大量的 Cd，在此水域就出现了大量的 Cd 沉降；当来源提供的 Cd 减少，在此水域就出现了 Cd 含量在表层、底层混合均匀。

湾口内西南部水域，4 月，表层 Cd 含量大于底层的。到了 7 月，表层 Cd 含量小于底层的。到了 10 月，表层 Cd 含量与底层的一致。这表明了 4 月，湾内来源提供了大量的 Cd，表层 Cd 含量就比较高。到了 7 月，Cd 经过一段时间的沉降，在海底有大量的沉积，底层 Cd 含量就比较高。到了 10 月，表层值与底层一样，Cd 含量在此水域是比较均匀的。因此，在湾口内西南部水域，最初，来源提供了大量的 Cd，然后在此水域就出现了大量的 Cd 沉降，当来源提供的 Cd 减少，在此水域就出现了 Cd 含量在表层、底层混合均匀。

湾口近岸水域，7 月，表层 Cd 含量大于底层的。到了 10 月，表层 Cd 含量小于底层的。这表明了在 7 月，湾内来源提供了大量的 Cd，表层 Cd 含量就比较高。到了 10 月，Cd 含量经过一段时间的沉降，在海底有大量的沉积，底层 Cd 含量就比较高。因此，在湾口近岸水域，最初，来源提供了大量的 Cd，然后在此水域就出现了大量的 Cd 沉降。

湾口水域，4 月，表层 Cd 含量小于底层的。到了 7 月，表层 Cd 含量大于底层的。到了 10 月，表层 Cd 含量大于底层的。这表明了在 4 月，来源提供的 Cd 含量到此水域就比较低，而在底层的 Cd 含量累积量比较高，底层 Cd 含量就比较高。到了 7 月，来源提供的 Cd 在此水域就比较高，而在湾口水域，海流的流速比较高，底层的 Cd 含量很低，这样，表层 Cd 含量就比较高。到了 10 月，同样状态，表层 Cd 含量就比较高。

其次再从空间变化的尺度来观察沉降。

4 月，在湾口内西南部水域，表层 Cd 含量大于底层的。在湾口内西南部近岸水域和湾口水域，表层 Cd 含量小于底层的。这展示了 Cd 来源于湾内，在湾口内西南部水域 Cd 含量呈现了在表层大于底层的。Cd 从湾内经过沉降到达湾口，在湾口内西南部近岸水域和湾口水域，表层 Cd 含量都小于底层的。表明了 Cd 从湾内到湾口的沉降迁移过程。

7 月，在湾口近岸水域和湾口水域，表层 Cd 含量大于底层的。在湾口内西南部近岸水域和湾口内西南部水域，表层 Cd 含量小于底层的。这展示了 Cd 来源于湾口水域，呈现了表层大于底层的。经过沉降到达湾口内西南部水域，在此水域表层 Cd 含量都小于底层的。表明了 Cd 从湾口到湾口内西南部的沉降迁移过程。

10 月，在湾口水域，表层 Cd 含量大于底层的。在湾口近岸水域，表层 Cd 含量小于底层的。在湾口内西南部近岸水域和湾口内西南部水域，表层 Cd 含量与底层的一致。这展示了 Cd 来源于湾口水域，呈现了表层大于底层的。经过沉降到达湾口近岸水域，在此水域表层 Cd 含量都小于底层的。表明了 Cd 从湾口到湾口近岸的沉降迁移过程。而在湾口内西南部近岸水域和湾口内西南部水域，呈现了表层、底层 Cd 含量混合均匀。

1983 年 5 月、9 月和 10 月，在胶州湾的湾口水域。首先从时间变化的尺度来观察沉降。

湾口内西南部水域，5 月，表层 Cd 含量大于底层的。到了 9 月，表层 Cd 含量大于底层的。到了 10 月，表层 Cd 含量与底层的一致。这表明了 5 月，湾内来源提供了大量的 Cd，表层 Cd 含量就比较高。到了 9 月，来源还是提供了大量的 Cd，表层 Cd 含量就比较高。到了 10 月，来源提供的 Cd 在减少，Cd 含量的表层值与底层一样，在此水域 Cd 含量是比较均匀的。

湾口内东北部水域，5 月，表层 Cd 含量大于底层的。到了 9 月，表层 Cd 含量小于底层的。到了 10 月，表层 Cd 含量与底层的一致。这表明了 5 月，湾内来源提供了大量的 Cd，表层 Cd 含量就比较高。到了 9 月，Cd 经过一段时间的沉降，在海底有大量的沉积，底层 Cd 含量就比较高。到了 10 月，表层值与底层一样，Cd 含量在此水域是比较均匀的。因此，在湾口内东北部水域，最初，来源提供了大量的 Cd，然后在此水域就出现了大量的 Cd 沉降，当来源提供的 Cd 减少，在此水域就出现了 Cd 含量在表层、底层混合均匀。

湾口水域，5 月，表层 Cd 含量大于底层的。到了 9 月，表层 Cd 含量大于底层的。到了 10 月，表层 Cd 含量小于底层的。这表明了 5 月，湾内来源提供了大量的 Cd，表层 Cd 含量就比较高。到了 9 月，来源还提供了大量的 Cd，表层 Cd 含量就比较高。到了 10 月，Cd 经过一段时间的沉降，在海底有大量的沉积，底层 Cd 含量就比较高。因此，在湾口水域，最初，来源提供了大量的 Cd，然后在此水域就出现了大量的 Cd 沉降。

湾口外的东北部水域，5 月，表层 Cd 含量大于底层的。到了 9 月，表层 Cd 含量小于底层的。到了 10 月，表层 Cd 含量小于底层的。这表明了 5 月，湾内来源提供了大量的 Cd，表层 Cd 含量就比较高。到了 9 月，Cd 经过一段时间的沉降，在海底有大量的沉积，底层 Cd 含量就比较高。到了 10 月，Cd 经过进一步的沉降，在海底有大量的沉积，底层 Cd 含量就比较高。因此，在湾口外的东北部水域，最初，来源提供了大量的 Cd，然后在此水域就出现了大量的 Cd 沉降，而且还进一步地进行着沉降。

湾口外的南部水域，5 月，表层 Cd 含量小于底层的。到了 9 月，表层 Cd 含量小于底层的。到了 10 月，表层 Cd 含量大于底层的。这表明了 5 月，湾内来源几乎没有提供 Cd，表层 Cd 含量就比较低。到了 9 月，湾内来源还没有提供 Cd，表层 Cd 含量依然比较低。到了 10 月，提供的 Cd 才来到湾口外的南部水域。因此，在湾口外的南部水域，5～9 月，来源几乎没有提供 Cd 到此水域，一直到 10 月，才将 Cd 输送到湾口外的南部水域。

其次再从空间变化的尺度来观察沉降。

5 月，在湾口内水域、湾口水域和湾口外的东北部水域，表层 Cd 含量大于底层的。在湾口外的南部水域，表层 Cd 含量小于底层的。这展示了 Cd 来源于湾内，从湾口内水域到湾口水域，再到湾口外的东北部水域，都呈现了表层大于底层的。到了湾口外的南部水域，Cd 才出现了大量的沉降，表层 Cd 含量都小于底层的。这表明了 Cd 从湾内到湾口再到湾口外南部的沉降迁移过程。

9 月，在湾口内西南部水域和湾口水域，表层 Cd 含量大于底层的。在湾口内的东北部水域、湾口外的东北部水域和湾口外的南部水域，表层 Cd 含量小于底层的。这展示了 Cd 来源于湾内，在湾口内西南部水域和湾口水域都呈现了表层大于底层的。可是在湾口内的东北部水域和湾口外的东北部水域、湾口外的南部水域，Cd 经过一段时间的沉降，在海底有大量的沉积，表层 Cd 含量都小于底层的。这表明了 Cd 从湾内到湾口外的沉降迁移过程。

10 月，在湾口内水域，表层 Cd 含量与底层的一致。在湾口水域和湾口外的东北部水域，表层 Cd 含量小于底层的。在湾口外的南部水域，表层 Cd 含量大于底层的。这展示了湾内来源已经不提供 Cd，在湾口内水域，呈现了表层、底层 Cd 含量的混合均匀。在湾口水域和湾口外的东北部水域，Cd 经过一段时间的沉降，在海底有大量的沉积，表层 Cd 含量都小于底层的。在湾口外的南部水域，底层的 Cd 含量在逐渐消失，呈现了表层 Cd 含量大于底层的。

20.3.4　水域迁移模型框图

1979～1983 年，在胶州湾水体中 Cd 的垂直分布，由水域迁移过程所决定，Cd 的水域迁移过程出现三个阶段：从来源把 Cd 输出到胶州湾水域、把 Cd 输入到胶州湾水域的表层、Cd 从表层沉降到底层。这可用模型框图来表示（图 20-2）。Cd 的水域迁移过程通过模型框图来确定，就能分析知道 Cd 经过的路径和留下的轨迹。对此，三个模型框图展示了：表层、底层 Cd 含量的变化来决定在水域迁移的过程。在胶州湾水体中 Cd 含量的垂直分布呈现了表层、底层 Cd 含量的变化，这样的变化过程分为 6 种状态：①来源提供大量的 Cd，这时，Cd 的表层含量大于底层的含量。② 来源进一步提供大量的 Cd，这时，Cd 的表层含量依然大于底层的含量。③来源继续提供 Cd，可是 Cd 经过一段时间的沉降，在海底有大量的沉积，这时，Cd 的表层含量与底层含量一致。④来源减少提供 Cd，可是 Cd 经过一段时间的沉降，在海底有大量的沉积，这时，Cd 的表层含量小于底层的含量。⑤来源已经停止提供 Cd，Cd 的表层含量已经没有了，由于 Cd 经过一段时间的沉降，在海底有大量的沉积，这时，Cd 的表层含量小于底层含量。⑥来源已经停止提供 Cd，Cd 的表层含量已经没有了，在海底大量的沉积也逐渐消失了，底层 Cd 含量也没有了，于是，Cd 的表层含量与底层含量一致。

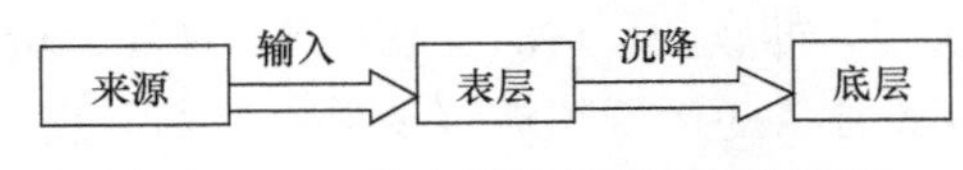

图 20-2　Cd 的水域迁移过程模型框图

在胶州湾水域，Cd 随着来源的高低和经过距离的变化进行迁移。表层、底层的 Cd 含量变化揭示了 Cd 的水域迁移过程：Cd 含量的表底层的变化是由来源的 Cd 含量高低和经过迁移距离的远近所决定的，如六六六、汞、铬的迁移机制所展示的一样[16,17]。

20.3.5　水域垂直迁移的特征

1979～1983 年，表层、底层的 Cd 含量变化揭示了 Cd 含量的表层、底层含量具有一致性以及 Cd 具有高沉降，其沉降量的多少与含量的高低相一致。表层、底层 Cd 含量的变化范围展示了 Cd 经过不断地沉降，在海底具有累积作用。Cd 含量的表层、底层垂直变化展示了 Cd 含量的表层、底层含量都相近，而且 Cd 具有迅速的沉降，并且具有海底的累积。说明经过不断地沉降后，Cd 在海底的累积作用是很重要的，导致了 Cd 含量在底层的增加是非常高的。当来源提供的 Cd 停止了，Cd 经过不断地沉降，Cd 的表层含量就逐渐没有了。当 Cd 的表层含量没有了，Cd 的沉降也就停止了，Cd 的底层含量就逐渐没有了。这些都是 Cd 水域迁移过程的特征。

20.4 结　论

1979～1983 年，在胶州湾水域，通过外海海流的输送、河流的输送、近岸岛尖端的输送、大气沉降的输送、地表径流的输送和船舶码头的输送，将 Cd 输入到胶州湾的水域，然后经过海流和潮汐的作用，表明了 Cd 的水域垂直迁移过程。

1979～1983 年，胶州湾水体中，表层、底层 Cd 含量的变化范围的差，正负值不超过 1.50μg/L，这表明 Cd 含量的表层、底层变化量基本一样。而且 Cd 的表层含量高的，对应其底层含量就高；同样，Cd 的表层含量比较低时，对应的底层含量就低。这展示了 Cd 的沉降是迅速的，而且沉降是大量的，沉降量与含量的高低相一致。

1979～1983 年，Cd 含量的绝对沉降量为 0.23～3.23μg/L，Cd 含量的相对沉降量为 79.2%～100.0%。无论表层的 Cd 含量是多么的低或者表层的 Cd 含量是多么的高，Cd 含量的相对沉降量为 92.0%～96.9%，这确定了 Cd 含量的相对沉降量是非常稳定的。在 1980 年和 1981 年，Cd 含量的相对沉降量都为 100.0%，这揭示了 Cd 的沉降是迅速的、彻底的。1981～1983 年，Cd 含量的相对沉降量最低的为 79.2%，这确定了 Cd 含量的最低相对沉降量也是非常高的。这展示了 Cd 易沉降和易挥发的特征。

1979～1983 年，Cd 含量的绝对累积量为 0.08～1.97μg/L，Cd 含量的相对累积量为 75.4%～100.0%。无论底层的 Cd 含量是多么低或者底层的 Cd 含量是多么高，Cd 含量的相对累积量为 98.5%～100.0%，这确定了 Cd 含量的相对累积量是非常稳定的。在 1979～1983 年的五年中，有三年，即 1980 年、1981 年和 1983 年，Cd 含量的相对累积量都在 98.5%以上，这确定了 Cd 的相对累积量是非常稳定的。1980 年和 1981 年，Cd 的相对累积量都为 100.0%，这揭示了 Cd 含量的积累是稳定的、完整的。1981～1983 年，Cd 的相对沉降量最低的为 75.4%，这确定了 Cd 的最低相对累积量也是非常高的。这展示了 Cd 易累积和易沉积的特征。

1979～1983 年，在胶州湾水体中 Cd 含量的垂直分布，由水域迁移过程所决定，Cd 的水域迁移过程出现三个阶段：从来源把 Cd 输出到胶州湾水域、把 Cd 输入到胶州湾水域的表层、Cd 从表层沉降到底层。在胶州湾水体中 Cd 的垂直分布呈现了表层、底层 Cd 含量的变化，这样的变化过程可用 6 种状态来进行阐明。在胶州湾水域，Cd 含量随着来源的高低和经过距离的变化进行迁移。表层、底层的 Cd 含量变化揭示了 Cd 的垂直迁移过程：Cd 含量的表底层的变化是由河口来源的 Cd 含量高低和经过迁移距离的远近所决定的，如六六六、汞、铬的迁移机制所展示的一样。因此，Cd 含量的表层、底层变化量以及 Cd 含量的表层、底层垂直变化都充分展示了：Cd 具有迅速的沉降，而且沉降量的多少与含量的高低相一致。Cd 经过不断地沉降，在海底具有累积作用。当来源停止提供 Cd，Cd 的表层含量就逐渐没有了，Cd 含量的沉降也就停止了，Cd 的底层含量就逐渐没有了，在整个水体中 Cd 就会消失得无影无踪。这些特征揭示了 Cd 的水域迁移过程。

参 考 文 献

[1] 杨东方, 苗振清. 海湾生态学(上册). 北京: 海洋出版社, 2010: 1-320.

[2] 杨东方, 高振会. 海湾生态学(下册). 北京: 海洋出版社, 2010: 1-330.

[3] 杨东方, 陈豫, 王虹, 等. 胶州湾水体镉的迁移过程和本底值结构. 海岸工程, 2010, 29(4): 73-82.

[4] 杨东方, 陈豫, 常彦祥, 等. 胶州湾水体镉的分布及来源. 海岸工程, 2013, 32(3): 68-78.

[5] Yang D F, Zhu S X, Wang F Y, et al. The distribution and content of Cadmium in Jiaozhou Bay. Applied Mechanics and Materials, 2014 , 644-650: 5325-5328.

[6] Yang D F, Wang F Y, Wu Y F, et al. The structure of environmental background value of Cadmium in Jiaozhou Bay waters. Applied Mechanics and Materials, 2014, 644-650: 5329-5312.

[7] Yang D F, Chen S T, Li B L, et al. Research on the vertical distribution of Cadmium in Jiaozhou Bay waters. Proceedings of the 2015 international symposium on computers and informatics, 2015: 2667-2674.

[8] Yang D F, Zhu S X, Yang X Q, et al. Pollution level and sources of Cd in Jiaozhou Bay. Materials Engineering and Information Technology Apllication, 2015: 558-561.

[9] Yang D F, Zhu S X, Wang F Y, et al. Distribution and aggregation process of Cd in Jiaozhou Bay. Advances in Computer Science Research, 2015, 2352: 194-197.

[10] Yang D F, Wang F Y, Sun Z H, et al. Research on vertical distribution and settling process of Cd in Jiaozhou Bay. Advances in Engineering Research, 2015, 40: 776-781.

[11] Yang D F, Yang D F, Zhu S X, et al. Spatial-temporal variations of Cd in Jiaozhou Bay. Advances in Engineering Research, 2016, Part B: 403-407.

[12] Yang D F, Yang X Q, Wang M, et al. The slight impacts of marine current to Cd contents in bottom waters in Jiaozhou Bay. Advances in Engineering Research, 2016, Part B: 412-415.

[13] Yang D F, Chen Y, Gao Z H, et al. Silicon limitation on primary production and its destiny in Jiaozhou Bay, China Ⅳ transect offshore the coast with estuaries. Chin J Oceanol Limnol, 2005, 23(1): 72-90.

[14] 杨东方, 王凡, 高振会, 等. 胶州湾浮游藻类生态现象. 海洋科学, 2004, 28(6): 71-74.
[15] 国家海洋局. 海洋监测规范. 北京: 海洋出版社, 1991.
[16] Yang D F, Wang F Y, He H Z, et al. Vertical water body effect of benzene hexachloride. Proceedings of the 2015 international symposium on computers and informatics, 2015: 2655-2660.
[17] Yang D F, Wang F Y, Zhao X L, et al. Horizontal waterbody effect of hexachlorocyclohexane. Sustainable Energy and Enviroment Protection, 2015: 191-195.
[18] Yang D F, Wang F Y, Yang X Q, et al. Water's effect of benzene hexachloride. Advances in Computer Science Research, 2015, 2352: 198-204.
[19] 杨东方, 苗振清, 徐焕志, 等. 有机农药六六六对胶州湾海域水质的影响——水域迁移过程.海洋开发与管理, 2013, 30(1): 46-50.
[20] Yang D F, Wang F Y, Zhu S X, et al. Aquatic transfer Mechanism of Hg in Jiaozhou Bay. Applied Mechanics and Materials, 2014, 651-653: 1415-1418.

第 21 章　胶州湾水域

21.1　背　　景

21.1.1　胶州湾自然环境

胶州湾位于山东半岛南部，其地理位置为东经 120°04′～120°23′，北纬 35°58′～36°18′，以团岛与薛家岛连线为界，与黄海相通，面积约为 446km^2，平均水深约 7m，是一个典型的半封闭型海湾（图 21-1）。胶州湾入海的河流有十几条，其中径流量和含沙量较大的为大沽河和洋河，青岛市区的海泊河、李村河和娄山河等河流，这些河流均属季节性河流，河水水文特征有明显的季节性变化[1~19]。

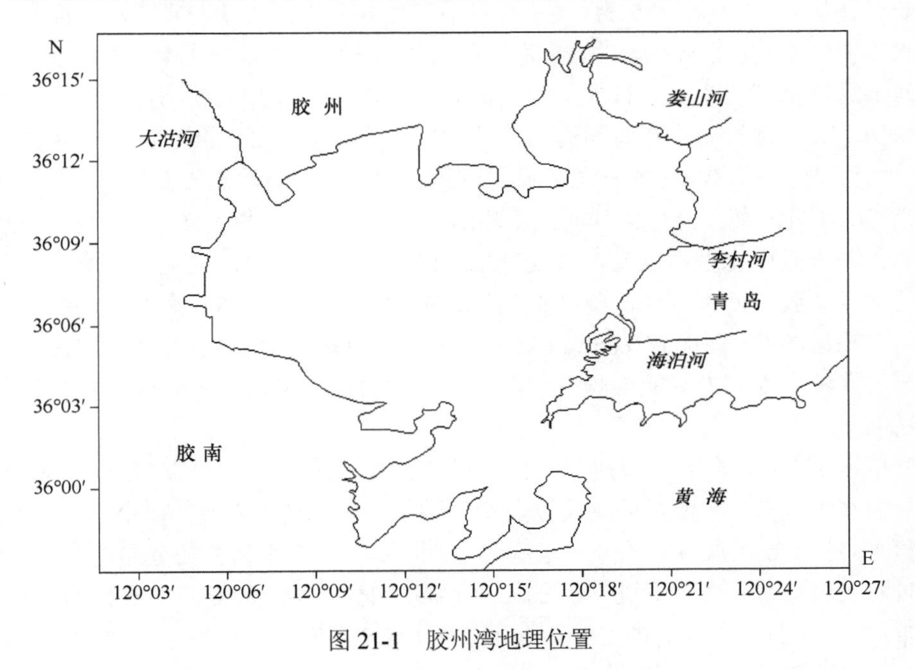

图 21-1　胶州湾地理位置

21.1.2　数据来源与方法

本研究所使用的调查数据由国家海洋局北海监测中心提供。胶州湾水体 Cd

的调查[3~17]按照国家标准方法进行，该方法被收录在国家的《海洋监测规范》中（1991 年）[20]。

1979 年 5 月、8 月和 11 月，1980 年 6 月、7 月、9 月和 10 月，1981 年 4 月、8 月和 11 月，1982 年 4 月、6 月、7 月和 10 月，1983 年 5 月、9 月和 10 月，进行胶州湾水体 Cd 的调查[3~17]。以 4 月、5 月和 6 月为春季，以 7 月、8 月和 9 月为夏季，以 10 月、11 月和 12 月为秋季。

21.2 研究结果

21.2.1 1979 年研究结果

根据 1979 年 5 月、8 月和 11 月胶州湾水域调查资料，研究了胶州湾水域 Cd 的含量大小、表层水平分布。结果表明：Cd 在胶州湾水体中的含量范围为 0.01～0.85μg/L，都符合国家一类海水的水质标准（1.00μg/L）。在胶州湾水域，水质没有受到任何 Cd 的污染。5 月，Cd 含量小于 0.10μg/L，水质非常清洁。而且在海水水体中的 Cd 是非常均匀的。8 月，在胶州湾东部近岸水域 Cd 含量比较高，而在西部近岸水域比较低。11 月，在 Cd 含量方面，在胶州湾的湾内水域，水质非常清洁，又非常均匀；在胶州湾的湾外水域，受到 Cd 微小的污染。5～8 月，再到 11 月，胶州湾水域镉的来源量变化过程表明，从河流输送 Cd 含量的低到河流输送 Cd 含量的高，再变化到河流不输送 Cd。5～8 月，再到 11 月，胶州湾水域镉的来源方式变化过程表明，从没有来源的输送到河流的输送，再转换到外海海流的输送。胶州湾水域 Cd 有两个来源，来自河流的输送和外海海流的输送。来自河流输送的 Cd 含量为 0.85μg/L，来自外海海流输送的 Cd 含量为 0.25μg/L。这揭示了在没有受到人类的影响下，在 Cd 含量方面，河流、外海的水质都是非常清洁的。

根据 1979 年 5 月、8 月和 11 月胶州湾水域调查资料，研究了胶州湾水域 Cd 含量的水平分布、来源量的变化以及均匀性的变化。结果表明：在空间尺度上，5 月和 11 月，Cd 在水体中的分布是均匀的；8 月，Cd 在水体中的分布是不均匀的。在时间尺度上，5～8 月，由 5 月的 Cd 含量均匀分布转变为 8 月的 Cd 含量不均匀分布；8～11 月，由 8 月的 Cd 含量不均匀分布转变为 11 月的 Cd 含量均匀分布。这展示了随着时间的变化，水体中 Cd 含量由均匀到不均匀，再到均匀的变化过程。一个水体中，在物质含量的输入增强时，物质含量在水体中就出现了从均匀的转变为不均匀的。物质含量的输入减少时，物质含量在水体中就出现了从不均匀的转变为均匀的。因此，在这个过程中，物质含量的输入量决定了物质含量在水体中的不均匀性，海水的潮汐和海流的作用决定了物质含量在水体中的均匀性。

作者提出了物质含量的环境动态值的定义及结构模型，并且确定了该模型的各个变量：物质含量的基础本底值、物质含量的环境本底值、物质含量的输入值以及物质含量的环境动态值。于是，根据 1979 年 5 月、8 月和 11 月胶州湾水域的调查资料，应用作者提出的物质含量的环境动态值的定义及结构模型，计算结果表明：在胶州湾水域，Cd 的基础本底值为 0.02～0.04μg/L，Cd 的环境本底值为 0.01～0.04μg/L，Cd 的河流输入值为 0.07～0.85μg/L，Cd 的海流输入值为 0.25μg/L，Cd 在胶州湾水域的环境动态值为 0.01～0.85μg/L。这样，就确定了胶州湾水域 Cd 的变化过程及变化趋势。

根据 1979 年的胶州湾水域调查资料，研究重金属 Cd 在胶州湾的湾口底层水域的含量现状和水平分布。结果表明：5 月、8 月和 11 月，在胶州湾的湾口底层水域，Cd 在胶州湾水体中的含量范围为 0.01～0.09μg/L，符合国家一类海水的水质标准。这表明在 Cd 含量方面，5 月、8 月和 11 月，在胶州湾的湾口底层水域，水质清洁，没有受到 Cd 的任何污染。这表明没有受到人为的 Cd 污染。因此，Cd 经过了垂直水体的效应作用下，在 Cd 含量方面，在胶州湾的湾口底层水域，水质清洁，也没有受到任何 Cd 的污染。在胶州湾的湾口水域，5 月和 8 月，在胶州湾的湾口底层水域，在湾口内侧，Cd 具有高沉降。11 月，在胶州湾的湾口底层水域，在湾口外侧，Cd 含量具有高沉降。作者提出了 Cd 的沉降机制，确定了在底层水域 Cd 含量的变化。作者认为表层 Cd 含量的来源距离及大小决定了 Cd 在底层水域的沉降量。

根据 1979 年的胶州湾水域调查资料，研究在胶州湾的湾口表层、底层水域，表层、底层 Cd 的水平分布趋势、变化范围以及垂直变化过程。结果表明：5 月、8 月和 11 月，在胶州湾的湾口水域，表层 Cd 含量非常低，出现了 Cd 含量在表层、底层沿梯度的变化趋势是相反的或者是不一样的；呈现了 Cd 含量的表层、底层变化范围是一致的，而且 Cd 的表层、底层含量都是相接近的。根据垂直水体效应原理和水平水体效应原理，5 月，Cd 含量有累积效应和稀释效应。8 月，Cd 含量的高低值只有累积效应。11 月，Cd 含量的高低值只有稀释效应。进一步通过计算得到：5 月，较高的 Cd 含量稍微有所损失，较低的 Cd 含量有少许积累。8 月，无论当 Cd 含量高或者低时，Cd 含量有少许积累。11 月，无论当 Cd 含量高或者低时，Cd 含量稍微有所损失。作者提出了 Cd 含量的动态沉降变化过程，充分揭示了在胶州湾的湾口水域，随着时空的变化和 Cd 含量的来源转换，Cd 的迁移过程和变化趋势。

通过 1979 年 5 月、8 月和 11 月的胶州湾水域 Cd 含量的水平变化，研究结果表明：在胶州湾的湾内水域，向胶州湾输送 Cd 含量的唯一来源是河流输送。5 月、

8 月和 11 月，河流输送的 Cd 含量是不同的。根据河流输送的不同 Cd 含量，应用物质含量的水平相对损失速度模型计算得到，在胶州湾的湾内水域，Cd 含量的水平绝对损失速度值和 Cd 含量的水平相对损失速度值，展示了胶州湾水体中三种不同类型的 Cd 含量模式，这样，输送的三种不同 Cd 含量就确定了胶州湾水体中三种不同类型的 Cd 含量模式。因此，来源输送的物质含量变化就决定水体中物质含量的水平绝对损失速度的变化和水平相对损失速度的变化。

21.2.2 1980 年研究结果

根据 1980 年的胶州湾水域调查资料，分析了重金属 Cd 在胶州湾水域的表层、底层水平分布、垂直分布和季节变化以及来源。研究结果表明：在整个胶州湾水域，一年中 Cd 含量的变化范围为 0～0.48μg/L，都符合国家一类海水的水质标准（1.00μg/L）。在整个胶州湾水域，水质没有受到任何 Cd 的污染。在胶州湾水域只有一个来源：湾口外的水域，整个胶州湾水域的 Cd 表层水平分布展示了海流输送 Cd 到胶州湾的湾口外、湾口以及湾口内的水域。海流输入 Cd 的含量为 0～0.48μg/L，胶州湾水域 Cd 的环境本底值为 0～0.48μg/L。Cd 垂直分布展示了：在春季、夏季、秋季，Cd 的表层、底层含量都相近；Cd 表层、底层含量的季节变化都形成了春季、夏季、秋季的一个峰值曲线。Cd 底层水平分布展示了：6 月、7 月、9 月和 10 月，Cd 的底层含量都是湾外高，湾内低。而且，在海流输送 Cd 的过程中，沿着海流进入了胶州湾水域的路径，Cd 的表层含量比底层含量高，在海洋输送的路径周围水域，Cd 的表层含量一直都比底层含量低。

21.2.3 1981 年研究结果

根据 1979 年、1980 年和 1981 年胶州湾水域的调查资料，研究了胶州湾水域 Cd 的含量大小、来源。结果表明：在整个胶州湾水域，一年中没有受到人为的 Cd 污染，Cd 由大自然的输送。作者提出了重金属在水域的环境本底值结构理论，并且应用于胶州湾水域。胶州湾水域的 Cd 含量由水域本身所具有的重金属含量以及地表径流的输入、海洋水流的输入和大气沉降的输入组成。1979 年、1980 年和 1981 年对重金属 Cd 的研究发现，在胶州湾水域，重金属 Cd 的基础本底值为 0～0.10μg/L，陆地径流的重金属 Cd 输入量为 0～0.84μg/L，海洋水流的重金属 Cd 输入量为 0～0.48μg/L，大气沉降的重金属 Cd 输入量为 0～0.55μg/L。在胶州湾水域的一年中，重金属 Cd 输入方式由多种状况组成。

根据 1981 年的胶州湾水域调查资料，分析重金属 Cd 在胶州湾水域的含量现状、水平分布、垂直分布和季节变化。研究结果表明：在整个胶州湾水域，一年中Cd含量都达到了国家一类海水的水质标准（1.00μg/L），水质没有受到任何Cd的污染。在胶州湾和湾外水域有两个来源：来自大气沉降的输入，其输入的Cd的含量为0～0.55μg/L；来自地表径流的输入，其输入的Cd的含量为0～0.40μg/L。而在秋季，在胶州湾及附近水域，Cd没有地表径流的输入，也没有海洋水流的输入，也没有大气沉降的输入。

21.2.4 1982年研究结果

根据1982年的胶州湾水域调查资料，分析重金属Cd在胶州湾水域的含量现状和水平分布。研究结果表明：在整个胶州湾水域，一年中Cd含量（0.11～0.53μg/L）都达到了国家一类海水的水质标准（1.00μg/L），水质没有受到任何Cd的污染。在胶州湾水域有两个来源：地表径流的输入和河流的输入。在近岸水域，输入的Cd含量为0.11～0.53μg/L；在河流的入海口水域，输入的Cd含量为0.11～0.21μg/L，而且地表径流输送的Cd含量大于陆地河流的输送。

根据1982年的胶州湾水域调查资料，分析重金属Cd在胶州湾水域的垂直分布和季节变化。研究结果表明：4月、7月和10月，胶州湾西南沿岸底层水域Cd含量范围为0.13～0.53μg/L。在胶州湾西南沿岸水域的表层水体中，Cd的表层含量由低到高的季节变化为：春季、夏季、秋季，Cd的底层含量由低到高的季节变化为：夏季、春季、秋季。在雨季开始前的4月，Cd含量在表层、底层的水平分布趋势是相反的；在雨季开始后的7月和10月，Cd含量在表层、底层的水平分布趋势是一致的。而且4月、7月和10月，Cd的表层、底层含量都相近。这些垂直分布充分揭示了Cd在水域的迁移过程。

21.2.5 1983年研究结果

根据1983年5月、9月和10月胶州湾水域调查资料，研究了胶州湾水域Cd的含量大小、表层水平分布。结果表明：Cd在胶州湾水体中的含量范围为0.09～3.33μg/L，都符合国家二类海水的水质标准（5.00μg/L），在胶州湾整个水域，水质受到Cd的轻度污染。胶州湾水域Cd有4个来源，主要来自河流的输送、船舶码头的输送、近岸岛尖端的输送和地表径流的输送。来自河流输送的Cd含量为0.80μg/L，来自船舶码头输送的Cd含量为1.50μg/L，来自近岸岛尖端输送的Cd含量为3.33μg/L，来自地表径流输送的Cd含量为0.41μg/L。因此，地表径流和陆地河流没有受到Cd的污染，而近岸岛尖端和船舶码头受到Cd的轻度污染。由此认为，在胶州湾的周围陆地上，还没有受到 Cd 的轻度污染，而在近岸岛尖端和船舶码头受到 Cd 的轻度污染。

根据 1983 年的胶州湾水域调查资料，分析重金属 Cd 在胶州湾水域的垂直分布和季节变化。研究结果表明：5 月、9 月和 10 月，胶州湾湾口底层水域 Cd 的含量范围为 0.03～2.00μg/L。5 月，在胶州湾的湾口底层水域，水质没有受到 Cd 的污染；9 月和 10 月，在胶州湾的湾口底层水域，水质受到 Cd 的轻度污染。在胶州湾的湾口水域，5 月、9 月和 10 月，在水体中的底层都出现了 Cd 的较高含量区（0.14～2.00μg/L）。并且形成了一系列不同梯度的半个同心圆，Cd 从中心的较高含量向湾内的西部水域沿梯度递减，同时，向湾外的东部水域沿梯度递减。此水域水流的速度很快，Cd 的较高含量区的出现表明了水体运动具有将 Cd 聚集的过程。

根据 1983 年的胶州湾水域调查资料，研究在胶州湾的湾口表层、底层水域，表层、底层 Cd 含量的季节分布、水平分布趋势、变化范围以及垂直变化。结果表明：在胶州湾湾口水域，Cd 的表层、底层含量由低到高的季节变化为：春季、秋季、夏季。Cd 含量的季节变化中，河流输送 Cd 含量的变化决定了 Cd 表层含量的变化，也决定了 Cd 底层含量的变化。在胶州湾的湾口水域，5 月、9 月和 10 月，在时间、空间、变化、垂直、区域尺度上，揭示了以下规律：随着时间的变化，Cd 含量在表层、底层的变化是一致的；Cd 含量在表层、底层沿梯度的变化趋势是一致的和相反的；Cd 含量在表层、底层的变化量范围基本一样；Cd 含量在表层、底层保持了相近，在表层、底层 Cd 含量具有一致性；在表层、底层的 Cd 含量对比变化。充分展示了：Cd 迅速沉降的过程、Cd 的迅速沉降和累积效应、Cd 迅速和不断地沉降到海底、Cd 的垂直水体效应作用、Cd 的河流输入和沉降到海底的过程。

21.3　产生消亡过程

21.3.1　含量的年份变化

根据 1979～1983 年的胶州湾水域调查资料，研究 Cd 在胶州湾水域的含量大小、年份变化和季节变化。结果表明：1979～1983 年，在早期的夏季、秋季，胶州湾没有受到 Cd 的任何污染，到了晚期，夏季、秋季胶州湾受到 Cd 的轻度污染。在春季，一直保持着胶州湾没有受到 Cd 的任何污染，在 Cd 含量方面，水质非常清洁。因此，1979～1983 年，胶州湾受到 Cd 含量的输入在逐渐增加，水质在逐渐变差。在一年的 8 个月份中，Cd 含量几乎有 6 个月份都在增加，2

个月份在减少。在整个胶州湾水域，随着 Cd 含量的不断增长，Cd 含量的变化展示了从没有季节变化到逐渐出现了季节变化。最初在胶州湾的非常清洁的水域，逐渐有 Cd 的输入，水体中 Cd 的环境背景值在提高。进一步，整个水域 Cd 含量都在增长。这样，向胶州湾水域输入 Cd，从最初自然界的输送转换为人类活动的输送。

21.3.2　来源变化过程

根据 1979～1983 年的胶州湾水域调查资料，分析 Cd 在胶州湾水域的水平分布和污染源变化。确定了在胶州湾水域 Cd 污染源的位置、范围及变化过程。研究结果表明：1979～1983 年，在胶州湾水体中，胶州湾水域 Cd 有 6 个来源，主要来自外海海流的输送（0.12～0.25μg/L）、河流的输送（0.07～0.85μg/L）、近岸岛尖端的输送（0.48～3.33μg/L）、大气沉降的输送（0.14～0.55μg/L）、地表径流的输送（0.38～0.53μg/L）和船舶码头的输送（0.16～1.50μg/L）。这 6 种途径给胶州湾整个水域带来了 Cd，其 Cd 含量的变化范围为 0.07～3.33μg/L。随着时间的变化，环境领域 Cd 含量在不断的增加。人类活动所产生的 Cd 几乎没有对河流有很大的影响。

21.3.3　从来源到水域的迁移过程

根据 1979～1983 年的胶州湾水域调查资料，分析在胶州湾水域 Cd 的季节变化和来源变化。研究结果表明：在春季、夏季、秋季的季节变化过程中，水体中 Cd 含量的大小都是依赖 Cd 来源的输入量大小。胶州湾水域 Cd 有 6 个来源：外海海流（0.12～0.25μg/L）、河流（0.07～0.85μg/L）、近岸岛尖端（0.48～3.33μg/L）、大气沉降（0.14～0.55μg/L）、地表径流（0.38～0.53μg/L）和船舶码头（0.16～1.50μg/L）。因此，水体中 Cd 的季节变化就是由 6 个 Cd 来源决定的。1979～1983 年，在胶州湾水体中 Cd 含量的季节变化，是由陆地迁移过程、大气迁移过程、海洋迁移过程所决定的。作者提出各种模型框图，展示了 Cd 的陆地迁移过程、大气迁移过程、海洋迁移过程，确定 Cd 经过的路径和留下的轨迹。揭示河流的 Cd 含量由自然界的存在量来决定，大气的 Cd 含量也由自然界的存在量来决定，海洋的 Cd 含量是由自然界的存在量和人类活动来决定的。

21.3.4　沉 降 过 程

根据 1979～1983 年的胶州湾水域调查资料，分析在胶州湾水域 Cd 的底层含量变化和底层分布变化。研究结果表明：在胶州湾的底层水体中，底层分布具有以下特征：1979～1983 年，在胶州湾的底层水体中，4～11 月，在胶州湾水体中的底层 Cd 含量变化范围为 0～2.00μg/L，符合国家一类、二类海水的水质标准。这表明在 Cd 含量方面，4～8 月和 11 月，在胶州湾的底层水域，水质清洁，完全没有受到 Cd 的任何污染。在 9 月和 10 月，在胶州湾的底层水域，水质受到 Cd 的轻度污染。1979～1983 年，向胶州湾输送 Cd 的各种来源展示了 Cd 在迅速地沉降，并且在底层具有累积的过程。在第一年，有两个来源将 Cd 经过水体沉降到海底，决定了 Cd 含量的高沉降区域。在第二、第三年，有单一来源将 Cd 经过水体沉降到海底，决定了 Cd 含量的高沉降区域。到第四年，有两个来源将 Cd 经过水体沉降到海底。到第五年，有三个来源将 Cd 经过水体沉降到海底。这个过程揭示了，随着时间的变化，输送 Cd 的含量在逐渐增加，输送 Cd 的来源也在逐渐增加，让海底留下 Cd 含量的高沉降区域在逐渐增加，高沉降区域的 Cd 含量也在逐渐增加。

21.3.5 水域迁移趋势过程

根据 1979～1983 年的胶州湾水域调查资料，研究表层、底层 Cd 含量的水平分布趋势，作者提出 Cd 的水域迁移趋势过程。这个过程分为 7 个阶段：①Cd 开始沉降；②Cd 大量沉降；③Cd 进一步大量沉降；④Cd 开始减少沉降；⑤Cd 均匀沉降；⑥Cd 停止沉降；⑦Cd 完全停止沉降。在这个过程中揭示从表层 Cd 开始沉降到停止沉降的变化中，Cd 具有迅速的沉降，同时还具有海底的累积，并且 Cd 在表层就可以消失，在底层也可以消失。这充分表明时空变化的 Cd 迁移趋势。Cd 的水域迁移趋势过程强有力地确定了：在时间和空间的变化过程中，表层的 Cd 含量变化趋势、底层的 Cd 含量变化趋势及表层、底层的 Cd 含量变化趋势的相关性。并且作者提出 Cd 的水域迁移趋势过程模型框图，说明 Cd 经过的路径和留下的轨迹，预测表层、底层的 Cd 含量水平分布趋势。

21.3.6 水域垂直迁移过程

根据 1979～1983 年的胶州湾水域调查资料，研究在胶州湾水域表层、底层 Cd 含量的变化及其 Cd 的垂直分布。结果表明，1979～1983 年，胶州湾水体中，表层、底层 Cd 含量的变化范围的差，正负值不超过 1.50μg/L，这表明 Cd 含量的表层、底层变化量基本一样。而且 Cd 含量的表层含量高的，对应其底层含量就高；同样，Cd 含量的表层含量比较低时，对应的底层含量就低。这展示了 Cd

的沉降是迅速的，而且沉降是大量的，沉降量与含量的高低相一致。作者提出了物质含量的沉降量和累积量模型，能够计算物质含量的绝对沉降量、相对沉降量和绝对累积量、相对累积量。并且计算得到，Cd 的绝对沉降量为 0.23～3.23μg/L，Cd 的相对沉降量为 79.2%～100.0%；Cd 的绝对累积量为 0.08～1.97μg/L，Cd 的相对累积量为 75.4%～100.0%。随着时间变化，Cd 的相对沉降量和相对累积量都是非常稳定的、非常高的。Cd 的相对沉降量揭示了 Cd 的沉降是迅速的、彻底的，具有易沉降和易挥发的特征。Cd 的相对累积量揭示了 Cd 的积累是稳定的、完整的，具有易累积和易沉积的特征。作者确定了 Cd 含量的表底层的变化是由来源的 Cd 含量高低和经过迁移距离的远近所决定的，并且提出了 Cd 的水域迁移过程中出现的 3 个阶段和 6 种状态。因此，Cd 含量的表层、底层变化量以及 Cd 的表层、底层垂直变化都充分展示了：Cd 具有迅速的沉降，而且沉降量的多少与含量的高低相一致；Cd 经过不断地沉降，在海底具有累积作用；如果来源停止提供 Cd，在整个水体中 Cd 就会消失得无影无踪。这些特征揭示了 Cd 的水域垂直迁移过程。

21.4　迁 移 规 律

21.4.1　空 间 迁 移

根据 1979～1983 年对胶州湾海域水体中 Cd 含量的调查分析[3~17]，展示了每年的研究结果具有以下规律。

（1）胶州湾水域中的 Cd，主要来源于外海海流的输送、河流的输送、近岸岛尖端的输送、大气沉降的输送、地表径流的输送和船舶码头的输送。

（2）在一年中，水体中 Cd 含量经历了由均匀到不均匀，再由不均匀到均匀的变化过程。

（3）人类活动所产生的 Cd 几乎没有对河流有很大的影响。

（4）随着时间的变化，环境领域 Cd 含量在不断的增加。

（5）Cd 含量在表层、底层的变化量范围基本一样，Cd 含量在表层、底层的变化保持了一致性。

（6）Cd 含量在表层、底层保持了相近，在表层、底层 Cd 含量具有一致性。

（7）在时空变化过程中，来源输送的 Cd，都是从表层穿过水体，来到底层。

（8）Cd 的来源和特殊的地形地貌决定了 Cd 的高沉降区域。

（9）在表层水体中 Cd 含量随着远离来源在不断地下降，同样，在表层水体中 Cd 含量随着来源含量的减少在不断地下降。

（10）在胶州湾水体中 Cd 含量的季节变化，是由陆地迁移过程、大气迁移过程、海洋迁移过程所决定的。

（11）河流的 Cd 含量由自然界的存在量来决定，大气的 Cd 含量也由自然界的存在量来决定，海洋的 Cd 含量是由自然界的存在量和人类活动来决定的。

（12）随着时间的变化，输送 Cd 的含量在逐渐增加，输送 Cd 的来源也在逐渐增加，让海底留下 Cd 的高沉降区域在逐渐增加，高沉降区域的 Cd 含量也在逐渐增加。

（13）Cd 具有迅速的沉降，而且沉降量的多少与含量的高低相一致。

（14）Cd 经过了不断地沉降，在海底具有累积作用。

（15）Cd 展示了出现、消失、又出现、又消失的反复循环的过程。

（16）从表层 Cd 开始沉降到停止沉降的变化中，Cd 具有迅速的沉降，同时还具有海底的累积，并且 Cd 在表层就可以消失，在底层也可以消失。

（17）随着时间变化，Cd 的相对沉降量和相对累积量都是非常稳定的、非常高的。

（18）Cd 的沉降是迅速的、彻底的，具有易沉降和易挥发的特征。

（19）Cd 的积累是稳定的、完整的，具有易累积和易沉积的特征。

（20）Cd 含量的表底层的变化是由来源的 Cd 含量高低和经过迁移距离的远近所决定的。

（21）如果来源停止提供 Cd，在整个水体中 Cd 就会消失得无影无踪了。

因此，随着空间的变化，以上研究结果揭示了水体中 Cd 的迁移规律。

21.4.2 时 间 迁 移

根据 1979～1983 年对胶州湾海域水体中 Cd 含量的调查分析[3~17]，展示了 5 年期间的研究结果：1979～1983 年，在胶州湾水体中 Cd 含量表明在胶州湾水体中 Cd 含量在一年期间变化非常大。在早期的夏季、秋季胶州湾没有受到 Cd 的任何污染，到了晚期，夏季、秋季胶州湾受到 Cd 的轻度污染。在春季，一直保持着胶州湾没有受到 Cd 的任何污染，在 Cd 含量方面，水质非常清洁。最初在胶州湾的非常清洁的水域，逐渐有 Cd 的输入，水体中 Cd 环境背景值在提高。进一步，整个水域 Cd 含量都在增长。这样，向胶州湾水域输入 Cd，从最初自然界的输送转换为人类活动的输送。随着时间的变化，环境领域 Cd 含量在不断的增加。人类活动所产生的 Cd 几乎没有对河流有很大的影响，展示了 Cd 污染源的变化过程。在胶州湾水体中 Cd 含量变化是由陆地迁移过程、大气迁移过程、海洋迁移过程所决定的，确定 Cd 经过的路径和留下的轨迹。从来源到水域的迁移过程揭示河流的 Cd 含量由自然界的存在量来决定，大气的 Cd 含量也由自然界的存在量来决定，海洋的 Cd 含量是由自然界的存在量和人类活动来决定。Cd 的沉降过程揭示了，随着时间的变化，输送 Cd 的含量在逐渐增加，输送 Cd 的来源也在逐渐增加，让海底留下 Cd 的高沉降区域在逐渐增加，高沉降区域的 Cd 含量也在逐渐增加。通过 Cd 的水域迁移趋势过程，揭示从表层 Cd 开始沉降到停止沉降的变化中，Cd 具有迅速的沉降，同时还具有海底的累积，并且 Cd 在表层就可以消失，在底层也可以消失。这充分表明时空变化的 Cd 迁移趋势。展示了 Cd 经过的路径和留下的轨迹，预测表层、底层的 Cd 水平分布趋势。通过 Cd 的垂直迁移过程，揭示了 Cd 具有迅速的沉降，而且沉降量的多少与含量的高低相一致；Cd 经过了不断地沉降，在海底具有累积作用；如果来源停止提供 Cd，在整个水体中 Cd 就会消失得无影无踪。通过 Cd 的迁移过程，阐明了 Cd 含量的变化和分布的规律及原因。

因此，随着时间的变化，以上研究结果揭示了水体中 Cd 的迁移过程。

21.5 物质的迁移规律理论

21.5.1 物质含量的均匀性理论

在空间尺度上，当没有 Cd 的输入，在水体中就出现了 Cd 的分布是均匀的；当有 Cd 的输入，在水体中就出现了 Cd 的分布是不均匀的。在时间尺度上，最初，没有 Cd 的输入，在水体中就出现了 Cd 的分布是均匀的。接着，开始有 Cd 的输入，在水体中就出现了 Cd 的分布是不均匀的。然后，Cd 的输入停止了，在水体中就又出现了 Cd 的分布是均匀的。这展示了最初由 Cd 均匀分布转变为 Cd 不均匀分布。接着，由 Cd 不均匀分布转变为 Cd 均匀分布。因此，随着时间的变化，水体中 Cd 分布由均匀到不均匀，再到均匀。

在一个水体中，在物质含量的输入增强时，物质含量在水体中就出现了从均匀的转变为不均匀的。物质含量的输入减少时，物质含量在水体中就出现了从不均匀的转变为均匀的。因此，在这个过程中，物质含量的输入量决定了物质含量在水体中的不均匀性，海水的潮汐和海流的作用决定了物质含量在水体中的均匀性。因此，作者提出了“物质在水体中的均匀性变化过程”。作者认为，在海洋中的潮汐、海流的作用下，海洋使一切物质都在水体中具有均匀性，并且使一切物质在水体中向均匀性的趋势进行扩散运动。

21.5.2　物质含量的环境动态理论

作者提出了物质含量的环境动态值的定义及结构模型，并且确定了该模型的各个变量：物质含量的基础本底值、物质含量的环境本底值、物质含量的输入值以及物质含量的环境动态值。于是，就可以确定物质含量在水域中的变化过程、变化区域及结构变量，为制定物质含量在水域中的标准以及划分物质含量在水域中的变化程度都提供了科学依据。在胶州湾水域，通过 Cd 的基础本底值、Cd 的环境本底值以及 Cd 的输入值，构成了 Cd 在胶州湾水域的环境动态值。这样，就确定了胶州湾水域 Cd 的变化过程及变化趋势。因此，根据作者提出的物质含量的环境动态值的定义及结构模型，就可以制定物质含量在水域中的标准以及划分物质含量在水域中的变化程度。

21.5.3　物质含量的水平损失量理论

作者提出了物质含量的水平损失速度模型，以及物质含量的水平绝对损失速度和物质含量的水平相对损失速度的定义和计算。该模型揭示了物质含量在水平面上的迁移过程中单位距离的损失量。物质含量的水平绝对损失速度表明单位距离的绝对损失量，物质含量的水平相对损失速度表明单位距离的相对损失量。由此，作者提出物质水平损失量的规律：对于同一种物质和同一种水体，这个单位距离的相对损失量是稳定的、恒定的，那么物质含量的水平相对损失速度对于同一物质和水体是相同的、相近的。

根据物质含量的模型，计算结果表明，1979 年，在胶州湾的湾内水域，5 月，河流输送的 Cd 含量比较低，Cd 含量的水平绝对损失速度值为杨东方数 0.4478，Cd 含量的水平相对损失速度值为杨东方数 6.39。8 月，河流输送的 Cd 含量比较高，Cd 含量的水平绝对损失速度值为杨东方数 12.24，Cd 含量的水平相对损失速度值为杨东方数 14.4。11 月，河流输送的 Cd 含量为零时，Cd 含量的水平绝对损失速度值为杨东方数 0.14，Cd 含量的水平相对损失速度值为杨东方数 3.5。这表明来源输送的物质含量比较低时，Cd 含量的水平绝对和相对损失速度值就比较低；来源输送的物质含量比较高时，Cd 含量的水平绝对和相对损失速度值就比较高；来源输送的物质含量为零时，Cd 含量的水平绝对和相对损失速度值就最低。因此，来源输送的物质含量变化就决定水体中物质含量的水平绝对和相对损失速度的变化。这也证实了作者提出的物质水平损失量的规律。

根据物质含量的水平损失速度模型，通过水体两点的物质含量，就可以计算得到水体中任何一点的物质含量。在胶州湾的湾内水域，以来源输送的物质不同含量，根据物质含量的水平损失速度模型，来确定物质含量的水平绝对损失速度和水平相对损失速度。因此，根据作者提出的物质含量的水平损失速度模型，就可以计算物质含量在水域中的值以及该物质含量在水域中的变化过程。

21.5.4 物质含量从来源到水域的迁移理论

作者提出了物质含量从来源到水域的迁移理论，在胶州湾水体中物质含量的变化过程，是由陆地迁移过程、大气迁移过程、海洋迁移过程所决定的。并且通过作者提出的各种模型框图，展示了物质含量的陆地迁移过程、大气迁移过程和海洋迁移过程，确定了物质含量经过的路径和留下的轨迹。通过作者提出的物质含量从来源到水域的迁移理论，在胶州湾水体中物质含量的大小都是依赖输送物质含量来源的多少以及物质含量来源的输入量大小来决定的。

根据 1979～1983 年的胶州湾水域调查资料，物质含量从来源到水域的迁移理论揭示了河流的 Cd 含量由自然界的存在量来决定，大气的 Cd 含量也由自然界的存在量来决定，海洋的 Cd 含量是由自然界的存在量和人类活动来决定的。

根据 1979～1983 年的胶州湾水域调查资料，在胶州湾水域 Cd 含量的变化是由来源的多少和来源输入量变化确定的。在胶州湾水域，Cd 有 6 个来源及输入量：外海海流为 0.12～0.25μg/L，河流为 0.07～0.85μg/L，近岸岛尖端为 0.48～3.33μg/L，大气沉降为 0.14～0.55μg/L，地表径流为 0.38～0.53μg/L，船舶码头为 0.16～1.50μg/L。

物质含量从来源到水域的迁移理论展示了，在一个水体中，通过这个水体的物质含量的大小和水平分布，确定了这个水体的物质含量的来源以及各个来源的物质输入量。这样，就可以得到这个水体的物质含量的变化过程。因此，根据作者提出的物质含量从来源到水域的迁移理论，就可以得到物质含量在水域中的变化过程以及该物质含量在水域中的变化原因。

21.5.5 物质含量的水域沉降迁移理论

通过胶州湾水域物质含量的底层含量变化和底层分布变化，作者提出了物质含量的水域沉降迁移理论，该理论包括了物质含量的水平水体效应、垂直水体效应及水体效应的理论。物质含量经过重力沉降、生物沉降、化学作用等迅速由水相转入固相，最终转入沉积物中。从春季 5 月开始，海洋生物大量繁殖，数量迅速增加，到夏季的 8 月，形成了高峰值，且由于浮游生物的繁殖活动，悬浮颗粒物表面形成胶体，此时的吸附力最强，吸附了大量的物质含量，大量的物质含量随着悬浮颗粒物迅速沉降到海底。这样，在春季、夏季和秋季，物质含量输入到海洋，颗粒物质和生物体将物质含量从表层带到底层。于是，物质含量经过了水平水体的效应作用、垂直水体的效应作用及水体的效应作用，展示了物质含量在胶州湾底层水域的高含量区。

应用作者提出的物质含量的水域沉降迁移理论，研究得到：1979～1983 年，向胶州湾输送 Cd 的各种来源展示了 Cd 在迅速地沉降，并且在底层具有累积的过程。这个过程揭示了，随着时间的变化，输送 Cd 的含量在逐渐增加，输送 Cd 的来源也在逐渐增加，让海底留下 Cd 的高沉降区域在逐渐增加，高沉降区域的 Cd 含量也在逐渐增加。

21.5.6　物质含量的水域迁移趋势理论

研究表层、底层物质含量的水平分布趋势，作者提出物质含量的水域迁移趋势过程。这个过程分为 7 个阶段：①物质含量开始沉降；②物质含量大量沉降；③物质含量进一步大量沉降；④物质含量开始减少沉降；⑤物质含量均匀沉降；⑥物质含量停止沉降；⑦物质含量完全停止沉降。在这个过程中揭示从表层物质含量开始沉降到停止沉降的变化中，物质含量具有迅速的沉降，同时还具有海底的累积，并且物质含量在表层就可以消失，在底层也可以消失。这充分表明时空变化的物质含量迁移趋势。物质含量的水域迁移趋势过程强有力地确定了：在时间和空间的变化过程中，表层的物质含量变化趋势、底层的物质含量变化趋势及表层、底层的物质含量变化趋势的相关性。并且作者提出物质含量的水域迁移趋势过程模型框图，说明物质含量经过的路径和留下的轨迹，预测表层、底层的物质含量水平分布趋势。

21.5.7　物质含量的水域垂直迁移理论

根据在胶州湾水域表层、底层物质含量的变化及其物质含量的垂直分布，作者提出了物质含量的水域垂直迁移理论。该理论以作者提出的物质含量的垂直迁移模型为核心，包括了绝对沉降量、相对沉降量和绝对累积量、相对累积量，定量化地展示了物质含量的水域垂直迁移过程，揭示了随着时间的变化，物质含量的相对沉降量和相对累积量都是非常稳定的、非常高的。物质含量的相对沉降量揭示了物质含量的沉降是迅速的、彻底的，具有易沉降和易挥发的特征。物质含量的相对累积量揭示了物质含量的积累是稳定的、完整的，具有易累积和易沉积的特征。由此确定了物质含量在表底层的变化是由河口来源的物质含量高低和经过迁移距离的远近所决定的，表明了物质含量的水域迁移过程中出现的 3 个阶段和 6 种状态。

因此，通过物质含量的垂直迁移模型计算得到，Cd 的绝对沉降量为 0.23～3.23μg/L，Cd 的相对沉降量为 79.2%～100.0%；Cd 的绝对累积量为 0.08～1.97μg/L，Cd 的相对累积量为 75.4%～100.0%。由此阐明了物质含量的水域垂直迁移过程的主要特征：Cd 具有迅速的沉降，而且沉降量的多少与含量的高低相一致；Cd 经过了不断地沉降，在海底具有累积作用；如果来源停止提供 Cd，在整个水体中 Cd 就会消失得无影无踪。

21.6　结　　论

根据 1979～1983 年的胶州湾水域调查资料，在空间尺度上，通过每年 Cd 含量的数据分析，从含量大小、水平分布、垂直分布、季节分布、区域分布、结构分布和趋势分布的角度，研究 Cd 在胶州湾海域的来源、水质、分布以及迁移状况，得到了许多迁移规律的结果。

根据 1979～1983 年的胶州湾水域调查资料，在时间尺度上，通过 1979～1983 年 5 年 Cd 含量数据探讨，研究 Cd 含量在胶州湾水域的变化过程，得到了以下研究结果：①含量的年份变化；②来源变化过程；③从来源到水域的迁移过程；④沉降过程；⑤水域迁移趋势过程；⑥水域垂直迁移过程。展示了随着时间变化，Cd 在胶州湾水域的动态迁移过程和变化趋势。

根据 1979～1983 年的胶州湾水域调查资料，通过物质六六六（HCH）、石油（PHC）、汞（Hg）、铅（Pb）、铬（Cr）、镉（Cd）在水体中的迁移过程的研究，作者提出了物质理论：①物质含量的均匀性理论；②物质含量的环境动态理论；③物质含量的水平损失量理论；④物质含量从来源到水域的迁移理论；⑤物质含量的水域沉降迁移理论；⑥物质含量的水域迁移趋势理论；⑦物质含量的水域垂直迁移理论。展示了物质在水体中的动态迁移过程所形成的理论。

这些规律、过程和理论不仅为研究 Cd 在水体中的迁移提供结实的理论依据，也为其他物质在水体中的迁移研究给予启迪。

火山爆发、风力扬尘、森林火灾等自然过程，通过大气排放镉，工业“三废”、农药化肥、固体废物等，通过陆地排放镉，矿山开发、工业排污和生活排污等人类活动过程，通过水体排放镉。这样，对于水体的镉来说，其来源是由镉的陆地迁移、大气迁移过程和海洋迁移所产生的。于是，这些来源确定了在胶州湾水体中 Cd 的变化过程。

如果有 Cd 污染了环境和生物。一方面，Cd 污染了生物，在一切生物体内累积，而且，通过食物链的传递，进行富集放大，最后连人类自身都受到 Cd 毒性的危害。另一方面，Cd 污染了环境，经过陆地迁移过程、大气迁移过程和海洋迁移过程，污染了陆地、江、河、湖泊和海洋，最后污染了人类生活的环境，危害了人类的健康，造成各种生物急性、慢性中毒，造成畸形、癌变，甚至死亡。因此，人类不能为了自己的利益，既危害了地球上的其他生命，反过来又危害到自身的生命。人类要减少对人类赖以生存的地球的排放和污染，要顺应大自然规律，才能够健康可持续的生活。

参 考 文 献

[1] 杨东方, 苗振清. 海湾生态学(上册). 北京: 海洋出版社, 2010: 1-320.

[2] 杨东方, 高振会. 海湾生态学(下册). 北京: 海洋出版社, 2010: 1-330.

[3] 杨东方, 陈豫, 王虹, 等. 胶州湾水体镉的迁移过程和本底值结构. 海岸工程, 2010, 29(4): 73-82.

[4] 杨东方, 陈豫, 常彦祥, 等. 胶州湾水体镉的分布及来源. 海岸工程, 2013, 32(3): 68-78.

[5] Yang D F, Zhu S X, Wang F Y, et al. The distribution and content of Cadmium in Jiaozhou Bay. Applied Mechanics and Materials, 2014, 644-650: 5325-5328.

[6] Yang D F, Wang F Y, Wu Y F, et al. The structure of environmental background value of Cadmium in Jiaozhou Bay waters. Applied Mechanics and Materials, 2014, 644-650: 5329-5312.

[7] Yang D F, Chen S T, Li B L, et al. Research on the vertical distribution of Cadmium in Jiaozhou Bay waters. Proceedings of the 2015 international symposium on computers and informatics, 2015: 2667-2674.

[8] Yang D F, Zhu S X, Yang X Q, et al. Pollution level and sources of Cd in Jiaozhou Bay. Materials Engineering and Information Technology Apllication, 2015: 558-561.

[9] Yang D F, Zhu S X, Wang F Y, et al. Distribution and aggregation process of Cd in Jiaozhou Bay. Advances in Computer Science Research, 2015, 2352: 194-197.

[10] Yang D F, Wang F Y, Sun Z H, et al. Research on vertical distribution and settling process of Cd in Jiaozhou Bay. Advances in Engineering Research, 2015, 40: 776-781.

[11] Yang D F, Yang D F, Zhu S X, et al. Spatial-temporal variations of Cd in Jiaozhou Bay. Advances in Engineering Research, 2016, Part B: 403-407.

[12] Yang D F, Yang X Q, Wang M, et al. The slight impacts of marine current to Cd contents in bottom waters in Jiaozhou Bay. Advances in Engineering Research, 2016, Part B: 412-415.

[13] Yang D F, Wang F Y, Zhu S X, et al. Homogeneity of Cd contents in Jiaozhou Bay waters. Advances in Engineering Research, 2016, 65: 298-302.

[14] Yang D F, Qu X C, Chen Y, et al. Sedimentation mechanism of Cd in Jiaozhou Bay waters. Advances in Engineering Research, 2016, Part D: 993-997.

[15] Yang D F, Yang D F, Zhu S X, et al. Sedimentation process and vertical distribution of Cd in Jiaozhou Bay. Advances in Engineering Research, 2016, Part D: 998-1002.

[16] Yang D F, Zhu S X, Wang Z K, et al. Spatial-temporal changes of Cd in Jiaozhou Bay. Computer Life, 2016, 4(5): 446-450.

[17] Yang D F, Wang F Y, Zhu S X, et al. The influence of marine current to Cd in Jiaozhou Bay. World Scientific Research Journal, 2016, 2(1): 38-42.

[18] Yang D F, Chen Y, Gao Z H, et al. Silicon limitation on primary production and its destiny in

Jiaozhou Bay, China Ⅳ Transect offshore the coast with estuaries. Chin J Oceanol Limnol, 2005, 23(1): 72-90.
[19] 杨东方, 王凡, 高振会, 等.胶州湾浮游藻类生态现象. 海洋科学, 2004, 28(6): 71-74.
[20] 国家海洋局. 海洋监测规范. 北京: 海洋出版社, 1991.

致　谢

细大尽力，莫敢怠荒，远迩辟隐，专务肃庄，端直敦忠，事业有常。

——《史记·秦始皇本纪》

此书得以完成，应该感谢北海监测中心主任姜锡仁研究员及北海监测中心的全体同仁；感谢国家海洋局第一海洋研究所的副所长高振会教授；感谢上海海洋大学的副校长李家乐教授；感谢浙江海洋大学校长吴常文教授，感谢贵州民族大学的书记张学立教授和校长陶文亮教授，感谢西京学院校长任芳教授。是诸位给予的大力支持，并提供良好的研究环境，成为我的科研事业发展的动力引擎。

在此书付梓之际，我诚挚感谢给予许多热心指点和有益传授的高振会教授和苗振清教授，使我开阔了视野和思路，在此表示深深的谢意和祝福。

许多同学和同事在我的研究工作中给予了许多很好的建议和有益帮助，在此表示衷心的感谢和祝福。

《海岸工程》编辑部：吴永森教授、杜素兰教授、孙亚涛老师；《海洋科学》编辑部：张培新教授、梁德海教授、刘珊珊教授、谭雪静老师；*Meterological and Environmental Research* 编辑部：宋平老师、杨莹莹老师、李洪老师在我的研究工作和论文撰写过程中都给予许多的指导，并作了精心的修改，此书才得以问世，在此表示衷心的感谢和深深的祝福。

今天，我所完成的研究工作，也是以上提及的诸位共同努力的结果，我们心中感激大家、敬重大家，愿善良、博爱、自由和平等恩泽给每个人。愿国家富强、民族昌盛、国民幸福、社会繁荣。谨借此书面世之机，向所有培养、关心、理解、帮助和支持我的人们表示深深的谢意和衷心的祝福。

沧海桑田，日月穿梭。抬眼望，千里尽收，祖国在心间。

杨东方

2017年5月8日